公共气象服务研究进展

中国气象局公共气象服务中心
中国气象学会公共气象服务委员会 编

内 容 简 介

本书汇集了第31届中国气象学会年会分会场“第四届气象服务发展论坛”的报告和论文，涵盖了气象服务理论和技术方法研究、公众气象服务技术与应用、行业专业气象预报服务技术与应用、气象灾害区划与影响评估、气象服务分析评价方法、典型气象服务案例分析等领域的研究方法和研究成果、结合新媒体技术开展公众气象服务的方法，展示了各级气象及相关部门专业气象预报业务和公共气象服务发展取得的成绩。可供从事公共气象服务和气象防灾减灾业务的管理和研究人员参考。

图书在版编目(CIP)数据

公共气象服务研究进展 / 中国气象局公共气象服务中心，中国气象学会公共气象服务委员会编. —北京：气象出版社，2016.2
ISBN 978-7-5029-6302-6

Ⅰ. ①公… Ⅱ. ①中… ②中… Ⅲ. ①气象服务—文集
Ⅳ. ①P451-53

中国版本图书馆CIP数据核字(2015)第305244号

Gonggong Qixiang Fuwu Yanjiu Jinzhan
公共气象服务研究进展
中国气象局公共气象服务中心
中国气象学会公共气象服务委员会 编

出版发行：气象出版社
地　　址：北京市海淀区中关村南大街46号　　**邮政编码**：100081
总 编 室：010-68407112　　**发 行 部**：010-68409198
网　　址：http://www.cmp.cma.gov.cn　　**E-mail**：qxcbs@cma.gov.cn
责任编辑：张锐锐　孔思瑶　　**终　　审**：汪勤模
封面设计：博雅思企划　　**责任技编**：赵相宁
印　　刷：北京京华虎彩印刷有限公司
开　　本：787 mm×1092 mm　1/16　　**印　　张**：15.25
字　　数：390千字
版　　次：2016年2月第1版　　**印　　次**：2016年2月第1次印刷
定　　价：80.00元

《公共气象服务研究进展》编委会

前　言

2014年11月3—5日，以“创新气象科技，面向未来地球”为主题的中国气象学会第31届年会在北京市召开。为更好地顺应时代对气象服务的新要求，促进气象领域的技术交流，同时进一步推动专业气象服务为防灾减灾和经济建设服务，中国气象学会公共气象服务委员会、中国气象学会中国水文学会水文气象学委员会，以及两个学科委员会依托单位中国气象局公共气象服务中心和水利部水文局联合承办了S10分会场暨第四届气象服务发展论坛，主题为“提高水文气象防灾减灾水平，推动气象服务社会化发展”。

论坛共收到气象服务理论和技术方法研究、公众气象服务技术与应用、行业专业气象预报服务技术与应用、气象灾害预警系统研究、气象服务分析评价技术、典型气象服务案例分析等领域论文210篇。经专家审定，论坛选择口头学术报告36篇、墙报32篇，同时特邀10位水文气象、公共气象服务领域的知名专家学者做会议主题报告。论坛涵盖了气象服务理论和技术方法研究、公众气象服务技术与应用(网络、手机、电视等)、气象服务分析评价技术、气象灾害预警系统研究、行业专业气象预报服务技术与应用(水文地质、交通、能源、旅游)等方面的最新研究方法和技术，展示了专业气象预报业务和公共气象服务发展取得的成果，为各级气象部门探寻相关业务发展提出了新思路，为科研院所开展理论技术方法研究指出了新方向。

为全面反映此次论坛的成果，进一步推进公众、专业气象预报预警服务水平的提高，我们组织、编辑、出版了论坛文集，全书择优收录论文32篇。希望能为从事公共气象服务和专业气象服务的业务、管理和研究人员提供思考和借鉴。

编者

2015年4月

目　录

前言

SW 物候模型在北京樱花始花期预测中的应用 ………… 张爱英　张建华　郭文利 等(1)

基于 SEM 的江苏省公共气象服务效益评估 ………………… 王　云　李长顺　王琳佳(8)

中国气象服务体系多元参与机制现状分析…………………… 周蒙蒙　毛恒青　陈　钻(20)

论新媒体时代气象网络新闻标题的写作技巧 …………… 张晓霞　王灵玲　王　华 等(28)

石化基地雷电灾害区域风险评估方法与应用………………… 林溪猛　陈艺宏　卢辉麟(33)

基于专业(决策)用户气象服务的智能终端 ……………… 段项锁　支　星　李　科 等(47)

微博在短临天气预报服务中的作用浅析……………………………… 陈申鹏　徐文文(57)

公众气象服务经济效益评估方法的比较——以 2010 年全国调查为例……………………

…………………………………………………………………………… 张晓美　吕明辉(62)

北京旅游业多元发展背景下的气象服务需求………………… 尹炤寅　张爱英　刘　茜(71)

省级公共气象服务多元参与机制构建研究 ……………… 范永玲　李韬光　赵国庆 等(79)

SmartKit 广东本地化应用技巧 ……………………………………………… 罗曼宁(85)

广东天气微产品入汛服务效果分析………………………… 陈玥熤　郭　鹏　黄俊生(92)

衡阳山洪地质灾害气象预警系统的研发与应用 ………… 韩　波　成少丽　丁国俊 等(98)

基于 Android 的辽宁移动决策气象服务系统设计与实现 ……………………………

……………………………………………………… 李　岚　齐　昕　林　毅 等(105)

金坛地区葡萄产量与气象要素关系的研究 ……………… 林　磊　黄玲玲　丁文文 等(114)

实时气象服务技术应用新进展……………………………………………………… 张　斌(121)

松江区农业气象服务效益评估分析 ……………………… 王　超　信　飞　戴蔚明 等(130)

张家口作物生长季气候资源变化及特色农业 …………… 孙跃飞　吴伟光　顾润香 等(140)

气象灾害风险预警服务评估及减灾对策…………………… 陈　浩　刘颖杰　王丽娟(148)

自然灾害灾情调查及评估方法研究进展…………………………………………… 李　闯(151)

气候科学素养初探………………………………………………………………… 孙　楠(155)

GRAPES 水文模式的一次模拟试验 ……………………………………………… 王莉莉(159)

国家级中小河流洪水气象风险预警客观模型及业务应用…………………………包红军(167)
极端强降水对公路交通的影响分析以及思考 ……………田 华 王 志 陈 辉 等(174)
基于数字地球的公路交通气象灾害监测预警服务系统及应用 ……………………
……………………………………………………………………杨 静 段 丽 吴 昊(178)
台站周边典型建筑对日照时数的影响分析——以吐鲁番气象站为例 ……………………
……………………………………………………………叶 冬 申彦波 杜 江 等(188)
乌江流域“2014.0714－0716”特大暴雨天气过程分析……张晓鑫 赵鲁强 毛恒青 等(200)
多普勒天气雷达在航空气象服务中的应用 …………………李 屾 李琮琮 靳 鹏 等(207)
基于用户来源信息的中国天气网全局负载调整方法……………………………李雁鹏(214)
电视公共气象服务基于互联网应用的思考…………………………………卞 赟 朱雷磊(223)
浅谈如何做好电视农业气象服务………………………………………………李 艳 坑喜兰(230)
中国气象频道节目改进之我见…………………………………………………于 群 张 俊(234)

SW 物候模型在北京樱花始花期预测中的应用

张爱英[1] 张建华[1] 郭文利[1] 王焕炯[2,3] 高迎新[4]

(1. 北京市气象服务中心,北京 100089;2. 中国科学院地理科学与资源研究所,北京 100101;
3. 中国科学院大学,北京 100049;4. 北京气象学会,北京 100089)

摘 要:观赏植物开花期的预测成为近年来备受关注的焦点问题。准确地预测樱花开花期不仅为公园管理部门安排举办樱花节的时间提供必要的理论依据,同时也为公众选择观赏樱花的时间提供参考,具有重要意义。本文应用 SW 物候模型,在前期气温观测资料以及逐日气温滚动预报的基础上,进行了 2014 年北京玉渊潭公园杭州早樱始花期的预测试验。试验结果表明:应用 SW 模型预测 2014 年杭州早樱的始花期,提前 10 d 预测的结果(始花期为 3 月 27 日)和自然条件下的实况值偏差为 3～4 d,提前一周左右预测的结果(始花期为 3 月 25 日)和自然条件下的实况值,偏差为 1～2 d。本文进一步验证了 SW 物候模型在观赏植物观赏期预测方面的适用性较高，可进行更广泛的业务试用。

关键词:SW 物候模型;杭州早樱;始花期;预测

引言

北京玉渊潭公园举办的樱花节每年都吸引着数不胜数的国内外游客,樱花观赏成为北京春季旅游的主打品牌之一,樱花开花期的预测也成为近年来备受关注的焦点问题,准确地预测樱花开花期不仅为公园管理部门安排举办樱花节的时间提供必要的理论依据,同时也为公众的出游安排提供必要的指导,具有重要意义。

植物物候期的变化与气象条件关系密切[1～6]。以往研究证明,在影响植物物候期的各个气象要素中,气温起决定性和关键性的作用[1,2,4～7],国内一些学者通过分析植物物候与前期气温之间的关系建立统计预测模型来预测植物的物候期[3,8～10]。但这些建立在气温基础上的统计预测模型还存在一定问题,主要表现在没有把统计模型和植物生长发育的机理结合起来[12]。物候模型指基于植物对环境因子的响应机理而建立的可模拟植物生长发育的数学模型[13,14],国内外学者已经建立了多种类型的物候模型[15～24],截至目前，物候模型已被用于重建过去气候变化[25～27]、预测树种分布范围变化[28]、预测 21 世纪的物候变化[29～31]、植物灾害风险评估[32]以及农业生产[33,34]等领域。但总体来看,物候模型在观赏植物物候期预测方面的应用还比较少[35]。张爱英等[12]分别应用国际通用的 3 种物候模型(SW 模型、UniChill 模型和统计模型)对北京地区部分观赏植物的始花期和盛花期进行了建模,证明 SW 模型在北京地区观赏植物始花期预测中的适用性最高,并推荐 SW 模型应用于观赏植物始花期预测。

本文应用 SW 模型,对北京玉渊潭公园杭州早樱 2014 年始花期进行了预测试验,取得了

资助项目:北京市自然基金项目(8112028)。

较好的效果，较成功地预测了 2014 年北京玉渊潭公园杭州早樱的始花期，为公园管理处安排举办樱花节的时间提供了科学参考依据。

1 资料

本文所用的物候资料为北京地区玉渊潭公园的杭州早樱（*Prunus discoidea*）、1998—2012 年始花期物候观测资料。根据“中国物候观测网”的观测标准，始花期定义为观测植株上开始出现第一个完全开放的花朵的日期。本文所用气象资料有两部分：一部分是来源于北京市气象信息中心的海淀气象站的 1981—2012 年（1 月 1 日至 5 月 1 日）多年逐日平均气温资料序列，另一部分是预测日到始花期的海淀气象站逐日平均气温滚动预报（这部分资料由北京市气象服务中心专业服务人员进行会商并预测后提供）。所有资料均进行了严格的质量控制。

2 方法

2.1 SW 模型简介

本文采用文献[12]推荐的 SW 物候模型来进行北京玉渊潭公园杭州早樱始花期的预测，SW 模型基于积温理论发展而来[20,23]，是最简单的物候模型之一，包括 3 个参数：t_0，T_b 和 F^*，单位℃。其公式如(1)和(2)所示：

$$\sum_{t=t_0}^{y} R_f(x_t) \geqslant F^* \tag{1}$$

$$R_f(x_t) = \begin{cases} 0 & x < T_b \\ x_t - T_b & x \geqslant T_b \end{cases} \tag{2}$$

其中，y 是预测的植物物候期（日序），x_t 是第 t 天的日平均气温；$R_f(x_t)$ 是高于某一界限温度值的温度，T_b 是界限温度。祝廷成[36]等指出一般植物在 0～35℃的温度范围内，随温度上升，生长速度加快，随温度降低，生长速度减慢，即 T_b 一般在 0～35℃之间。t_0 是积温开始累积的时间，通常以日序来表示，例如，t_0 为 28 是指当年的 1 月 28 日，t_0 为 32 是指当年的 2 月 1 日。F^* 指完成发育所需的积温阈值。

2.2 SW 模型中参数的估计和效果检验

采用北京地区玉渊潭公园的杭州早樱 1998—2012 年始花期物候观测资料和海淀气象站的 1981—2012 年 1 月 1 日至 5 月 1 日逐日平均气温资料序列，来进行公式(1)和(2)中各项模型参数值的估计。模型参数值估计采用最小二乘法原则，用公式表示为：

$$f(x) = \sum\nolimits_i [r_i(x)]^2 \tag{3}$$

其中 x 代表参数空间，$r_i(x) = d_i(x) - d_{iobs}$，$d_i(x)$ 和 d_{iobs} 分别代表第 i 个样本用参数空间 x 确定的模型预测日期和观测日期。使 $f(x)$ 最小的模型参数组合即为最优的参数组合。在 SW 模型中，参数求解问题变成了一个非线性最小二乘问题，本文采取模拟退火算法（Simulated Annealing）实现最优参数的估计[37]。模拟效果检验采用内部检验和外部检验结合的方式进行，模拟效果优劣的判据为方差解释量 R^2 和均方根误差（RMSE），具体方法及计算过程详见文献[12]。模拟出的各项参数值以及内部检验和外部检验的 R^2 和均方根误差列于表1。由文献[12]研究结果可见，SW模型在模拟杭州早樱始花期方面，精度较高，预报准确率为93.75％。

表1　SW模型模拟杭州早樱始花期的模型参数及其检验结果

模型参数			内部检验		交叉检验	
t_0(日序)	T_b	F^*	RMSE	R^2	RMSE	R^2
1	3.0	131.7	1.59	0.94*	2.35	0.88*

* 表示通过99.9％的显著性水平

2.3　2014年杭州早樱始花期预测

从杭州早樱1998—2013年始花期物候年际变化曲线(图1)分析，最早始花期为3月14日，出现在2002年，最晚始花期为4月8日，出现在2010年。常年平均始花期为3月27日。因为至少提前10 d进行预测才能收到较好的预测效果，本文从2014年3月4日开始预测试验，之后根据天气和气温预测的变化进行滚动预测，以进一步跟进修正预测结果。具体做法为：将表1所示各项参数带入公式(1)和(2)，从 $t_0=1$(2014年1月1日)开始，计算每天的 $R_f(x_t)$ 值，如果当天日平均气温 x_t 高于 T_b(3℃)，则 $R_f(x_t)=x_t-3$℃；否则，$R_f(x_t)=0$。然后将 $R_f(x_t)$ 逐项进行叠加，当结果满足公式(1)时，即 $R_f(x_t)$ 逐项的和达到或超过 F^*(131.7℃)时的当天，杭州早樱即进入始花期。

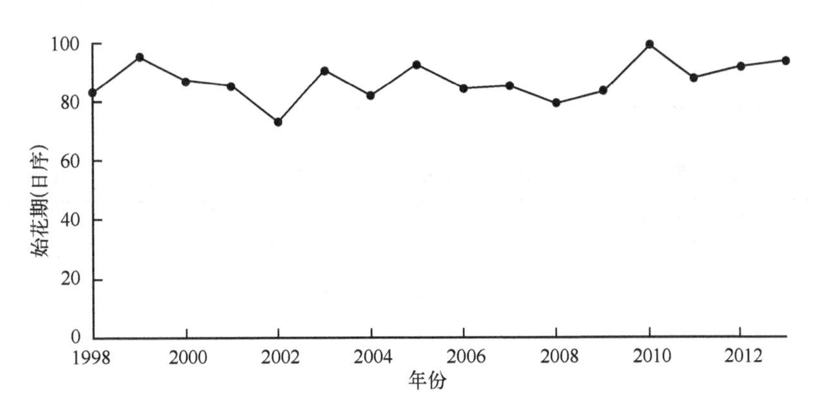

图1　北京玉渊潭公园杭州早樱1998—2013年始花期变化

3　结果分析

3.1　始花期预测结果

由海淀自动气象站的逐日平均气温实况值统计，2014年1月1日至3月3日期间积温为11℃，2014年1月1日至3月9日期间积温为15.8℃，2014年1月1日至3月13日期间积温为25.7℃，2014年1月1日至3月17日期间积温为61℃，因此，积温能达到或超过 F^*(131.7℃)取决于预测日之后的逐日平均气温的预报结果。将预测日分别为2014年3月4

日、2014 年 3 月 10 日、2014 年 3 月 14 日、2014 年 3 月 18 日的预测结果列于表 2 和表 3。从表 2 可以看出，3 月 4 日预测的 3 月 14 日积温值为 40℃，3 月 10 日滚动预测的 3 月 20 日积温值为 91.8℃，距离 F^*(131.7℃)还尚需时日。继续滚动订正预测结果，从表 3 可以看出，3 月 14 日预测的结果为：大约 3 月 27 日左右，积温值为 130.7℃，基本达到 F^*(131.7℃)，因此，预测 3 月 27 日左右北京玉渊潭公园的杭州早樱将进入始花期。随着逐渐接近始花期，进一步滚动订正预测结果，从表 3 中 3 月 18 日的预测结果可以看出，3 月 24—25 日前后，积温将达到 F^*(131.7℃)，玉渊潭公园的杭州早樱将进入始花期。

表 2　3 月 4 日和 3 月 10 日预测的未来 10 d 日平均气温 x_t 和积温

3 月 4 日预测结果				3 月 10 日预测结果			
日期	x_t(℃)	$R_f(x_t)$(℃)	积温(℃)	日期	x_t(℃)	$R_f(x_t)$(℃)	积温(℃)
3 月 4 日	4	1	12	3 月 10 日	4	1	16.8
3 月 5 日	4	1	13	3 月 11 日	10	7	23.8
3 月 6 日	3	0	13	3 月 12 日	10	7	30.8
3 月 7 日	3	0	13	3 月 13 日	11	8	38.8
3 月 8 日	4	1	14	3 月 14 日	10	7	45.8
3 月 9 日	5	2	16	3 月 15 日	13	10	55.8
3 月 10 日	4	1	17	3 月 16 日	11	8	63.8
3 月 11 日	9	6	23	3 月 17 日	11	8	71.8
3 月 12 日	10	7	30	3 月 18 日	11	8	79.8
3 月 13 日	7	4	34	3 月 19 日	9	6	85.8
3 月 14 日	9	6	40	3 月 20 日	9	6	91.8

表 3　3 月 14 日和 3 月 18 日预测的未来 10 d 左右日平均气温 x_t 和积温

3 月 14 日预测结果				3 月 18 日预测结果			
日期	x_t(℃)	$R_f(x_t)$(℃)	积温(℃)	日期	x_t(℃)	$R_f(x_t)$(℃)	积温(℃)
3 月 14 日	9	6	31.7	3 月 18 日	12	9	70
3 月 15 日	12	9	40.7	3 月 19 日	9	6	76
3 月 16 日	10	7	47.7	3 月 20 日	10	7	83
3 月 17 日	10	7	54.7	3 月 21 日	11	8	91
3 月 18 日	10	7	61.7	3 月 22 日	13	10	101
3 月 19 日	8	5	66.7	3 月 23 日	13	10	111
3 月 20 日	8	5	71.7	3 月 24 日	14	11	122
3 月 21 日	10	7	78.7	3 月 25 日	14	11	133
3 月 22 日	10	7	85.7	3 月 26 日	14	11	144
3 月 23 日	10	7	92.7	3 月 27 日	12	9	153
3 月 24 日	11	8	100.7				
3 月 25 日	12	9	109.7				
3 月 26 日	13	10	119.7				
3 月 27 日	14	11	130.7				

3.2 始花期预测结果的分析

实际情况是，2014 年玉渊潭杭州早樱开第一朵花(始花期)的时间为 3 月 22 日，但这个结果是在玉渊潭公园管理部门为杭州早樱采取了保温措施的条件下造成的。若剔除人为影响因素，自然情况下杭州早樱开第一朵花的日期要晚 1～2 d，即 3 月 23—24 日左右。据北京市气象服务中心观测服务人员现场观测，在自然条件下没有采取措施的其他杭州早樱树也在 3 月 23—24 日相继开花了。因此，在不考虑人为影响因素的情况下，提前 10 d 预测的结果(3 月 27 日)和实况值的偏差为 3～4 d，而提前一周左右预测的结果(3 月 25 日)和实况值的偏差为 1～2 d。

预测结果和实况存在偏差的关键原因是始花期前 10 d 日平均气温的预报与实际的日平均气温值存在一定偏差。气温预报偏差存在的原因之一是预测的时效越短(预测日越接近始花期)，日平均气温预测的准确率越高，所以提前一周预测的准确率要高于提前 10 d 预测的准确率。气温预报偏差存在的另一原因是对 2014 年 3 月 20—23 日气温的大幅度升高估计不足。将 3 月 18 日预报的未来 10 d 日平均气温和实况值进行对比(见表 4 和图 2)后可知，2014 年 3 月 20—23 日预报平均气温和实况值的偏差较前期有所增大。如果剔除气温预报准确率的问题(以 3 月 19—25 日的日平均气温实况值代替预报值)，预测的杭州早樱始花期在 3 月 24 日，和实况值基本吻合。在未来 10 d 日平均气温准确预报的基础上，用 SW 模型较成功地预测 2014 年杭州早樱的始花期，预测日期与实况值基本吻合，预测误差为 0～1 d。

表 4　3 月 18 日预报的未来 10 d 日平均气温和实况值的对比

日期(月．日)	3.18	3.19	3.20	3.21	3.22	3.23	3.24	3.25	3.26	3.27
预报值(℃)	12	9	10	11	13	13	14	14	14	12
实况值(℃)	12.2	8.8	12.3	15	15.6	13.2	13.5	15.5	16.6	13.9

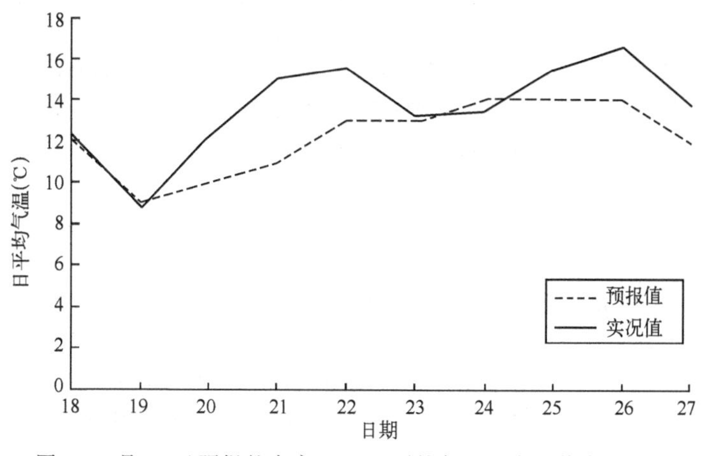

图 2　3 月 18 日预报的未来 10 d 日平均气温和实况值序列对比

4　结论与讨论

本文采用文献[12]推荐的 SW 物候模型，在前期气温观测资料以及逐日气温滚动预报的基础上，进行了 2014 年北京玉渊潭公园杭州早樱始花期的预测，收到了较好的效果。试验结果表明:应用SW模型预测2014年杭州早樱的始花期,提前10 d预测的结果(始花期为3月27日)和自然条件下的实况值偏差为3～4 d,而提前一周左右预测的结果(始花期为3月25日)和自然条件下的实况值偏差为1～2 d。而临近10 d的日平均气温预报的误差是造成杭州早樱始花期预测结果和实况存在1～2 d偏差的主要原因,提高临近10 d日平均气温预报的准确率仍是我们要做的关键工作。

从杭州早樱1998—2013年始花期物候年际变化情况来看,最早始花期为3月14日,出现在2002年,最晚始花期为4月8日,出现在2010年,这个特征和郑景云等[38]关于2002年北京春季异常偏暖的研究结论以及贾小龙等[39]关于2010年华北发生冬春持续低温的结论是一致的。而2014年的始花期(3月23—24日)较常年(3月27日)明显偏早,也与2014年3月14日至3月24日气温快速上升,比常年同期明显偏高(偏高4～5℃)的结果是相符的。

在本文研究成果的基础上,北京市气象服务中心在2014年3月中旬就向北京玉渊潭公园提供樱花始花期气象服务专报,较成功地预测了2014年北京玉渊潭公园杭州早樱的始花期,为公园管理处安排举办樱花节的时间提供了科学的参考依据,得到了玉渊潭公园管理处的认可和好评,收到了较好的社会效益。

本文佐证了文献[12]的观点,SW模型在北京玉渊潭公园樱花始花期预测方面的适用性较高,但鉴于目前用于模型检验的样本还不多,本文的研究结果还不够全面,将来可随着样本的增多进行更深入的检验和业务试用。

参考文献

[1] 竺可桢.中国近5000年来气候变迁的初步研究[J].中国科学,1973,**3**(2):168-189.

[2] 张福春.北京春季的树木物候与气象因子的统计学分析[J].地理研究,1983,**2**(2):55-64.

[3] 尹志聪,袁东敏,丁德平,等.香山红叶变色日气象统计预测预测模型研究[J].气象,2014,**40**(2),229-233.

[4] 祁如英,王启兰,申红艳.青海草本植物物候期变化与气象条件影响分析[J].气象科技,2006,**34**(3):306-310.

[5] 黄珍珠,李春梅.气候增暖对广东省植物物候变化的影响[J].气象科技,2007,**35**(3):400-403.

[6] 吕景华,白静,苏利军,等.气候变暖对呼和浩特地区自然物候的影响[J].气象科技,2012,**40**(2):299-303.

[7] Lechowicz M J. Seasonality of flowering and fruiting in temperate forest trees[J]. *Can J Bot*,1995,73:175-182.

[8] 刘流,甘一忠.桃花迟早年型的冬季气候特点及花期预测[J].气象,2006,**32**(1):113-116.

[9] 韩亚东,于长文,刘雪峰.京桃春季物候期与气温之间的关系[J].安徽农业科学,2007,**35**(15):4517-4518.

[10] 陈正洪,肖玫,陈璇.樱花花期变化特征及其与冬季气温变化的关系[J].生态学报,2008,**28**(11):5209-5217.

[11] 张菲,邢小霞,李仁杰.利用地温构建菏泽牡丹花期预测模型[J].中国农业气象,2008,**29**(1):87-89.

[12] 张爱英,王焕炯,戴君虎,等.物候模型在北京旅游观赏植物开花期预测中的适用性分析[J].应用气象学报,2014,**25**(4):483-492.

[13] 李荣平,周广胜,阎巧玲.植物物候模型研究.中国农业气象[J].2005,**26**(4) :210-214.

[14] 裴顺祥,郭泉水,辛学兵,等.国外植物物候对气候变化响应的研究进展.世界林业研究.2009,**22**(6):31-37.

[15] Sarvas R. 1974. Investigation on the annual cycle of development of forest trees. Autumn dormancy and winter dormancy[J]. *Commun. inst. For. Fenn*, 84:10.

[16] Cannell M G R, Smith R I. Thermal time, chill days and prediction of budburst in Picea sitchensis[J].

Journal of Applied Ecology. 1983, **20**(1) :951-963.

[17] Chuine I, Cour P, Rousseau D D. Fitting models predicting dates of flowering of temperate-zone trees using simulated annealing[J]. *Plant, Cell & Environment*. 1998,**21**(5) :455-466.

[18] Chuine,Cour P, Rousseau D D. Selecting models to predict the timing of flowering of temperature trees implications for tree phenology modellintg[J]. *Plant, Cell & Environment*. 1999,**22**(1) :1-13.

[19] Chuine I A unified model for budburst of trees[J]. *Journal of Theoretical Biology*. 2000,**207**(3) :337-347.

[20] Hunter A F, Lechowicz M J Predicting the timing of budburst in temperate trees[J]. *Journal of Applied Ecology*. 1992,**29**(3) :597-604.

[21] Landsberg J J. Apple fruit bud development and growth: analysis and empirical model[J]. *Ann. Bot.* 1974,**38**:1013-1023.

[22] Murray MB,Cannell MGR, Smith RI. Date of budburst of fifteen treespecies in Britain following climatic warming[J]. *J. Appl. Ecol.* ,1989,**26**:693-700.

[23] Cannell M G,Smith R I Thermaltime,chilling days and prediction of budburst in Picea sitchensis[J]. *Journal of Applied Ecology*,1983,**20**(3) :951-963.

[24] Hunter A F, Lechowicz M J Predicting the timing of budburst in temperate trees[J]. *J Appl Ecol*,1992, 2:597-604.

[25] 王焕炯,戴君虎,葛全胜. 1952—2007 年中国白蜡树春季物候时空变化分析[J]. 中国科学:地球科学, 2012,**42**(5):701-710.

[26] Chuine I,Yiou P,Viovy N,et al. Historical phenology:Grape ripening as a past climate indicator[J]. *Nature*,2004,432: 289.

[27] 宋富强,张一平. 动态物候模型发展及其在全球变化研究中的应用[J]. 生态学杂志,2007,**26**(1): 115-120.

[28] Morin X,Viner D,Chuine I. Tree species range shifts at a continental scale: New predictive insights from a process-based model[J]. *J Ecol*,2008,96:784-794.

[29] Morin X,Lechowicz M J,Augspurger C,et al. Leaf phenology in 22 North American tree species during the 21st century[J]. *Global Change Biol*,2009,15:961-975.

[30] Ge Q,Wang,H,Dai J*,Simulating changes in the leaf unfolding time of 20 plant species in China over the 21st century[J]. *International Journal of Biometeorology*,2013,DOI: 10.1007/s00484-013-0679-2.

[31] Spieksma F T M,Emberlin J C,Hjelmroos M,et al. Atmospheric birch (Betula) pollen in Europe: trends and fluctuations in annual quantities and the starting dates of the seasons[J]. *Grana*. 1995,**34**(1): 51-57.

[32] 戴君虎,王焕炯,葛全胜. 近 50 年中国温带季风区植物花期霜冻风险变化[J]. 地理学报,2013,**68**(5): 593-601.

[33] 李荣平,周广胜,王笑影,等. 不同物候模型对东北地区作物发育期模拟对比分析[J]. 气象与环境学报, 2012,**28**(3):25-30.

[34] 张谷丰,孙雪梅,张志春,等. 物候模型预测稻纵卷叶螟发生期的应用研究[J]. 福建农业学报,2013,**28**(2):148-153.

[35] 谭美,王四清. 观赏植物生长模拟模型研究进展[J]. 园艺学报,2010,**37**(9):1523-1530.

[36] 祝廷成,钟章成,李建东. 植物生态学[M],北京:高等教育出版社,1988.

[37] Chuine I,Cour P,Rousseau D D. Fitting models predicting dates of flowering of temperate-zone trees using simulated annealing[J]. *Plant,Cell & Environment*. 1998,**21**(5):455-466.

[38] 郑景云,张福春. 2002 年:北京 150 年来自然物候最为异常的年份[J]. 气象,2005,**31**(1):19-32.

[39] 贾小龙,陈丽娟,龚振淞,等. 2010 年海洋和大气环流异常对中国气候的影响[J]. 气象,2011,**37**(4): 446-453.

基于SEM的江苏省公共气象服务效益评估

王　云[1]　李长顺[2]　王琳佳[3]

(1. 安徽省人工影响天气办公室,合肥　230061;2. 福建省气象服务中心,福州　350000;
3. 安徽省灵璧县气象局,宿州　234000)

摘　要:本文依据江苏省13个市9000份调查问卷所得到的数据,在提出江苏省公共气象服务效益理论模型与假设的基础上,构建了江苏省公共气象服务效益评估的结构方程模型,从显性效益和要素效益两方面对江苏省公共气象服务效益进行了评估。实证结果表明:天气预报的渠道关注度、内容关注度、预报准确度、预报满意度对公共气象服务效益都有着正向、直接的影响;其中,渠道关注度对江苏省公共气象服务效益的影响最大,预报准确度的影响最小,并在实证分析的基础上给出相应的结论和建议。

关键词:公共气象服务效益;评估;SEM;江苏省

引言

效益这一词在经济学中的意思,是指在社会经济活动中投入与产出的比较。气象服务效益是指气象服务活动中的资源耗费与其产生的有效效益之间的比较[1]。随着社会、经济和科技的发展,气象服务对经济建设、社会发展和人民生活的影响日益显著,气象服务也从提供简单的气象信息服务,转变为产生经济效益的社会生产力,从而使得效益问题始终贯穿于气象服务的全过程[2]。因此,对公共气象服务效益进行定量评估其共值意义重大。评估公共气象服务的效益不仅能够了解气象服务在经济发展中的重要地位,并能够为有针对性的提高公共气象服务质量、加快气象事业的发展。另外,对气象预报产品的使用者和政策制定者来说,气象服务的效益和价值会使他们更加关注气象的巨大经济价值[3]。

对气象服务的效益进行评估是一项比较复杂的工作,目前国内常用的气象服务经济效益的评估方法主要包括自愿付费法、节省费用法、影子价格法。濮梅娟等[4~9]根据经济学中费用效益分析的有关理论,应用自愿付费法、节省费用法、影子价格法,对公共气象服务效益进行定量评估。除了上述几种评估方法以外,也有学者利用条件价值评估法[10],综合模糊评估法[11]等方法进行气象服务效益评估。

在实际的工作中,很多经济、管理、社会、心理等领域涉及的变量都不能准确、直接地测量,如公共气象服务效益的评估,因此,需要一些可测变量去间接测量这一变量。传统的自愿付费法、节省费用法、影子价格法不能妥善处理这些变量,结构方程模型(SEM)则能够方便地处理这些问题,实现调查数据信息的充分挖掘,得到更多深入的结论。

近几年结构方程模型在各研究领域应用广泛,大部分学者集中对各研究对象进行影响因素分析。周钱,李一等[12]构建了交通需求分析的结构方程模型,用于分析和模拟出行者特征、参与活动和交通行为之间的影响关系。吴静[13]构建了测量浙江省城乡居民幸福感的结构方程模型,探究影响居民幸福的主要因素,并用结构方程模型研究各因素内部及各因素相互之间的关系。黄德森、杨朝峰[14]基于 219 家动漫企业的问卷调查数据,运用结构方程模型探讨影响动漫产业发展因素及各因素之间的关系。王桂芝、都娟等[15]基于传统顾客满意度测评模型的核心概念和架构,结合气象服务特点,构建了气象服务公共满意度测评的结构方程模型。

上述研究成果均从不同角度引入结构方程模型,很好地处理了相关问题,得出许多更为客观的结论。然而,运用结构方程模型对公共气象服务效益进行研究的文献很少,特别是对江苏省的研究则更少。因此,运用结构方程模型从定量化的角度分析江苏省公共气象服务效益,为进一步完善公共气象服务效益的评估方法,改进公共气象服务工作,提高公共气象服务的水平和效益提供方法和决策依据。

1 结构方程模型概述

结构方程模型[16]分为测量方程(measurement equation)和结构方程(structural equation)。

(1)测量模型

测量模型说明潜变量和观测变量之间的关系,可写成如下的测量方程:

$$\begin{cases} X = \Lambda_x \xi + \delta, \\ Y = \Lambda_y \eta + \varepsilon, \end{cases} \tag{1}$$

其中,X 为外生观察变量组成的向量,Y 为内生观察变量组成的向量,Λ_x 为外生观察变量与外生潜变量之间的关系,是外生观察变量在外生潜变量上的因子负荷矩阵,Λ_y 为内生观察变量与内生潜变量之间的关系,是内生观察变量在内生潜变量上的因子负荷矩阵。

(2)结构模型

结构模型描述的是外生潜变量和内生潜变量之间的关系,可写成如下的结构方程:

$$\eta = B\eta + \Gamma\xi + \zeta \tag{2}$$

其中,η 为内生潜变量组成的向量,ξ 为外生潜变量组成的向量,B 为内生潜变量之间的关系系数,Γ 为外生潜变量对内生潜变量的影响系数,ζ 为结构方程的残差项,反映了 η 在方程中未能被解释的部分。我们称潜变量与潜变量之间的回归系数为路径系数,潜变量与显变量之间的回归系数为载荷系数。SEM 的建立与参数估计采用软件 AMOS17.0 完成。

2 江苏省公共气象服务效益评估的结构方程模型

公共气象服务是以气象知识为基础,应用气象服务的技术方法,有效避免或减轻气象灾害可能给用户带来的危害和损失,从而提高生产运行效益的途径、手段和过程。众所周知,社会公众都希望气象部门在提供公共气象服务中发挥着重要作用,比如:社会公众越来越关注气象部门在公共气象服务信息的发布能力、透明公开程度、内容关注程度、准确度和及时更新的能力,以满足自身的生产和生活需要,最大限度提高公共气象服务效益。

2.1 理论假设

根据前文对公共气象服务效益的简单介绍,并结合江苏省实际情况,本文提出了江苏省公共气象服务效益的 4 大影响因素:天气预报的渠道关注度、天气预报内容关注度、天气预报的准确性、公共气象服务的满意度。由此根据图1提出如下的理论假设：

假设 H_1：天气预报的渠道关注度影响公共气象服务效益；

假设 H_2：天气预报内容关注度影响公共气象服务效益；

假设 H_3：天气预报的准确性影响公共气象服务的满意度；

假设 H_4：公共气象服务的满意度影响公共气象服务效益；

假设 H_5：天气预报的准确性影响公共气象服务效益。

2.2 模型的设定

在分析公共气象服务效益理论及公共气象服务特点的基础上，本文对江苏省公共气象服务效益影响因素进行了探索性分析及验证性研究，并提出了"江苏省公共气象服务效益评估模型"，该模型包括5个潜在变量：天气预报渠道关注度、天气预报内容关注度、天气预报预报准确度、公共气象服务满意度、公共气象服务效益。结构关系模型如图1所示，5个潜在变量用椭圆形表示，27个观察变量用矩形表示；外生潜在变量——天气预报渠道关注度、天气预报内容关注度、天气预报预报准确度分别用 ξ_1，ξ_2，ξ_3 表示，内生潜在变量——公共气象服务满意度、公共气象服务效益分别用 η_1，η_2 表示。

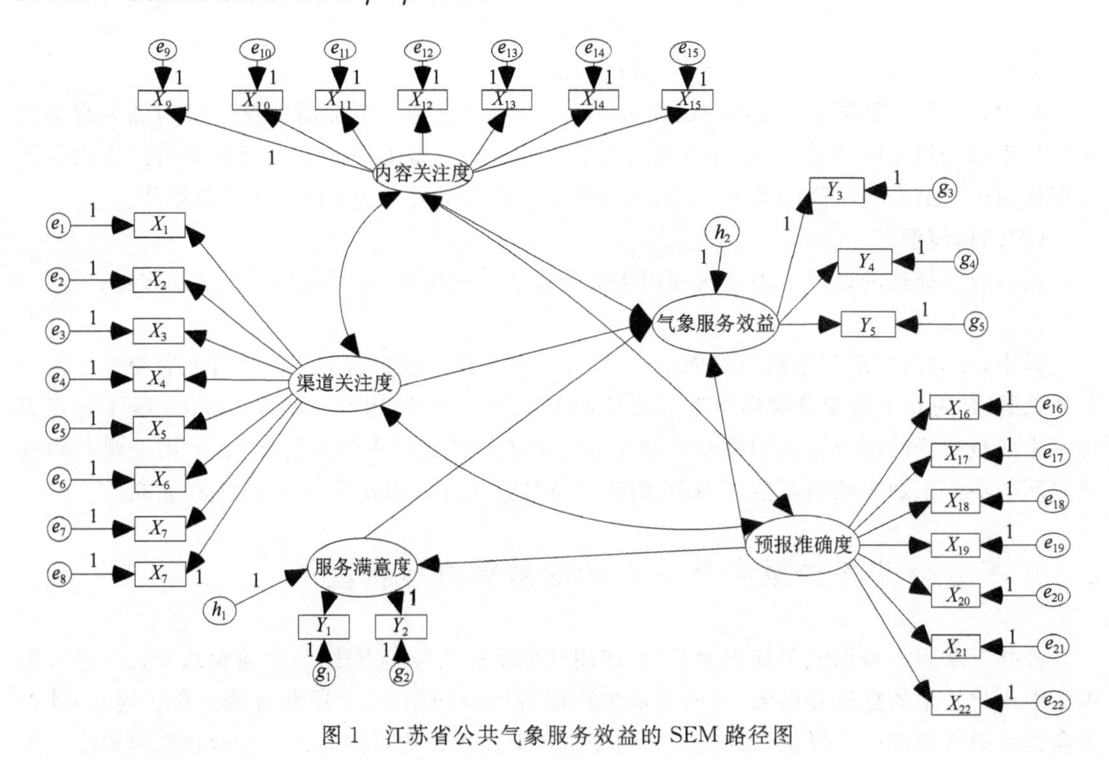

图1 江苏省公共气象服务效益的 SEM 路径图

2.3 模型变量解释

针对公共气象服务效益的特点，结合相关文献的分析，依据全面性和可操作性的原则，构建出江苏省公共气象服务效益的影响因素指标体系。本文认为天气预报渠道关注度、天气预报内容关注度、天气预报的准确度和气象服务的满意度对公共气象服务效益都产生一定的影响。所以在预定设计江苏省公共气象服务效益模型时，考虑将天气预报渠道关注度、天气预报内容关注度、天气预报的准确度和气象服务的满意度都作为影响公共气象服务效益的变量，兼顾了一般性和特殊性。以上 5 个潜在变量的具体观察变量 $X_i(i=1,2\Lambda,22)$，$Y_j(j=1,2\Lambda,5)$ 的含义(27 个观察变量的具体含义通过 27 道问卷调查题的方式呈现，具体问卷调查题见表 1，其中 $Q_k(k=1,2\Lambda,27)$ 即为 5 个潜在变量在调查问卷中所对应的调查题。

表 1　公共气象服务效益的指标体系

潜在变量	观测变量
渠道关注度 ξ_1	您通过电视对天气预报信息的关注程度如何？($Q_1:X_1$)
	您通过手机信息服务对天气预报信息的关注程度如何？($Q_2:X_2$)
	您通过互联网查询对天气预报信息的关注程度如何？($Q_3:X_3$)
	您通过广播电台对天气预报信息的关注程度如何？($Q_4:X_4$)
	您通过报纸对天气预报信息的关注程度如何？($Q_5:X_5$)
	您通过公告栏或电子屏幕对天气预报信息的关注程度如何？($Q_6:X_6$)
	您通过别人口头对天气预报信息的关注程度如何？($Q_7:X_7$)
	您通过其他渠道对天气预报信息的关注程度如何？($Q_8:X_8$)
内容关注度 ξ_2	您对风向风力天气预报信息关注程度如何？($Q_9:X_9$)
	您对气温高低天气预报信息关注程度如何？($Q_{10}:X_{10}$)
	您对空气湿度天气预报信息关注程度如何？($Q_{11}:X_{11}$)
	您对空气质量天气预报信息关注程度如何？($Q_{12}:X_{12}$)
	您对阳光照射强度天气预报信息关注程度如何？($Q_{13}:X_{13}$)
	您对能见度天气预报信息关注程度如何？($Q_{14}:X_{14}$)
	您对生活气象指数天气预报信息关注程度如何？($Q_{15}:X_{15}$)
预报准确度 ξ_3	总的来讲，您感觉目前的天气预报是否准确？($Q_{16}:X_{16}$)
	您感觉 3～5 h 的天气预报是否准确？($Q_{17}:X_{17}$)
	您感觉未来一天的天气预报是否准确？($Q_{18}:X_{18}$)
	您感觉未来 2～3 d 的天气预报是否准确？($Q_{19}:X_{19}$)
	您感觉未来 1 周的天气预报是否准确？($Q_{20}:X_{20}$)
	您感觉未来 10 d 以上的天气预报是否准确？($Q_{21}:X_{21}$)
	您感觉气象部门发布的天气预报警报和气象预警信号是否准确？($Q_{22}:X_{22}$)
服务满意度 η_1	您对目前的天气预报是否满意？($Q_{23}:Y_1$)
	您觉得天气预报用语及内容是否贴近生活、通俗易懂？($Q_{24}:Y_2$)
气象服务效益 η_2	假设为了能及时获得您所需的天气预报，需要支付一定费用，您愿意每月支付多少元呢？($Q_{25}:Y_3$)
	目前天气预报费用是由国家财政支付，您认为国家每月为每个家庭支付多少元合适呢？($Q_{26}:Y_4$)
	您认为利用天气预报每年能为您的家庭节省多少元？($Q_{27}:Y_5$)

3　江苏省公共气象服务效益评估的实证分析

3.1　调查问卷与样本特征描述

从 2010 年 10 月开始，在江苏省各市级气象局、县级气象局的帮助下，对各市的气象服务消费群体进行抽样调查，共发放问卷 9000 份，收回 8599 份，有效回收率 8119 份，有效回收率达

94.42%。问卷采用了李克特标准五点量表，1 为非常低，2 为不高，3 为一般，4 为高，5 为非常高。样本的一些特征如表 2 所示。

表 2　样本的主要特征

项目		频次	比例
性别	男	5150	63.4
	女	2969	36.6
年龄	20 岁以下	678	8.4
	21～30 岁	2139	26.4
	31～40 岁	2626	32.3
	41～50 岁	1671	20.5
	51～60 岁	717	8.9
	61 岁以下	288	3.5
职业	工人	1412	17.4
	农民	1042	12.8
	气象信息员	292	3.6
	科技人员	684	8.4
	学生	796	9.8
	教师	614	7.7
	干部军警	244	3.0
	医务人员	305	3.7
	商业人员	590	7.3
	个体人员	613	7.5
	离退休人员	335	4.1
	其他人员	1192	14.7

从表 2 中可以看出，调查对象以中青年人为主，男女比例相对适中，调查对象的职业分布较广，因此，本次总体样本具有普遍性，能较好地反映江苏省公共气象服务效益的实际情况。

3.2　SPSS 数据分析

3.2.1　描述统计分析

运用 SPSS Statistics 20 对本次问卷调查收集到的数据进行整理，对于异常数据进行必要的修正和剔除，通过计算得出江苏省公共气象服务效益评估结构方程模型中的观测变量的均值和标准差。

表 3　观测变量的均值和标准差

研究变量	X_1	X_2	X_3	X_4	X_5	X_6	X_7
均值	2.75	2.87	2.51	2.39	2.66	2.21	1.60
标准差	0.946	1.261	1.167	1.144	1.193	0.972	0.793
研究变量	X_8	X_9	X_{10}	X_{11}	X_{12}	X_{13}	X_{14}
均值	1.48	3.27	3.89	2.93	3.34	3.33	3.63
标准差	0.849	1.266	1.127	1.284	1.310	1.277	1.271

续表

研究变量	X_{15}	X_{16}	X_{17}	X_{18}	X_{19}	X_{20}	X_{21}
均值	3.29	3.45	4.30	4.22	3.92	3.55	3.34
标准差	1.301	0.741	0.784	0.708	0.775	0.876	0.982
研究变量	X_{22}	Y_1	Y_2	Y_3	Y_4	Y_5	
均值	3.76	3.57	3.75	2.09	2.43	2.27	
标准差	0.892	0.814	0.857	1.096	1.208	1.463	

从表 3 中可以看出，27 个研究变量中 X_{17} 的均值最高，为 4.30，说明公众认为 3～5 h 的天气预报的准确度最高。X_8 的均值最低，为 1.48，这说明公众通过其他渠道对天气预报信息的关注度较低。

3.2.2 信度分析

本文采用克朗巴哈 α 信度系数法[17]，利用 SPSS Statistics 20 软件，对问卷内容进行内在一致性信度分析。本文分别计算了每个研究变量的 α 系数和总体的 α 系数。如表 4 所示。

表 4 研究变量的 cronbach's 系数表

研究变量	X_1	X_2	X_3	X_4	X_5	X_6	X_7
Alpha 信度系数	0.810	0.811	0.810	0.811	0.809	0.811	0.812
研究变量	X_8	X_9	X_{10}	X_{11}	X_{12}	X_{13}	X_{14}
Alpha 信度系数	0.813	0.801	0.804	0.799	0.797	0.800	0.802
研究变量	X_{15}	X_{16}	X_{17}	X_{18}	X_{19}	X_{20}	X_{21}
Alpha 信度系数	0.799	0.803	0.804	0.804	0.802	0.803	0.805
研究变量	X_{22}	Y_1	Y_2	Y_3	Y_4	Y_5	
Alpha 信度系数	0.804	0.803	0.806	0.809	0.812	0.812	
总体 Alpha 信度系数				0.812			

从研究变量的信度检验表可以看出，27 个变量中除空气湿度、空气质量、生活气象指数的关注度的 α 值小于 0.8，其他研究变量的 α 值均大于 0.8，而总体 α 值为 0.812。因此，由表 4 可以知道，27 个研究变量的测量条款具有较高的内在一致性信度，调查数据的可靠性是较高的。

3.2.3 效度分析

利用 SPSS Statistics 20 软件对数据进行效度分析，KMO 和 Bartlett 检验输出结果见表 5。

表 5 KMO 和 Bartlett 检验输出结果

KMO 检验		0.851
Bartlett 的球形度检验	近似卡方	66388.396
	df	351
	Sig.	0.000

由表 5 可知，KMO 值为 0.851，这说明各研究变量间存在潜在的因子结构，检验结果表明，本次问卷调查获得的数据适合采用因子分析法。Bartlett 球体检验的统计值的显著性为 0.000，小于 0.001。这说明各研究变量间的独立性假设不成立，各变量间具有相关性，适合用因子分析法。检验结果表明，本次问卷调查获得的数据的效度较好。

3.3　模型参数估计和验证

根据上述理论假设模型，结合相关数据指标的预处理结果，运用软件 AMOS17.0 对理论模型进行反复拟合与多次修正，最终得出江苏省公共气象服务效益评估的 SEM 拟合图与相关参数估计结果，分别见图 2 和表 6。从表 6 可以看出，SEM 中 4 条路径系数(外生潜变量与内生潜变量的回归系数)与所有载荷系数(潜变量与各观察变量的回归系数)的统计显著性检验结果 P 值均小于 0.1，说明江苏省公共气象服务效益评估的 SEM 参数估计结果具有一定的显著性水平。

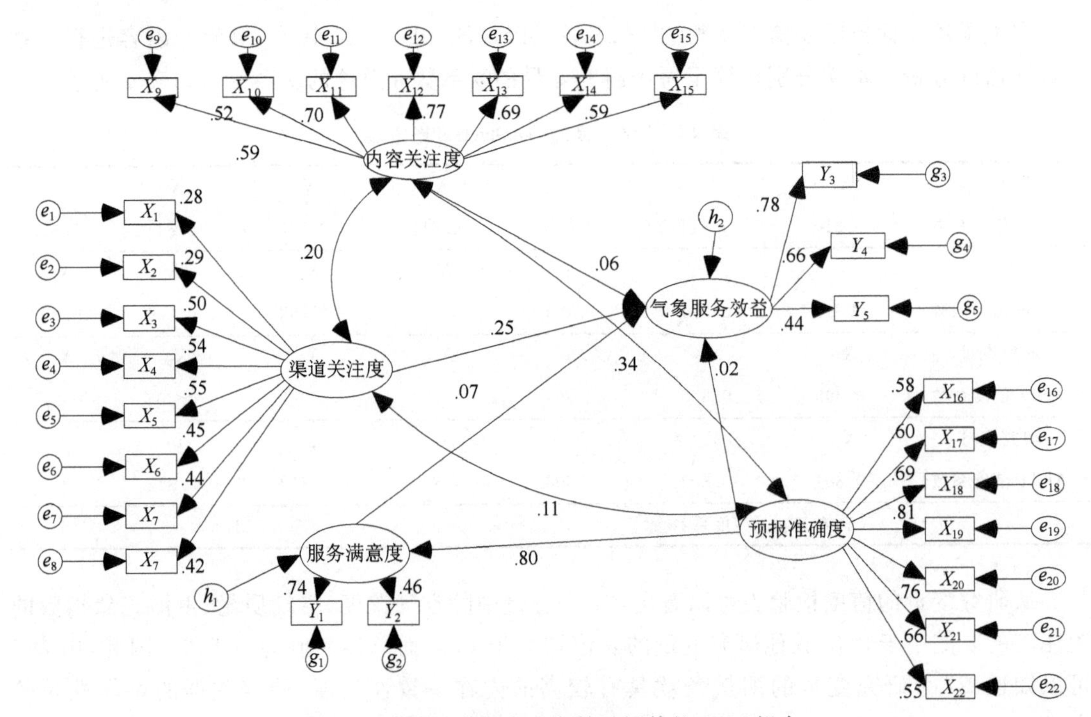

图 2　江苏省公共气象服务效益评估的 SEM 拟合

表 6　江苏省公共气象服务效益评估的 SEM 相关参数估计结果

路径关系	未标准化系数	标准化系数	标准差	P 值	结论
H_1：满意度 ← 预报准确度	0.742	0.802	0.024	0.000	支持
H_2：服务效益 ← 内容关注度	0.072	0.064	0.016	0.000①	支持
H_3：服务效益 ← 渠道关注度	0.603	0.254	0.040	0.000	支持

① 当 P 值为 0.000 时，表示在潜在变量与各观察变量之间的路径系数中有一个观察变量出现“1”，对应的标准差与 P 值均留空白，其表示识别性，即在模型参数估计值中可作为解释基准，下同。

续表

路径关系	未标准化系数	标准化系数	标准差	P值	结论
H_4:服务效益←满意度	0.153	0.073	0.076	0.043	支持
H_5:服务效益←预报准确度	0.031	0.016	0.065	0.639	不支持
X_1←渠道关注度	0.742	0.276	0.039	0.000	
X_2←渠道关注度	1.050	0.292	0.053	0.000	
X_3←渠道关注度	1.628	0.496	0.060	0.000	
X_4←渠道关注度	1.755	0.541	0.062	0.000	
X_5←渠道关注度	1.871	0.552	0.066	0.000	
X_6←渠道关注度	1.235	0.452	0.047	0.000	
X_7←渠道关注度	0.977	0.437	0.038	0.000	
X_9←渠道关注度	1.000	0.423			
X_9←内容关注度	1.000	0.589			
X_{10}←内容关注度	0.785	0.519	0.019	0.000	
X_{11}←内容关注度	1.203	0.701	0.024	0.000	
X_{12}←内容关注度	1.349	0.767	0.025	0.000	
X_{13}←内容关注度	1.185	0.690	0.024	0.000	
X_{14}←内容关注度	0.998	0.587	0.022	0.000	
X_{15}←内容关注度	1.093	0.623	0.024	0.000	
X_{16}←预报准确度	1.000	0.577			
X_{17}←预报准确度	1.137	0.598	0.025	0.000	
X_{18}←预报准确度	1.174	0.690	0.023	0.000	
X_{19}←预报准确度	1.528	0.812	0.028	0.000	
X_{20}←预报准确度	1.591	0.764	0.030	0.000	
X_{21}←预报准确度	1.538	0.663	0.031	0.000	
X_{22}←预报准确度	1.137	0.549	0.026	0.000	
Y_1←服务满意度	1.502	0.740	0.044	0.000	
Y_2←服务满意度	1.000	0.462			
Y_3←气象服务效益	1.000	0.781			
Y_4←气象服务效益	0.943	0.661	0.028	0.000	
Y_5←气象服务效益	0.755	0.439	0.025	0.000	

由表6可知,服务效益←预报准确度的路径系数的P值为0.639,不能判定其显著不为0,即:江苏省的天气预报的准确性与气象服务效益之间没有显著的相关关系。因此,本文提出的理论假设H_1、H_2、H_3、H_4均获得支持,但理论假设H_5没有获得支持。即预报准确度对江苏省公共气象服务效益不存在正向、直接的影响。初始模型的理论假设H_5不正确,因此,需要对这个模型进行修改。删除了预报准确度这个外生潜变量,得到了新的江苏省公共气象服务效益评估的结构方程模型,再次运行AMOS17.0软件,发现增值拟合度指标和精简拟合度指标均与饱和模型较为接近,并且均在可接受范围之内,说明修改后的模型和样本数据的

拟合程度较好。表明江苏省公共气象服务效益评估的结构方程模型的拟合程度较好，可以用来对实际的江苏省公共气象服务效益进行评估。

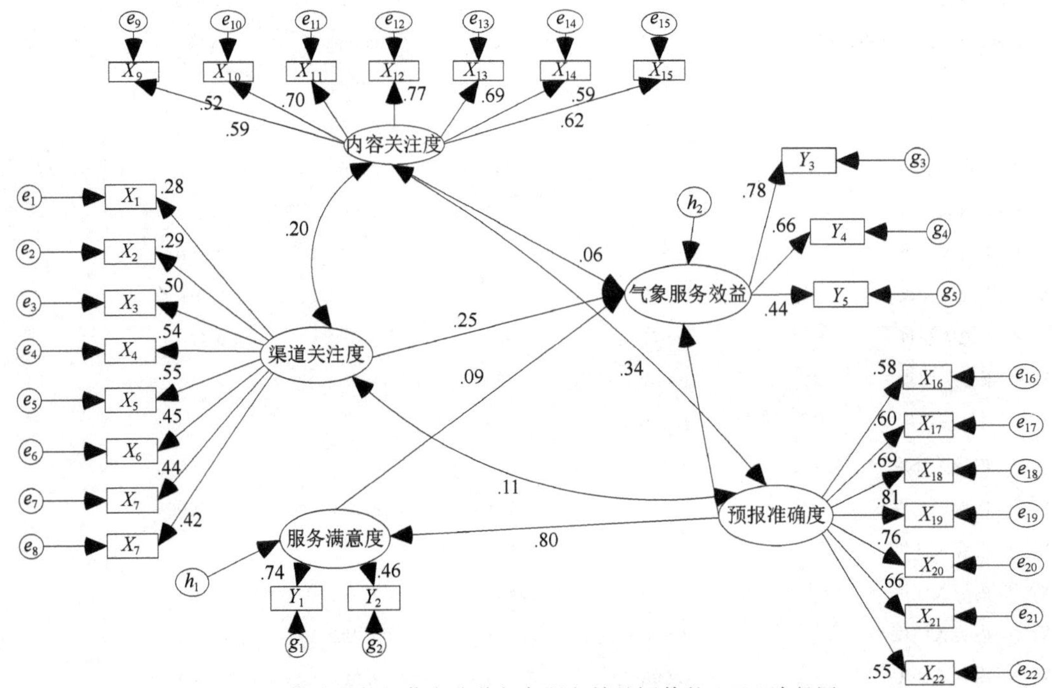

图 3　修改后的江苏省公共气象服务效益评估的 SEM 路径图

从图 3 可知，江苏省公共气象服务效益受到公共气象服务内容关注度、渠道关注度、服务满意度三个潜在变量的影响。其中，渠道关注度对气象服务效益的影响最大，路径系数为 0.254。根据初设的结构方程模型发现预报准确度对公共气象服务效益不存在直接的、正向的影响，预报准确度的提高并不能促进气象服务效益的增加。这一结果的产生应该得到气象部门的重视。但预报准确度对服务满意度产生很大的影响，路径系数达到 0.802，这说明天气预报准确度越高越能让公众对气象服务产生满意感。

3.4　江苏省公共气象服务效益的评估

本文构建江苏省公共气象服务效益的结构方程模型主要目的就是如何更加客观地、更加科学地评估江苏省公共气象服务所带来的效益。因此，需要对江苏省公共气象服务效益的结构方程模型中通过假设检验的变量（公共气象服务内容关注度、公共气象服务渠道关注度、公共气象服务满意度）及其所对应的观察变量的标准化系数进行归一化处理，从而得出各变量的归一化系数（见表 7）。

表 7　SEM 中各变量的归一化系数

	变量	标准化系数	归一化系数
显性效益 *Bd*	Y_3	0.780	0.415
	Y_4	0.662	0.352
	Y_5	0.439	0.233

续表

	变量	标准化系数	归一化系数
要素效益 Be	ξ_1	0.254	0.624
	ξ_2	0.065	0.160
	η_1	0.088	0.216
气象服务渠道关注度 ξ_1	X_1	0.276	0.080
	X_2	0.292	0.084
	X_3	0.496	0.143
	X_4	0.541	0.156
	X_5	0.552	0.159
	X_6	0.452	0.130
	X_7	0.437	0.126
	X_8	0.423	0.122
气象服务内容关注度 ξ_2	X_9	0.589	0.132
	X_{10}	0.519	0.116
	X_{11}	0.701	0.157
	X_{12}	0.767	0.171
	X_{13}	0.690	0.154
	X_{14}	0.587	0.131
	X_{15}	0.623	0.139
气象服务满意度 η_1	Y_1	0.740	0.616
	Y_2	0.461	0.384

同时，根据 SEM 中各变量间的因果关系，并以相应变量的归一化系数为权重，构建江苏省公共气象服务效益的两种评估方法：

(1)江苏省公共气象服务显性效益

$$Bd = 0.415Y_3 + 0.352Y_4 + 0.233Y_5 \tag{3}$$

(2)江苏省公共气象服务要素效益

$$Be = 0.624 \times (0.080X_1 + 0.084X_2 + 0.143X_3 + 0.156X_4 + 0.159X_5 + 0.130X_6 + 0.126X_7 + 0.122X_8) + 0.160 \times (0.132X_9 + 0.116X_{10} + 0.157X_{11} + 0.171X_{12} + 0.154X_{13} + 0.131X_{14} + 0.139X_{15}) + 0.216 \times (0.616Y_1 + 0.384Y_2) \tag{4}$$

公式(3)和(4)中 Bd 和 Be 分别表示江苏省公共气象服务的显性效益和要素效益。显性效益反映了江苏省公共气象服务在过去和现在所取得的成绩和效益；要素效益则反映了气象部门的内部投入与外部产出的关联度，即影响江苏省公共气象服务效益的潜在因素。运用上述两种方法测量与评价江苏省公共气象服务效益，不仅可以了解江苏省公共气象服务过去和现在所取得的效益，更重要的是通过评估江苏省公共气象服务效益的各种要素，从而更深入地分析江苏省公共气象服务效益的形成动因，并针对这一系列的影响因素明确接下来江苏省公共气象服务发展的重点及方向，制定有效的战略措施，进而提升江苏省公共气象服务效益。

4 结论与建议

4.1 结论

从本文建立的江苏省公共气象服务效益评估模型以及软件 AMOS17.0 得出的结果，得到以下的结论：

(1)公共气象预报的准确度对公共气象服务满意度的影响系数为 0.802，这说明两者之间的影响关系很显著，公共气象预报的准确度对公共气象服务满意度具有很大的影响。因此，提高江苏省公共气象预报的准确度能够大大的提高社会公众对于公共气象服务的满意度。

(2)公共气象服务渠道关注度对气象服务效益的影响系数为 0.25，这说明社会公众对气象预报渠道关注度的高低在一定程度上影响公共气象服务效益。

(3)公众认为气象部门提供的气象信息能给他们节省很多的费用并且愿意付钱来接受天气预报信息。公众为获得气象信息支付一定费用对气象服务效益的提高有很大的影响，其路径系数为 0.78。另外，公众认为政府为气象信息的获得支付一定的费用也可以提高公共气象服务效益，其路径系数为 0.66。

4.2 建议

根据上面的结论，并考虑江苏省公共气象服务发展的实际情况，本文提出以下几点建议：

(1)气象部门应向社会公众提供更高质量的气象信息和产品，提高气象预报的准确度。当前，预报准确度的高低很大程度上影响公共气象服务的满意度。因此，准确的气象信息和高质量的气象服务能极大的提高社会公众的满意度。同时气象信息通过趋利和避害两方面的功能对社会经济发展、保护生态环境起到重要的作用。

(2)努力提高社会公众对公共气象服务的渠道关注度。随着人民生活水平的提高，人们对气象信息的关注度越来越高，气象信息与社会公共的生活息息相关。研究表明，江苏省公共气象信息的发布能力、透明程度与更新程度还不太理想，要想提高江苏省公共气象服务效益，必须大力改善关注公共气象信息渠道，加大气象宣传，充分发挥各种媒体的整体优势，继续突出发展电视和手机短信发布渠道，提高预警预报信息覆盖率，以健全、透明和及时的公共气象信息提高江苏省公共气象服务效益。

(3)政府应加大对气象事业的宣传力度，提高公众对气象信息和服务重要性的认识，让公众愿意支付费用来获得气象信息。另外，政府部门应增加对气象事业的资金投入，提高气象信息的准确性、及时性和多样性，为公众提供更高质量的气象信息。

参考文献

[1] 蔡久忠，黄宗捷. 关于气象服务综合效益的研究[J]. 成都气象学院学报，1995，**10**(1)：40-45.

[2] 许小峰，张钛仁，宋善允，等. 气象服务效益评估理论方法与分析研究[M]. 北京：气象出版社，2009.

[3] 韩颖，蒲希. 中国的气象服务及其效益评估[J]. 气象科学，2010，**30**(3)：420-426.

[4] 濮梅娟，解令运，刘立忠，等. 江苏省气象服务效益研究 I：公众气象服务效益评估[J]. 气象科学，1997，**17**(2)：196-203.

[5] 王新生,陆大春,汪腊宝,等.安徽省公众气象服务效益评估[J].气象科技,2007,**35**(6):853-857.

[6] 赵年生,方立清,王振中,等. 河南省公众气象服务效益评估[J].河南气象,1995,(2):9-10.

[7] 于庚康,申双和,罗燕,等.基于江苏省公众气象服务效益的分析与研究[J].气象,2012,**38**(12):1546-1553.

[8] 谢宏佐,刘寿东,芮珏,等. 采用节省费用法的我国典型区域公众气象服务效益评估研究[J].阅江学刊,2010,(6):72-75.

[9] 谢宏佐,许广浩,刘寿东.采用影子价格法的公众气象服务效益定量评估—以京沪穗为例[J].南京信息工程大学学报:自然科学版,2011,**3**(3):250-254.

[10] 彭琳玲,孙敏,潘益农.基于条件价值评估方法分析中国公众气象服务效益[J].气象科学,2012,**32**(4):411-417.

[11] 丁朝阳,唐万年.多级模糊综合评判法在气象服务保障能力评估中的应用[J].气象科学,2005,**25**(1):48-54.

[12] 周钱,李一,孟超,等.基于结构方程模型的交通需求分析[J].清华大学学报(自然科学版),2008,**48**(5):879-882.

[13] 吴静.城乡居民幸福测量的结构方程模型[J].商业经济与管理,2009,(4):66-72.

[14] 黄德森,杨朝峰.基于结构方程模型的动漫产业影响因素分析[J].中国软科学,2011,(5):148-153.

[15] 王桂芝,都娟,曹杰,等.基于 SEM 的气象服务公众满意度测评模型[J].数理统计与管理,2011,**30**(3):522-530.

[16] 易丹辉.结构方程模型——方法与应用[M].北京:中国人民大学出版社,2008.

[17] 杨晓秋.图书馆读者满意度调查问卷的 SPSS 设计[J].农业图书情报学刊,2008,**20**(8):171-174.

中国气象服务体系多元参与机制现状分析

周蒙蒙　毛恒青　陈　钻

（中国气象局公共气象服务中心，北京　100081）

摘　要：对国内外气象服务多元参与机制进行调查研究分析，发现了中国气象服务体系多元参与机制中存在的重要问题和中国气象服务体系多元参与主体的相互关系现状，提出解决问题的思路方法，对气象服务供给主体的职责进行思考并提出完善中国气象服务体系多元参与机制建设的建议。
关键词：气象服务；多元参与机制；参与主体关系；供给主体职责

引言

气象部门多年坚持公共气象发展方向，紧紧围绕国家需求和全面推进气象现代化的要求，基本建成了中国特色公共气象服务体系。但是，气象服务供给能力仍然不足，气象服务供给能力与快速增长的气象服务需求不相适应的矛盾在新形势下更加突出，科技支撑和创新能力不强极大地制约了气象服务发展，相对封闭的体制难以激发气象服务发展的活力。2012 年中国共产党第十八次全国代表大会报告提出“深入推进政企分开、政资分开、政事分开、政社分开，建设职能科学、结构优化、廉洁高效、人民满意的服务型政府”；“改进政府提供公共服务方式，加强基层社会管理和服务体系建设，增强城乡社区服务功能，强化企事业单位、人民团体在社会管理和服务中的职责，引导社会组织健康有序发展，充分发挥群众参与社会管理的基础作用”。因此，建设和完善公共气象服务多元参与机制是中国政府深化体制改革的必然要求。为了使中国气象服务体系多元参与机制建设更加完善，提升中国气象服务供给能力和服务满意度，本文对重点国家和地区进行了气象服务多元参与情况的调查分析。

1　气象服务体系调查的基本情况说明

1.1　调研地区（范围）

对欧美、日本等发达国家、中国港台地区及中国内地重点地区进行了公共气象服务多元参与机制的调研。

1.2　调研对象与方式

（1）发达国家、中国港台地区调研

采用实地调研与收集资料相结合的调研方式。主要对美国、日本、英国、澳大利亚等国家

基金项目：中国气象局 2014 年度软科学研究项目“公共气象服务多元参与机制研究”（主持人：毛恒青）资助项目。

和中国港台地区的气象服务产业整体情况进行调研。

(2)国内重点地区调研

通过实地调研、通讯调研、问卷调研、收集资料相结合的方式开展调研工作。主要调研对象包括 1)气象部门:中国气象局公共气象服务中心、北京市气象局、江苏省气象局、浙江省气象局、深圳市气象局。2)社会团体:中国气象学会、江苏省气象学会。3)学术机构:中国气象科学研究院、南京信息工程大学、成都信息工程学院①。4)民营企业:墨迹风云(北京)软件科技发展有限公司、北京彩彻区明科技有限公司、北京双顺达信息技术有限公司、深圳市昆特科技有限公司、富景天策气象科技有限公司。5)国有企业:华风气象传媒集团有限责任公司、北京万云科技开发有限公司、南京风信科技发展有限公司。6)气象服务媒体:新浪、腾讯等网络媒体和相关电视媒体,以及华为等手机厂商。7)行业气象服务需求调研:对旅游、交通、户外运动、住宅小区物业四个行业开展问卷调研工作。8)公众气象服务需求调研:通过网络渠道面向全国公众进行气象服务需求调研。

2 中国气象服务多元参与机制现状及存在的问题

2.1 现状

中国的气象服务市场当前已经吸引了多方社会资源参与产品的供给。其中,气象事业单位居于主体地位,事企共同承担公共气象服务,事业单位充当市场管理者的角色,依据相应的法律、法规规范参与主体行为,中国公共气象服务多元参与机制已经基本形成。中国气象服务的参与主体包括管理机构、供给主体和服务对象三个部分,其中管理机构和供给主体具体包括政府、事业单位、企业单位和公益性社会组织及社团、高校及研究院所等非盈利性机构,有着相对明确的分工。

中国气象局代表行政机关行使政府职能,是多元参与机制的主要构建者。自 20 世纪 80 年代就开始逐步推动、构建、完善气象服务的多元参与机制。目前主要通过制定法律、法规规范气象服务市场的行为。同时政府也是气象服务的主要需求者,市场繁荣的主要促进者。

气象事业单位主要包括中国气象局直属事业单位,如公共气象服务中心、国家气象中心、国家气候中心等单位和各省市县气象局等。它们提供的气象服务产品表现形式多样,应用领域广泛,涉及农业、渔业、水利、铁路、交通、钢铁、电力、海上石油勘探、保险等几十个行业。主要产品可分为:决策气象服务、公众气象服务、专业气象服务。事业单位从职能角度可划分为管理型事业单位和业务型事业单位。管理型事业单位负责协助制定促进市场繁荣的相关法律、法规,与其他部门协调保障相关信息流顺畅,制定相关国家标准,监督市场行为,指导业务型事业单位和其他气象服务提供者,管理市场秩序,引导气象服务向公众和国家需要的方向发展;业务型事业单位负责提供基本和非基本气象服务,并致力于提高气象服务的质量。中国部分气象事业单位往往集管理和业务职能于一体[3]。

中国气象服务企业包括国资公司和民营公司。国资公司除了提供专业气象服务等非基本气象服务外,还提供较多的中国基本气象服务,如常规天气预报和气象灾害预警等公益性服

① 2015 年 4 月更名为成都信息工程大学。

务。它们是防止公共气象服务市场供给失灵的重要保障[1]。民营公司通过改变气象事业单位提供数据信息的表现形式、开发气象信息感知的硬件设施、提供非基本的气象服务以吸引客户。总体来看,民营公司的规模一般较小,但他们是提高气象服务市场资源配置效率、不断提升气象服务质量、满足公众特殊需求的重要参与者[2]。

各地气象学会等公益性社会组织及社团的主要功能是学术交流和向公众普及气象防灾、减灾知识。在公众的知识结构中建立防灾、减灾知识可以在灾害来临时采取正确的措施,从而减少灾害损失,这是公共气象服务中不可或缺的一部分。有的气象事业单位也承担了这些职能。高等院校是中国的主要智库,负责气象服务的理论创新和人才培养。以南信大为例,其前身是有"中国气象人才摇篮"美誉的南京气象学院,是由江苏省人民政府、教育部、中国气象局、中国海洋局共建的全国重点高校,具有完整的学士、硕士、博士教育培养体系,并设有博士后科研流动站,学校设置了气象、环境、遥感、信息科学和经济管理等专业,拥有气候与气象灾害协同创新中心、大气环境与装备技术协同创新中心、南京国际气象科学研究院、气候与环境变化教育部首批国际联合实验室、气象灾害教育部重点实验室等教学科研平台。研究院所是气象服务准确度提高的关键机构之一。中国气象科学研究院是中国大气科学领域学科种类最多、规模最大的业务型科研机构,是以研究大气探测、人工影响天气、灾害天气、气候研究、生态环境与农业气象、数值预报以及大气成分化学观测与服务等为主攻方向的大气科学综合研究基地。以上这些非盈利机构主要从事气象防灾、减灾教育,科学研究和人才培养,并提供基本的公益性气象服务[4]。

2.2　存在问题

通过详细全面的对中国和国外主要地区开展气象服务调查研究,发现中国目前的气象服务多元参与机制主要存在以下问题:

(1)从参与者构成角度出发,民营企业所占的市场份额较小[2]。大部分公司为依托气象局成立的国资公司,气象服务市场吸引到的社会资金偏少,这使得气象市场提供的非基本气象服务产品有限,无法满足用户的特殊需求。尤其是灾害类气象服务产品,绝大多数仍由国家气象服务机构承担。

(2)民营企业参与气象服务的能力远远不够[2]。现在大部分民营企业只参与气象信息的传播,通过在不同的通信设备上转发气象服务信息的终端软件,向公众提供气象服务。但气象服务产品的针对性不够强,专业化程度较差,其根本原因在于缺乏足够的研发和营销力量,不能开发出满足细分市场需求的产品。

(3)依托气象局成立的国资公司比例过大[1],既无法形成真正的多元参与的气象服务市场,也不利于市场管理。市场的正常和有序运转,依赖于完备的市场参与规则、规范的市场秩序和严格的管理制度,而这几方面又是相辅相成的。当市场的参与主体大部分为国有公司,且这些公司与气象局有密切联系时,气象局可以通过内部考核、升迁等措施规范其行为,而不需要制定完备的法律、法规。当参与主体的所有制性质和构成发生变化后,原有的管理措施将不能约束民营企业、股份制企业的行为,同时又缺少相应的法律、法规对参与主体的市场行为进行规范。不可避免的会出现市场混乱、产品质量得不到提高、消费者对气象服务市场失去信心等状况。

3 中国气象服务多元参与主体的相互关系分析

3.1 中国气象服务参与主体的相互关系

当前，中国气象服务体系中主要参与主体的相互关系为：政府和管理型事业单位主要承担气象服务行业的行业监管和相关法律法规的制定等职能，研究院所和高校并不直接提供气象服务产品，它们主要为其他主体提供人才和技术支持，故政府、管理型事业单位、研究院所和高校主要是为气象服务业务提供基础保障和研究工作，其他主体都实际参与了气象服务的供给与需求，其中，业务型事业单位和国资公司主要是为决策部门、公众和行业用户等气象服务对象提供基本和非基本气象服务，而民营企业和外资企业主要为用户提供非基本气象服务。主要参与主体相互关系现状如图 1 所示。

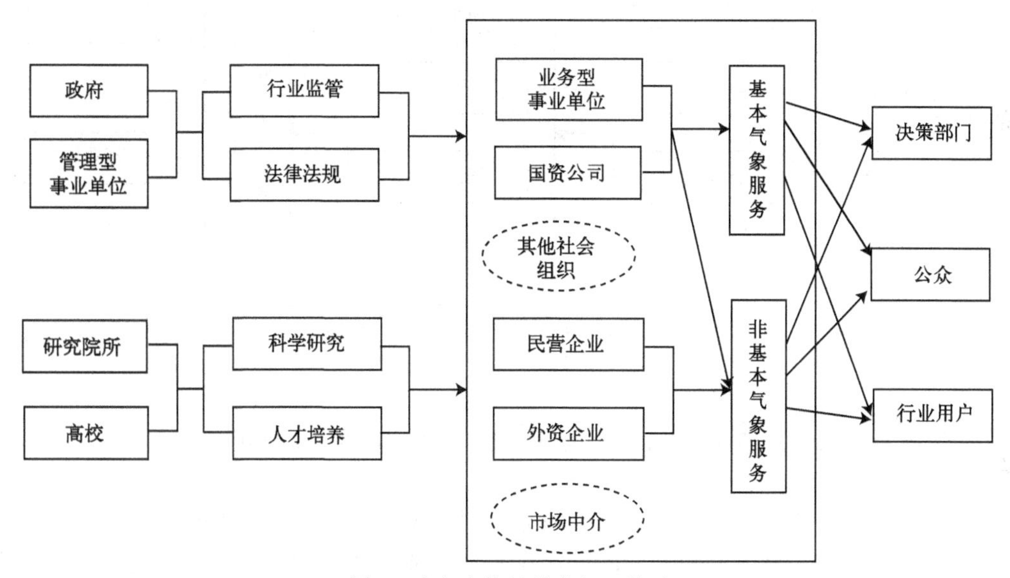

图 1 参与主体目前的相互关系

3.2 事业单位工作重心与参与主体相互关系改变的分析与建议

根据现代创新理论，自主创新作为原始创新主要包括以下阶段：(1)产生新思想；(2)将新思想孵化为新技术；(3)采用新技术，进入市场。每一个阶段都有其风险。中国的高等学校和科研机构更加热衷于产生新思想，将新思想孵化为新技术需要投入大量的人力和物力资本，同时也有较高的失败风险，即使产生新技术也面临市场是否接受的问题。所以高校和企业均不愿意从事这类工作。企业更加愿意直接采用新技术，然后即可开拓市场，获得收益。因此，建议事业单位的工作重心转移到将新思想孵化为新技术。

气象服务属于公共服务，承担较多的创新成本，将创新成果和市场留给企业，可以培育企业的发展，也可以满足用户的需求。政府和事业单位是气象服务的主管部门，首先要明确划分事业单位的职能界限，建议事业单位从非基本气象服务的供给领域中退出，主要执行政府部门的行政管理职能和基本气象服务的供给，如制定市场规则，依法规范市场行为，提供基本公共服务产品。其次，应积极鼓励、扶持国有、民资等多种主体的发展，鼓励私营气象企业开发和营运精细化的私人气象产品，满足公众更深入、更广泛、更细分的需求；同时，可积极引导国有、外资和民资企业参与公共气象产品的研发和生产，形成政府安排，企业生产的局面，弥补政府气象部门生产效率较低的弊端。如使用合同承包、特许经营、政府补助等多种制度方案，充分挖掘社会资源，更好地为社会提供气象服务产品。这时，多元参与中各主体的关系发生了转变，如图2所示。

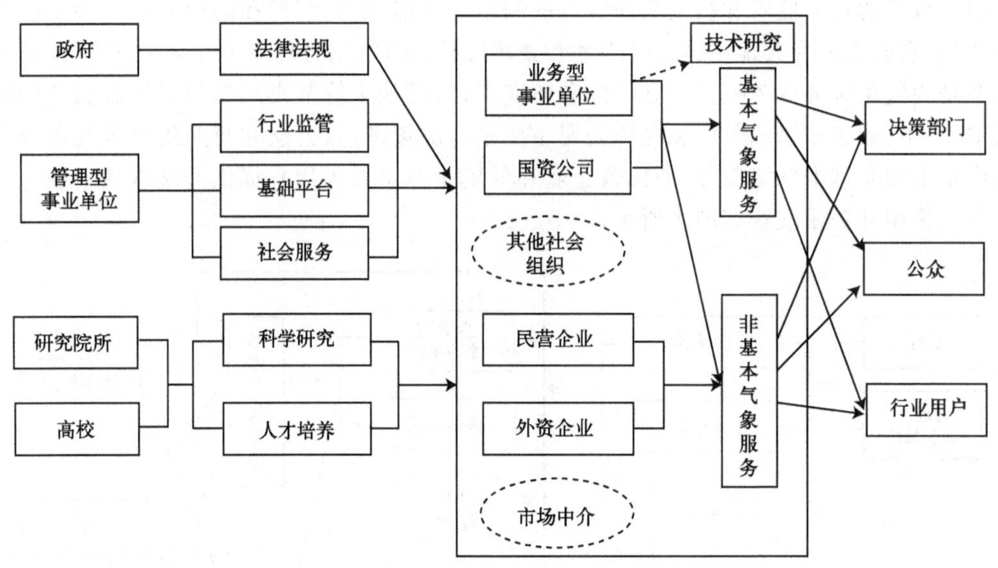

图2 事业单位重心转变后的参与主体关系

4 发达国家、中国港台地区气象服务多元参与机制的启示

经过对发达国家和中国港台地区气象服务情况的调查，发现不同国家和地区的气象服务产业模式有很大不同。许多经济发达的国家在发展商业性气象服务的过程中，逐步形成了适应各自社会、经济、环境和资源特点的供给机制。例如澳大利亚的国家气象部门在确保公益服务(决策气象、公众气象)的前提下，兼营商业化服务，同时也允许私有企业从事商业化服务，鼓励公私气象公司之间展开竞争。在英国，气象服务产业的主要企业是英国气象局，英国气象局设有专门的商业部和产业部，负责气象服务产品的市场开发和销售，由于英国政府规定政府部门和公共单位必须使用英国气象局提供的气象服务，英国气象局的服务一直占英国气象服务市场份额的70%左右，其他30%为私营气象公司占有。与澳大利亚和英国的气象服务产业模式存在明显不同的是美国的气象信息服务，其运作方式是国家气象部门只做公益无偿服务，不做商业性气象信息服务，商业性气象信息服务由私营的气象公司承担，根据美国气象信息服务政策，各私营气象公司可利用国家气象部门无偿提供的一般气象信息，根据用户需求，进一步加工、处理，有偿向用户提供特制的天气、河流和水资源预报，详细的水文气象信息、咨询和资料，提供附加产品。日本的商业性气象服务和美国有共同之处，就是国家气象部门做公益无偿服务，商业性气象服务由民间天气预报公司开展。而中国香港与台湾地区的气象服务主要依托于当地政府气象部门，如台湾“中央气象厅”、香港天文台发布气象预报与预警服务，由于地

域因素，两地区尚未有商业气象服务公司成立，但目前欧美以及日本的气象公司均在香港、台湾地区设立了相应的分公司用于业务拓展[5]。

从中国的国情、气象行业目前的实际状况和国家安全考虑，美国、日本等国家气象部门只从事基本气象业务和公益服务，不做商业性气象服务，将商业性气象服务完全交给私营企业承担的模式不符合中国的现有实际。中国目前基本形成的气象服务多元参与机制与澳大利亚的现有机制最为接近，建议中国在逐步放开气象服务市场、构建多元参与机制的过程中借鉴“澳大利亚”模式，不断完善中国气象服务多元参与机制，形成国家气象部门在确保公益服务(决策气象、公众气象)的前提下，兼营商业化服务，同时也允许私有企业从事商业化服务，以填补国有气象部门之力所不逮，鼓励公私气象公司之间展开公平竞争，在管理机构有效监管的前提下，形成多种资本竞相竞争的局面。

5 思考与建议

完善中国气象服务多元参与机制，要坚持公共气象发展方向，围绕更好发挥政府主导作用、气象事业单位主体作用和市场在资源配置中的决定性作用，创造公平竞争的政策环境，激发竞争活力，增强供给能力。健全多元参与的公共气象服务运行机制，充分发挥社会力量在公共气象服务中的作用[6,7]。根据此思路，提出如下重点任务建设建议：

(1)强化气象事业单位在公共气象服务中的主体作用

建立有利于促进核心技术研发、资源共享、服务组织和利益协调的工作机制。国家和省级气象服务单位，要在基本气象预报预测产品的基础上，形成精细化气象预报服务产品的加工制作能力，使面向公众的基本气象服务产品的加工制作逐步向国家和省级集约。

鼓励专项气象服务跨区域、规模化发展，建设若干特色鲜明、布局合理的全国性或区域性的专项气象服务中心，建立事企共同承担、分工合理、权属清晰、分类管理、协调发展的新型公共气象服务运行机制，强化气象服务事业单位的公益性服务职能，鼓励和支持国有气象服务企业的经营性服务。建立和完善气象事业单位与国有气象服务企业以资本为纽带的产权关系，加强监管，确保国有资本保值增值。

制定基本气象资料和产品面向社会开放目录和使用政策，完善基本气象资料和产品开放共享平台，促进气象信息资源共享和高效应用。建设面向全社会的全国气象服务大数据平台，提高全社会气象服务信息利用能力和水平。建立气象观测资料获取、存储、使用监管制度，维护国家气象数据安全。制定气象信息资源产权保护和激励政策，加强气象信息资源产权保护。

(2)抢抓机遇，增强国有企业的竞争能力

统筹相关资源，推动国有气象服务企业集团化、规模化发展。开展国有气象服务企业股份制改造，建立和实行现代企业制度，推动国有气象服务企业上市融资。

形成以国有企业为核心的气象服务产业集群。气象服务产业很容易形成产业集群，这是气象服务产业链的特征和性质造成的。现阶段由于气象产业未能够得到充分发展，企业数量还非常有限，但产业集群的形成必然成为气象服务关联产业发展的未来形态。根据气象服务的特点，未来产业集群必然是众多相互关联企业围绕技术、人才和资金等均占据优势的国有企业为核心而发展的，因此，气象服务产业的集群发展方向，必然是气象服务产业链纵向与横向的扩展和延伸。气象服务业产业集群发展初期，产业集群中参与合作的企业较少，集群规模不大，产业链也较短。随着气象服务业产业集群的成长，当集群内企业合作的收益大于合作的成本时，企业会进行有效的分工，气象服务业专业化分工越来越细，从而带动相关企业和产业的发展。

(3) 建立扶持民营企业的激励机制

民营企业是多元参与市场中的重要部分，它可以聚集社会资金，引入竞争活力，挖掘客户潜在服务需求等。但是，新企业的生存能力较弱，提高民营企业参与度可以从以下几个方面着手：

首先，适度降低新企业进入成本。从国内外气象企业的利润来源可以看出，专业气象服务可以收取信息费，其他气象服务大多处于不收费状况。中国的一些大型国资公司都很难摆脱依靠广告收入维持的状态，刚进入气象服务领域的企业在用户规模较小的情况下，广告收入也会很少，所以很难生存。可以考虑减少新企业的数据购买成本、降低租赁已有网络平台或系统的费用。

其次，为新企业提供完备的相关规章、制度、标准等信息。气象服务的相关法律、法规、标准非常多，而且有很多标准正在建设，为了使新企业快速适应气象服务环境，避免触犯法律、法规，违反行业标准，相关部门需要向新企业提供完备的相关制度、标准等信息。

第三，从事业单位或国有企业中租赁或聘用有经验的气象服务人员，解决新企业或民营机构人力资源短缺的问题。给事业单位或国有企业员工带来压力和动力的同时，还有利于利用成熟的人力资源为社会的防灾减灾服务。

(4) 加强市场监管，维护市场的公平竞争

加强气象服务市场监管。健全气象服务市场监管法规和标准体系，制定和完善国家和地方性气象信息服务、防雷技术服务等法规和标准，强化气象服务标准实施应用。会同国家有关部门，分类制定出台气象服务市场准入退出、登记备案、服务监管、奖励惩罚等市场规则和制度。强化气象服务市场监管职能，健全国家、省、市监管业务机构和队伍，建立多部门联合监管机制，加强事中事后监管。加强气象服务信用体系建设，建立全国气象服务市场主体信用信息，实施信用信息披露制度。引入第三方评价机制，健全社会公众监督渠道，完善气象服务社会监督和评价制度。

维护市场公平。保障各类气象服务市场主体在设立条件、基本气象资料和产品使用以及政府购买服务等方面享有公平待遇。依法有序、积极引导各类市场主体开展除涉及重大国计民生和国家安全之外的气象服务。培育和发展气象服务市场中介机构。转移适合由行业协会承担的职能，发挥行业协会在气象服务准入、协调、监管、服务、维权等方面的作用，发挥已有各类防灾减灾社会组织的作用。

(5)培育市场中介，推动气象服务市场的形成

培育和发展气象服务市场中介机构，开展气象服务知识产权代理、市场开发、市场调查、信息咨询等专业化、社会化服务。发展气象服务行业协会，组建中国气象服务协会、中国人工影响天气协会、中国防雷技术服务协会等全国性行业协会，以及地方性气象服务行业协会。行业协会负责统计气象人才的服务质量、年限、工作内容，所属机构的评价、交互意愿等信息。

积极引导气象信息服务、防雷技术服务、气象科普等气象服务消费，形成不同层面、不同群体的气象服务市场消费主体。推动出台促进气象服务产业发展的政策。探索气象服务产业示范园或示范基地建设，鼓励和引导各类市场主体参与气象服务产品市场和气象服务技术、资

本、人才、信息、产权、版权等要素市场竞争。建立气象服务产业发展情况统计和信息发布制度。

参考文献

[1] 公共气象服务中心.我国气象国资企业调研报告[R].2014,8.

[2] 公共气象服务中心.我国气象民营企业调研报告[R].2014,8.

[3] 公共气象服务中心,江苏省气象局,南京信息工程大学.我国气象部门公共气象服务调研报告[R].2014,8.

[4] 公共气象服务中心,江苏省气象局.我国非营利性机构气象服务需求调研报告[R].2014,8.

[5] 公共气象服务中心,南京信息工程大学.国外、港台地区公共气象服务多元参与机制调研报告[R].2014,8.

[6] 中共中国气象局党组关于全面深化气象改革的意见[J/OL].中国气象报,[2014-05-27].http://www.cma.gov.cn/2011xwzx/2011xqxxw/2011xqxyw/201405/t20140527_247363.html 发布时间:2014年05月27日.

[7] 中国气象局办公室.气象服务体制改革实施方案[R].2014,10.

论新媒体时代气象网络新闻标题的写作技巧

张晓霞　王灵玲　王　华　刘明奇

（吉林省气象服务中心，长春　130062）

摘　要：随着新媒体时代的到来，传播媒介的增多使得受众处于海量信息世界中，受众阅读习惯发生了重大改变，信息选择更多依赖标题。如何能在“千网一面”的新闻中吸引受众注意力，营造阅读兴奋点，提升其传播的核心竞争力，更好地发挥网络媒体刊登气象新闻的优势，标题的拟定往往比采写新闻更重要，更需要苦下功夫。本文正是从气象网络新闻标题的作用和特点入手，探析新媒体时代，气象新闻标题写作原则和技巧，同时也提出气象网络新闻标题要警惕“标题党”现象。

关键词：气象网络新闻；标题；检索价值

众所周知，新闻标题是用以揭示、评价新闻内容的一段最简短的文字。同传统媒体标题一样，气象网络新闻标题也是新闻的“眼睛”和“广告牌”，特别是在新媒体时代，标题更是发挥着前所未有的作用。好的标题能实现以简洁、灵动和极具诱惑力的表现形式概括传递新闻的内容，架起新闻作品和读者之间的桥梁，产生共鸣，真正起到画龙点睛、事半功倍的作用，在具体的创作中应该根据其特点和写作要求，“对症下药”，撰写出得以“取宠”的标题。

1　标题在气象网络新闻中的重要作用

“看新闻看题”“5 秒效应”的说法都印证了新闻标题日益突出的作用。在新媒体时代下，在快餐文化盛行的今天，气象新闻标题的意义和价值甚至超越了其他传统新闻媒体。

1.1　吸引读者注意 引起读者兴趣

在新媒体时代下，网络阅读、快餐式阅读成为主流趋势，气象网络新闻标题与正文处于不同的页面，是通过阅读者根据自己需要点击“期待阅读”的标题进入正文的页面。也就是说，气象网络新闻在很大程度上要靠标题的“门面”作用的不断提示来引导读者从大量的气象新闻信息中选择自己感兴趣的那部分进行阅读，因此标题扮演着吸引阅读者眼球，让其产生非点不可的欲望的作用。如标题“吉林洪灾再度升级 月亮泡水库防汛形势严峻”这个标题就能让很多读者的鼠标移步与此，看看今年防汛重地的东北三省，洪灾升级到什么程度，月亮泡水库险情到底如何。

1.2　提供检索 帮助读者选择新闻

目前网站众多，每个网站的主页面就有成百上千的新闻，碎片化阅读更为受众接受。他们希望在众多的新闻中以最快的速度获得更多有用信息，标题充当了他们的导向。搜索引擎一般是靠文章前几十个字的关键词语或者“重要结论”“重要关键词”进行数据库的收集与编录，而标题是出现“重要结论”、“重要关键词”频率最高的地方，所以对网络新闻标题的搜索能比对新闻正文更精确地搜索相关信息，新闻是靠标题吸引受众来读。

1.3 揭示新闻内容 传播完整信息

气象网络新闻标题可简要地概括任何新闻事实，提供简要信息，使读者能快速了解新闻内容，读者就能一望而知重要结论、重要关键词，并充分引起读者重视，能满足读者扩大新闻信息的要求、引导读者理解新闻。如标题“吉林延吉市暴雨致山洪暴发 六千余人受灾”，读者一看标题就知吉林省延吉市，天公不作美，暴雨引发了山洪灾害，导致的受灾人数达到六千余人。

2 气象网络新闻标题的特点

气象网络新闻标题的特点与新媒体时代下网络的海量性、全时性、交互性、超文本结构等特性紧密相连。因此，在探讨气象网络新闻标题的制作时，应当既考虑到其形式、内容和表现手段上的特点，更要从其特性入手去体现网络新闻标题的特色和优势。

2.1 气象网络新闻标题的形式特点

在形式上，气象网络新闻表现出题文分离、单行呈现、字数受限等特点。传统新闻标题“题文并存”，标题与正文、图片是同时在一个平面呈现，而在气象网络新闻中，标题与内容分处于两级页面，标题只是作为一个链接指针而存在，即“题文分离”，读者只有点击标题才可进入正文页面阅读。

在传统媒体中，标题多呈现着有引题＋主题、主题＋辅题或引题＋主题＋辅题等形式，多见多行标题。而在新媒体的“惜字如金”时代，气象网络新闻为了节约空间更为了浏览方便，基本上都是以单行标题表现。同时，新媒体时代，各大网站都希望主页面显示更多的信息，安排尽可能多的标题，所以气象网络新闻标题的字数也受限较多。一般而言，标题字数以 10～20 个字数为宜，上下句最好能以空白分开，并控制在 7～10 个字组成一段文字，中国气象局网站的标题一般一行显示，字数在 10～20 个字，中国天气网一行显示两到三个标题，每个标题十个字左右，简明扼要，高度浓缩信息的主要内容。

2.2 气象网络新闻标题的内容特色和表现手段特点

新媒体时代下，气象网络新闻标题以实题为主，即读者一看便知其主要内容，不像平面媒体标题更讲究虚实结合，如德惠 6.3 大火，《中国气象报》的标题是《在滚滚浓烟中测风——吉林禽业公司火灾救援气象服务侧记》，主题就是虚题，单纯看，无法得知主要内容，副标题是实题。在中国气象局网上的标题《吉林禽业公司爆炸起火 气象部门迅速提供火灾救援保障服务》就是实题，更侧重对内容的揭示，在新闻六要素中寻找一个突破口，用最简洁的文字将新闻中最有价值、最生动的内容展示给读者。

在表现手段上，气象网络新闻标题可以追求多元化、多媒体化，可以通过色彩的变化、字体粗细大小、题图相配、附加音视频的小图标、标题集合等特定元素或附加形式，来增强表现力，吸引读者阅读。在中国天气网，一般对东北三省的暴雨整合在一行，采用标题集合的形式，体现对农业、城市内涝、群众受灾等的影响，让受众更全面的了解了暴雨洪涝对东北的影响。

3　气象网络新闻标题的制作原则和写作技巧

“当上百个新闻标题集中在一个页面上时，好标题就成为吸引眼球的关键，如果标题没有吸引力，其他的工作做得再好，也有可能吸引不到网友的点击；如果标题形成了强势，整篇新闻就会从新闻标题的丛林中跃然而出。”标题能否吸引人关系到新闻的主题内容能否顺利传播。所以，在新媒体时代，气象网络新闻标题在语言运用上应该独具一格，还应该采取一些独特不同原则和写作技巧。

在制作原则上，气象网络新闻标题要注意具体准确、简洁凝练、新颖生动，特别还要做到突出亮点，就是要注意突出新闻事件中最重要的内容、最新鲜的事实、最具有冲突性内容、最显著的内容、最反常的内容、最有趣的内容。中广网8月18日的一则新闻《东北三省遭遇1998年以来最大洪水》，就是将最吸引眼球的内容放在标题，1998年洪水给读者留下很深的印象，今年连续强降水，是否能重演当年洪灾，标题上体现出来没有1998年洪水大，紧居其后。同时气象新闻标题也要求简洁，立意角度、语言要新颖独特，通俗易懂，翻译好气象专业术语或者晦涩的词语，多用动词名词，把事件的发展动态说明白，保证新闻传递的准确性。

从写作技巧上来说，要制作一个好的气象网络新闻标题，一定要带着感情，设身处地的从读者的角度出发，赋予老天爷感情，向读者传递出一种关怀，而不是天气预报式的表达。

3.1　提供准确的新闻点 丰富信息含量

在气象网络新闻标题中应尽量避免“万能标题”，将自己稿件中的新闻点、受众感兴趣的问题和亮点呈现出来，这就需要做到在吃透内容的基础上，根据自己的客户群体、读者群体的角度，了解他们的真实需求，抓住他们的心理，从中提炼出读者最感兴趣、最需要了解的要素在标题中加以表达。在气象会议报道中要尽量少以会议名称命名，而是将其中最核心要解决的问题或者最关注的内容提炼出来在标题上有所体现。在天气新闻标题的制作中也是如此，如吉林省近几日降温明显，居历史同期低温第一位，对作物生长造成一定的影响，这些新闻点就要在标题中展现出来。中国天气网曾有一则新闻标题就为《东北低温拖慢作物生长 吉林省气温创历史同期新低》，将低温和作物生长联系在一起，指出了天气，更突出了天气造成的影响，也是这条新闻想表达的一个核心点，标题就将新闻点呈现在受众的面前。而标题《吉林一天历经“两季” 明天天气再“变脸”》是将趣味性的新闻点提炼出来作为标题，在这个标题中有两个引起兴趣的爆点，一是一天历经“两季”，这个形象的说法有趣地说明了温度变化；另一个是“变脸”，这个词形象贴切，生动有趣。

气象网络新闻更需要丰富的信息含量实现专业信息生活化、专业语言口语化和服务信息实用化，甚至达到“一叶知秋”的妙处。面对一则气象网络新闻，在拟定标题时，可以从报道对象、受众、新闻内容等方面挑选最新的信息，把最近的、最有吸引力的信息全方位的展示给受众，受众也容易有“万绿丛中一点红”的清新之感和新奇之感。

3.2　创新语言句式

在找准新闻点，确保客观准确的基础上，气象网络新闻标题还要写得生动活泼、趣味盎然，灵活运用一些具体方法和技巧，譬如修辞手法、名诗妙词、谚语俗语等使标题更有效地反映新闻内容。

3.2.1 巧用修辞手法

新媒体时代，气象网络新闻标题制作可以将拟人、比喻、比拟、借代、引用、仿拟、对比、对偶、排比等各种修辞手法都派上用场。

拟人是制作气象新闻标题的一个主要方法，也是赋予老天爷感情的最好方法。如标题《冷空气“截断”晴暖 吉林发布寒潮蓝色预警》，“截断”晴暖就使冷空气仿佛具有了人的情感、思想、举止，从而使标题有了一定的感染力和辐射性，标题前半句亦因而有了较深远的内涵，多了点韵味。对于拟人手法的运用，最重要的是要选择一个合适的拟人化动词，让“老天爷”的情绪要和受众情绪相契合。在气象服务类的新闻中也可以采取拟人手法，如《预警信息“飞入”寻常百姓家》，一个“飞”字就将预警信息的发布活灵活现地表现了出来。

比喻也是气象网络新闻常用的方法，为了把事物说得更加明白、透彻，以便读者容易理解、把握，或多或少都会使用比喻，用有相似点的事物或道理来打比方。仿拟是模仿现成的句式格调，临时创造一种新的说法，如《拨开迷“雾” 预防“霾”伏》，作者很巧妙的将霾这一天气现象的潜伏和“埋伏”仿拟起来，情趣跃然纸上。此外，对比、引用、排比、设问、借代、双关等适合表达的方式都可以“适时”应用。

3.2.2 妙用前人的名诗妙词

在写作气象网络新闻的标题时，如果有符合当前天气和情绪的诗词也可以通过直接引用和稍加修改两种方式妙用，通过标题就能让读者明白文章的意境。能直接契合当前天气现象的可以直接引用，修改其中个别字词以符合意境的也可以。如中国天气网稿件的两个标题，《湖南清明时节雨纷纷 返程高峰注意交通安全》就是直接引用杜牧的《清明》里的诗句，而吉林省在清明前后雨雪交加，借用的时候就可以对诗句稍做修改，《吉林清明时节雨雪纷纷》。但同时，借用诗词要忌用生僻的诗词。生僻的诗词受众无法了解它蕴含的意境，也就失去了应用它的意义，甚至成为失败之笔。

3.2.3 借用民间的谚语俗语

谚语俗语对受众来说是耳熟能详的，用来制作标题，让受众感到亲切而且易于理解。如“先雷后雨雨必小，先雨后雷雨必大”“天上勾勾云，地上雨淋淋”“朝霞不出门，晚霞行千里”等谚语都可以直接或间接运用到气象网络的新闻标题中。俗语指现代约定俗成的句子或者词语，用里面的风、雨、日、月表达一种情绪，用这样的语言制作标题易于吸引阅读。如 2012 年，台风布拉万来袭，预计登陆路线和实际路线有偏差，有媒体就发布了一篇标题为《强台风布拉万放弃登陆改“打酱油” 正面袭击日本冲绳》的文章，标题正是借用了网络流行词汇。

4 结语

新媒体时代，气象网络新闻标题作为有效信息的集合为人们快速寻找内容提供方便，若是每个编辑、记者用“语不惊人死不休”要求自己，那么，新闻标题这双“眼睛”一定会明眸善睐，更富有神采。同时应该要注意要负责任地传播新闻，警惕气象网络新闻标题的“标题党”现象，不能过分强调娱乐和点击率，采用低俗化、陌生化手段吸引眼球。这就要求新闻制作者在运用语言策略制作网络新闻标题时应有一个适度的把握，不应一味追求轰动性和刺激性的效果，须知新闻的真实性、新闻的品位才是新闻的真正价值所在，要做到动情而不煽情，通俗而不低俗，幽默而不浮滑，以真正值得关注的内容和深度的思考来吸引读者。

参考文献

[1] 闵大洪. 网络新闻传播的明天[J]. 网际商务，2001，**15**.

[2] 仇语婧，张思，张俊杨. “陌生化”的网络新闻标题——以对“奥巴马女郎”事件的报道为例[J]. 新闻世界，2010，**07**.

石化基地雷电灾害区域风险评估方法与应用

林溪猛　陈艺宏　卢辉麟

（福建省漳州市气象局，漳州　363000）

摘　要：通过福建漳州古雷石化基地现场土壤勘查、检测，收集项目所处位置的地形、地物状况、地质条件和周边环境、建筑物、人、财、物状况，结合项目本身及其内部设备设施的特点和使用性质，对项目区域内雷电危害影响做初步分析，并选取气象、地理环境、承灾体风险及评估修正系数等几个指标，建立区域雷电灾害风险评估模型，计算各个子区域内的雷击风险值，从而得出各子区域的风险分布情况和风险等级，以此对项目区域进行雷击风险区域划分。根据雷击风险值计算结果及风险区划情况，对项目现状及未来规划建设情况提出雷击风险管理建议，确保防雷装置合理性，保证项目区域内人身安全，减少因雷电灾害造成的经济财产损失。

关键词：雷电灾害；区域风险评估；方法；应用

1　雷电灾害区域风险评估概述

1.1　雷电灾害区域风险评估的目的

雷电灾害区域风险评估是综合考虑区域内雷电活动规律、人口状况、经济规模、社会发展程度以及孕灾环境、致灾因子、孕灾体特征等因素的相互影响，对可能导致的人员伤亡、财产损失与危害程度等方面的综合风险计算，从而对此区域中各个风险类别的危害程度、可能造成的损失程度进行预测性的分析，并根据分析结果为工程项目选址、功能分区与布局、防雷类别以及防雷措施的确定等提出建设性意见的一种评价方法。

其目的是在项目建设的研讨及初始设计阶段，为项目区域内的科学管理和防御雷电灾害提供依据。根据区域风险评估结果判定项目建设防雷措施的可行性，为防雷设计提供详细的参考数据，从而减轻或防止雷电灾害对已经投入生产、使用的建筑、设备、设施的损害。同时针对评估项目区域内人员的人身安全，电子信息系统的物理、网络、数据安全以及应急处置能力进行甄别，并提出系统雷电安全薄弱点和雷击风险管理建议，保证系统安全性和投资的计划性和合理性。

1.2　项目基本情况

漳州古雷石化基地是国家七大石化基地之一，位于福建省南端，主要利用进口原油或油田轻烃作为原料生产清洁燃料及高端石化产品，建设以炼油、乙烯、芳烃为龙头的炼化一体化工程以及以台湾石化产业区为主导的临港化学工业园区，石化基地项目规划区域面积为116.68 km^2。

1.3　子区域划分

根据漳州古雷石化基地的地理环境以及区域内建筑物的形状、使用性质和功能等几个方面，划分为 5 个功能区域，具体为预留发展区、物流仓储区、装备制造项目区、石化产业区以及大型公共罐区。

2　项目雷电环境评价概述

项目雷电环境评价是在对某一项目区域进行雷电参数评价及雷击影响评估的一项技术内容，它一般包含对指定区域的雷暴日、历史落雷参数、历史雷灾情况及项目落雷分布趋势等方面的评价，是指导防雷装置施工及电子系统布置、安装的重要技术参考资料。

本文以当地气象观测站 1961—2012 年以来的历史雷暴日观测数据和所在区域 2004—2012 年闪电定位系统的监测数据为基础，采用数理统计等分析方法，对项目所在区域的雷电活动规律情况进行分析与探索。

2.1　雷电活动基本情况评价

2.1.1　年雷电活动评价

以石化基地所在区域 2004—2012 年雷闪次数为数据基础，绘制 2004—2012 年雷闪次数直方图(如图 1)和以 500 m×500 m 为网格统计雷闪频数分布，运用插值法绘制成漳州古雷石化基地 2004—2012 年雷闪分布图(如图 2)。

从图 1 可知，石化基地每年雷闪次数约为 79.78 次(均值)，这个数值随着古雷边界填海的扩大后将可能变得更大。从图 2 中可以看出，石化基地的雷闪活动分布较为不均匀，主要集中在半岛中部及东北、西北角，其余区域活动相对较弱，在实际项目开发、设计时，应根据石化基地雷闪密度分布情况，进行合理的项目选址与防雷装置设计。

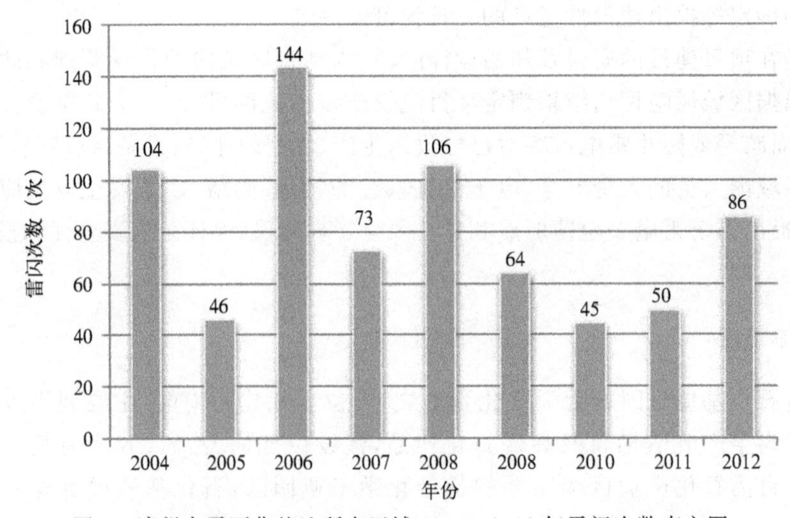

图 1　漳州古雷石化基地所在区域 2004—2012 年雷闪次数直方图

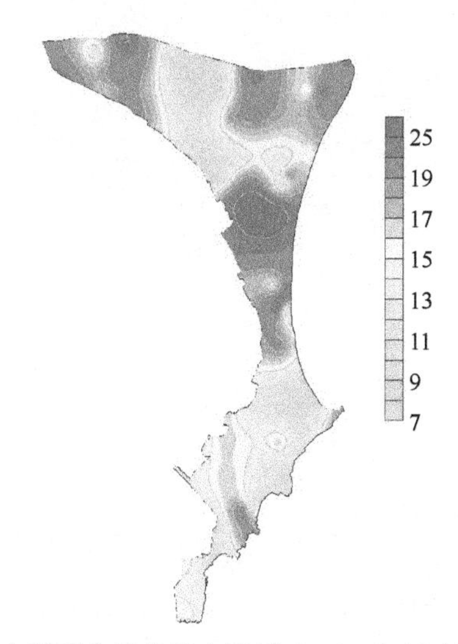

图 2　漳州古雷石化基地所在区域 2004—2012 年雷闪分布图

2.1.2　月雷电活动评价

以石化基地 2004—2012 年以来每月发生的雷闪次数的均值为数据基础，绘制 2004—2012 年月均雷电次数统计图（如图 3），从图上可知，雷电活动主要集中在夏季 6—9 月份，而在春、冬季节雷电的活动相对较弱。在进行雷电防护设计时，在项目资金有限的情况下，应将设计重点放在夏季使用的设备上，一些冬季使用的设备可按照一般防雷的要求进行设计即可。

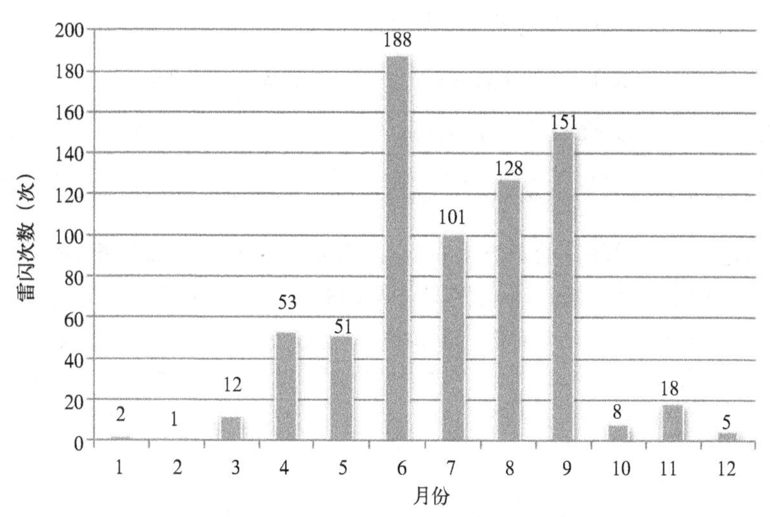

图 3　古雷开发区 2004—2012 年月均雷电次数统计图

2.1.3　日雷电活动评价

以石化基地 2004—2012 年以来的闪电定位数据为数据基础，按时段绘制雷电活动的日时间分布统计图（如图 4），由图可知，在一天中雷电活动主要集中在 12—20 时这个时间段，夜间的 00—05 时也有一个雷闪活动小高峰，特别是夜间的 00—05 时的雷电活动时段，由于此时工作人员大部分处于休息阶段，人们对夜间雷电灾害的反应较不敏感，应注意在各专项应急救援预案中对夜间雷电防护进行重点管理与控制，保证人员与设备安全。

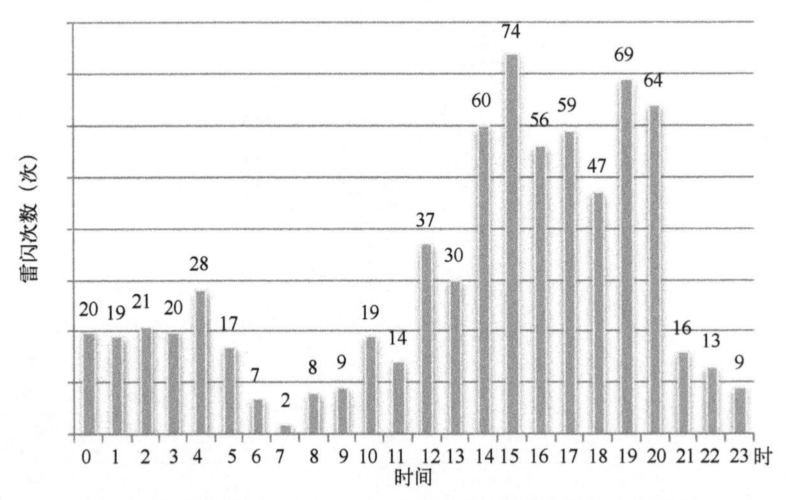

图 4　古雷开发区 2004—2012 年雷电活动日时间分布统计图

2.2　落雷密度评价（基于雷暴日）

2.2.1　区域雷暴日数据基本情况

雷暴日是反映一个区域雷电活动频繁程度的重要气象参数，指某地区一年中有雷电放电的天数，一天中只要听到一次以上的雷声就算一个雷暴日。

为了更科学的对项目所在区域的雷暴日进行研究，以石化基地 1961—2012 年的年总雷暴日数据为基础，进行一般数理统计分析（如表 1）。

表 1　漳州古雷石化基地雷暴日数据基本情况表

样本信息	有效数量	样本均值	标准误差	最大值	最小值	中位数
区域 1961—2012 年雷暴日(d)	52	46.41	10.25	68	26	47.0

为了研究当地年平均雷暴日的函数分布规律，我们首先对雷暴日数据进行正态分布的探索分析与假设检验，如果当地雷暴日服从正态分布，则采用正态分布函数进行规律分析，如果不服从正态分布，则采用累积频数分布表进行累积概率函数拟合，并运用该函数做规律分析（如图 5）。

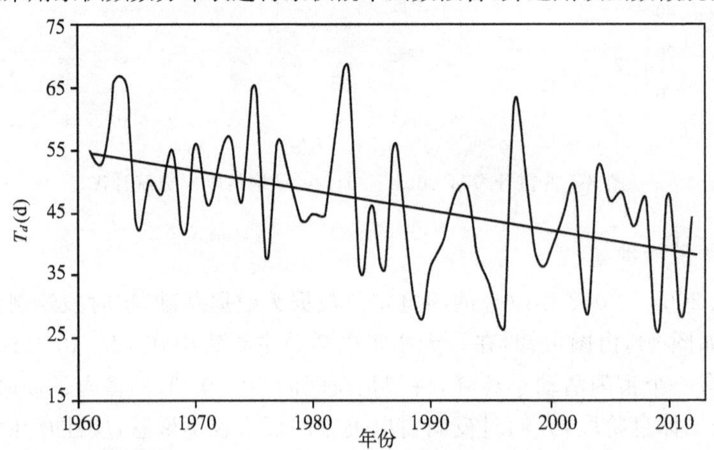

图 5　古雷石化基地 1961—2012 年年均雷暴日分布规律折线控制图

2.3 雷电流大小分布评价

2.3.1 基本情况

表 2 古雷石化基地 2004—2012 年以来雷电流大小分布情况

样本信息	有效数量	样本均值	标准误差	最大值	最小值	中位数
古雷开发区 2004—2012 年雷电流大小(kA)	718	13.69	0.32	90.1	4.6	11.1

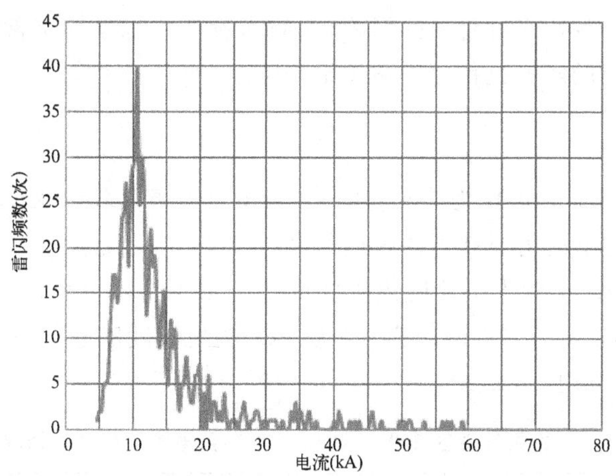

图 6 古雷开发区 2004—2012 年雷电流大小频数曲线图

2.3.2 概率分布分析

按照数据的分析原理与方法对漳州古雷石化基地项目所在区域内的历史雷电流幅值大小数据进行分析,得如下结论:

是否服从正态分布:否,无法通过假设检验;

数据是否服从对数正态分布:否,无法通过假设检验;

在一般的假设分布都无法成立的情况下,我们采用先求解样本概率分布函数的方法,再根据分布函数与密度函数之间的积分关系,反算来求解样本的概率密度函数,计算过程如下:

采用最小二乘法进行密度函数、分布函数拟合获得函数解析式及图像(图 7)。

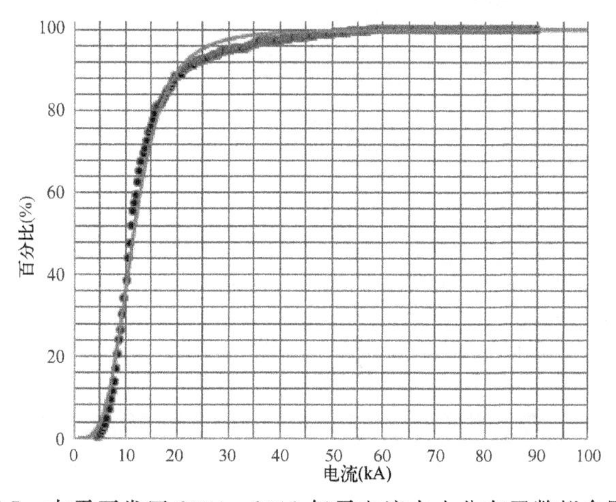

图 7 古雷开发区 2004—2012 年雷电流大小分布函数拟合图

拟合的概率分布函数表达式：$P(I)=\frac{100 \cdot I^{3.91}}{11.58^{3.91}+I^{3.91}}$（$R_2=0.99283$）

由雷电流幅值的频数曲线图可知，项目区域内一次雷闪的雷电流幅值主要集中在11.1 kA附近，并且在历史上有极端雷电发生的情况。

2.4　雷电流陡度分布评价

由波头时间和雷电流幅值所决定的雷电流上升段变化率称之为雷电流的波头陡度，它对于雷电过电压和电磁干扰水平有直接的影响，在防雷设计中也是一个常用的参数。由波头时间和雷电流幅值所求得的陡度也称之为波头平均陡度，即

$$\bar{\alpha}=\frac{I_m}{\tau_f}$$

我国电力系统常用2.6 μs作为波头时间，如果雷电流幅值取30 kA，则相应的波头平均陡度为11.54 kA/μs。这里利用项目所在区域2004—2012年历史雷电流陡度作为原始数据进行数理统计分析（表4）。虽然雷电流陡度在实际应用中不常用，但考虑到不同的防雷设计内容不同，可能有涉及到雷电流陡度的内容，因此，也对雷电流陡度进行一般性的统计分析，并绘制图表供需要时参考、选用（图8、图9）。

表4　古雷开发区2004—2012年以来雷电流陡度分布情况

样本信息	有效数量	样本均值	标准误差	最大值	最小值	中位数
古雷开发区2004—2012年雷电流陡度(kA/μs)	718	13.75	0.23	65.5	1.3	12.8

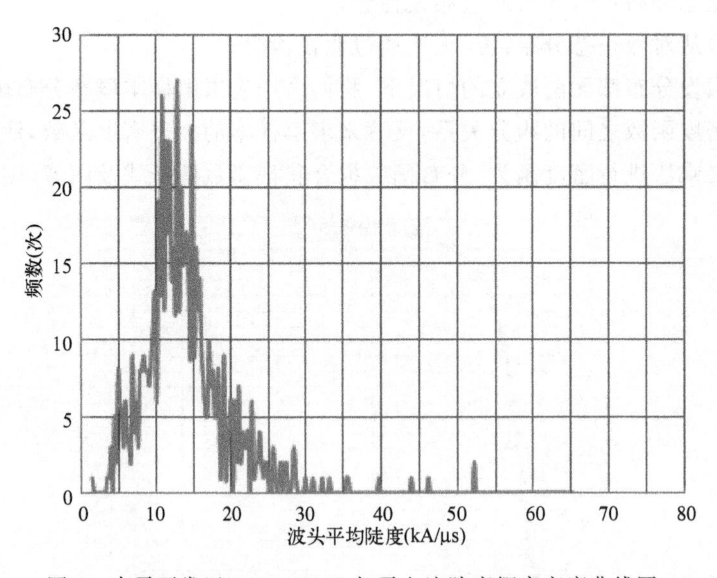

图8　古雷开发区2004—2012年雷电流陡度概率密度曲线图

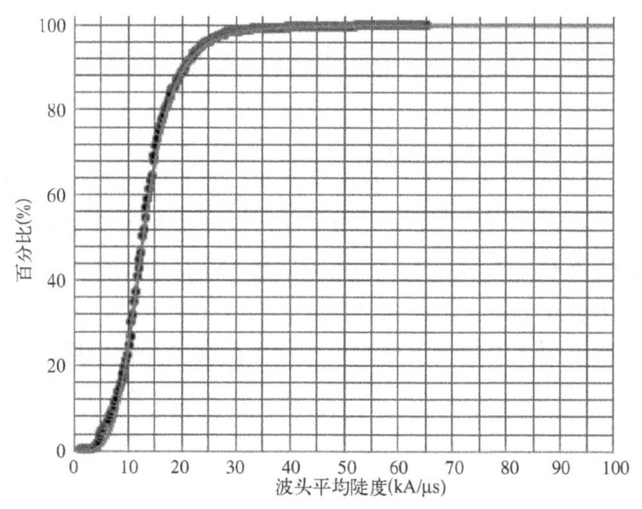

图 9 古雷石化基地 2004—2012 年雷电流陡度分布函数拟合图

3 土壤分布与散流趋势评价概述

土壤电阻率是接地工程计算中一个常用的参数，项目区域的土壤分布特征与建筑物遭受直接雷击后雷电流的散流方向有很大联系，土壤电阻率也直接决定了建筑物接地装置接地电阻的大小、地网地面电位分布、接触电压和跨步电压等其他接地特性，因此，对项目区域的土壤电阻率分布特征有一个全面的把握是进行项目综合设计的重要基础。采用文纳四极法对项目所处位置的土壤电阻率进行测量。

3.1 漳州古雷石化基地土壤电阻率分布

根据 500 m×500 m 的测试方案，对现有古雷区域的规划面积进行网格化处理，规划区内共计点数约为 284 个。漳州古雷石化基地土壤电阻率在不同深度的水平分布大致相同。漳州古雷石化基地西北部主要为海产养殖的池塘和晒制盐的盐场，土壤电阻率较低，基本都在50 Ω·m 以下；中部区域地形地貌较为复杂，土壤电阻率变化明显，土壤电阻率从0～500 Ω·m 均有分布；古雷半岛南部为多山区域，土壤电阻率多在 150 Ω·m 以上。

根据石化基地子区域的划分结合地理信息数据对每个子区域不同深度的土壤电阻率进行统计分析。装备制造项目区与物流仓储区总体土壤电阻率较低，不同深度平均土壤电阻率均在 14 Ω·m 以下，而预留发展区、石化产业区、大型公共罐区不同深度平均土壤电阻率均在 140 Ω·m 以上。

各区域土壤电阻率的水平分布及垂直分布特征存在较大差异，项目防雷装置设计时，应充分考虑各区域的土壤电阻率特征。为保证地面人员的安全，在土壤电阻率大的关键区域应采取相应的防跨步电压及接触电压措施。实际在进行附加人工接地装置的设计时，应将接地装置设计在土壤电阻率较低的区域，以保证雷电流的疏散。当土壤电阻率为 $\rho \leqslant 300$ Ω·m 时，因电位分布衰减较快，可采用以垂直接地体为主的复合接地装置；当土壤电阻率为 300 Ω·m $<\rho \leqslant$ 500 Ω·m 时因电位分布衰减慢，可采用以水平接地体为主的复合接地装置。

4 区域雷电灾害风险值计算与区划概述

利用区域评估方法对漳州古雷石化基地进行区域雷击风险评估，评估方法是通过建立区域评估指标体系，分别对漳州古雷石化基地各子区域的雷电活动规律、土壤散流情况、周边环境等进行处理，得到雷击危险度、雷击损失后果指标，在确定各因子权值的基础上，进行加权计算，其中 Q_i 为各指标的权重，G_i 为各指标的无量纲特征值，得到逐级风险分量，最后得到各子区域雷击总体风险。区域综合雷击风险度 R 分为 R_1 人员伤亡风险与 R_2 建筑物遭受雷击损失风险。风险值应与 GB/T 21714 中的风险值 R、R_1 和 R_2 有所区别，前者的风险值反映的是子区域的风险值，后者的风险值反映的是建筑单体的风险值。

区域风险构成如图 10 所示。

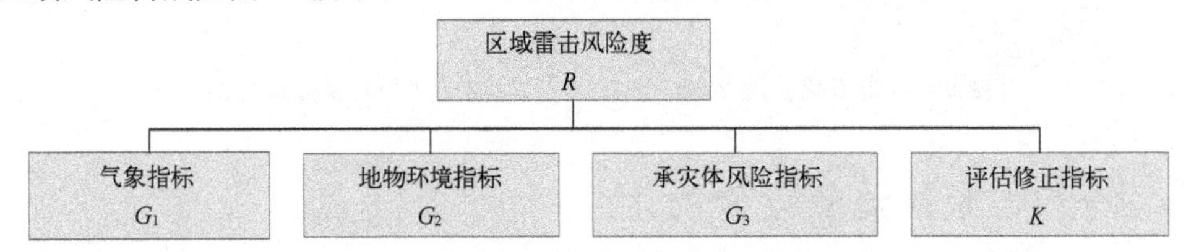

图 10 区域雷击风险评估一级指标划分

4.1 气象指标 G_1 的计算与分析

气象指标的取值主要考虑各个子区域在整个区域中的大气雷电环境，本指标的取值根据闪电定位数据的结果获得，首先根据各个区域的不同功能对古雷石化基地进行区域划分，然后数点确定每个子区域 9 年间的落雷个数 N，除以区域面积 Ae 和年数 9，计算得出古雷每个评估子区域的雷电密度 Ng，最后根据每个子区域的雷电密度所占总雷电密度的百分比对子区域气象指标 G_1 进行赋值。

计算每个子区域的雷电密度和所占总雷电密度的百分比对 G_1 进行赋值，设各分区计算得到的 N_g 值为 N_{g_1}、N_{g_2}、…、N_{g_n}，记 $N_g=N_{g_1}+N_{g2}+\cdots+N_{gn}$，则有第 x 个区域的 G_{1x} 指标按 $G_{1x}=N_{gx}/N_g$，详见表 5。

表 5 子区域气象指标 G_1 的取值

项目取值 / 分区名称	面积 Ae(km²)	N	Ng	G_1
预留发展区	11.646	128	1.221	0.20
物流仓储区	4.589	34	0.823	0.13
装备制造项目区	7.536	47	0.693	0.11
石化产业区	38.511	391	1.128	0.18
大型公共罐区	9.502	78	0.912	0.15

4.2 地理环境指标 G_2 的计算与分析

4.2.1 环境因子 e_1 的计算

环境因子主要是考虑子区域的周边环境、子区域内环境影响，其计算公式为

$e_1 = k_0 * ((Pb + H)/2)$。其中，k_0 为子区域周边环境影响因子，Pb 为区域内建筑密度因子，H 为区域内建筑物高度因子。根据对各子区域的现场环境勘查情况，对环境因子中各个参量进行取值与计算，得到表 6。

表 6 各子区域内的环境因子 e_1 的计算值

子区域 \ 取值	k_0	Pb		H	e_1	
		R_1	R_2		R_1	R_2
预留发展区	1	0.8	0.8	1	0.9	0.9
物流仓储区	1	1	0.6	1	1	0.8
装备项目制造区	1	1	0.6	1	1	0.8
石化产业区	2	0.8	0.8	1.5	2.3	2.3
大型公共罐区	2	1	0.6	2	3	2.6

4.3 土壤电阻率 e_2 的计算

根据土壤电阻率因子 e_2 的计算公式 $e_{2i} = \rho_{min}/\rho_i (i = 1,2,3,4,5,6)$ 得到每个子区域具体的环境因子 e_2，详见表 7。

e_{2i}——第 i 个子区域的土壤电阻率敏感值

ρ_{min}——各子区域中平均土壤电阻率最小值

ρ_i——第 i 个子区域的平均土壤电阻率值

表 7 各子区域内的土壤电阻率敏感值 e_2 的计算值

子区域 \ 取值	平均土壤电阻率最小值 ρ_{min}	平均土壤电阻率值 ρ_i	土壤电阻率敏感值 e_2
预留发展区	22.9	25.4	0.90
物流仓储区	9.3	11.0	0.85
装备项目制造区	97.4	119.1	0.82
石化产业区	3.9	4.2	0.94
大型公共罐区	120.3	125.2	0.96

4.4 地理环境指标 G_2 的分析结果

根据地理环境指标的计算公式 $G_2 = e_1 * 0.5 + e_2 * 0.5$ 可得分析结果，详见表 8。

表 8 各子区域内的地理环境指标 G_2 的计算值

子区域 \ 计算	e_1		e_2	G_2	
	R_1	R_2		R_1	R_2
预留发展区	1	0.8	0.81	0.91	0.81
物流仓储区	1	0.8	0.85	0.93	0.83
装备项目制造区	1	0.8	0.82	0.91	0.81
石化产业区	2.3	2.3	0.94	1.62	1.62
大型公共罐区	3	2.6	0.96	1.98	1.78

4.5　承灾体风险指标 G_3 的计算与分析

承灾体风险指标的计算主要从人员影响活动、建筑物类型、线路敷设以及经济密度情况考虑，主要计算公式为

$$G_3 = 0.4V_1 + 0.3_V 2 + 0.3V_3 (R_1)$$

$$G_3 = 0.3V_2 + 0.3_V 3 + 0.4V_4 (R_2)$$

其中：V_1：人员活动影响因子，$V_1 = Ph$（建筑物内）* 0.1+ Ph（建筑物外）* 1；V_2：建筑物类型因子；V_3：线缆敷设因子；V_4：经济密度因子；

根据评估区域的各子区域的实际情况，确定最终的 G_3 值见表 9。

表 9　各子区域内的承灾体风险指标 G3 的计算值

取值子区域	Ph（建筑物内）	Ph（建筑物外）	V_1	V_2	V_3	V_4	$G_3(R_1)$	$G_3(R_2)$
预留发展区 1	0.6	0.6	2.1	1	0.1	1	0.59	0.73
预留发展区 2	0.6	0.6	2.1	1	0.1	1	0.59	0.73
物流仓储区	0.6	0.6	2.1	1	0.1	1	0.59	0.73
装备项目制造区	0.8	0.8	2.1	1	1	1	0.95	1
石化产业区	0.6	0.6	2.1	1	1	1	0.86	1
大型公共罐区	0.4	0.6	2.1	1	1	1	0.86	1

注：V_3 的取值从电网规划图中获得。

4.6　评估修正指标 K 的计算

4.6.1　建筑物的雷电防护特性 K_1

本指标的取值主要考虑建筑物的 LPS 类别，本项目还处于规划阶段，本取值主要根据各子区域的功能与性质，统一按第二类防雷建筑物考虑确定，取值为 0.1。

4.6.2　易损建筑物的修正系数 K_2

本指标由各子区域的人员损失风险和经济损失风险确定，各个子区域的 K_2 值可由下式表示：

$$K_2 = (N_1 + N_2 + \cdots + N_n)/n$$

式中：

n——该子区域内所选取的单体雷击风险评估建筑物的数量；

$N_i(i=1,2,\cdots,n)$——单体建筑物雷击风险评估结果的风险等级赋值，由于本项目还处于规划阶段，大部分项目还未开始建设，从风险角度考虑统一按高风险等级取值，即 K_2 的取值均为 2。

4.7　雷击风险 R_1 与 R_2 的计算

雷击风险值基本计算公式：

$$R_{1,2} = K_1 K_2 \sum_{j=1}^{3} Q_j \times G_j$$

式中：

R——子区域 $i(i=1,2,3,4,5,6)$ 的风险值，分为 R_1（人员伤亡损失风险）及 R_2（建筑物遭

受雷击损失风险)两类；

K_1、K_2——修正指标；

Q_j——第 j 个指标的作用权重；

G_j——第 j 个指标的指数值；

本次评估考虑项目预评估，主要从大气雷电环境与土壤情况了解评估区域的雷击风险，故权重设定为 Q_1 为 0.4、Q_2 为 0.4、Q_3 为 0.2。

4.7.1 人员伤亡损失风险 R_1

根据雷击风险基本计算公式，计算每个子区域的人员伤亡损失风险 R_1，具体计算值见表 10。

表 10 人员伤亡损失风险 R_1 的计算

区域	G_1	$G_2(R_1)$	$G_3(R_1)$	K_1	K_2	R_1
预留发展区	0.22	0.91	0.59	0.1	2	0.114
物流仓储区	0.13	0.93	0.59	0.1	2	0.108
装备项目制造区	0.11	0.91	0.95	0.1	2	0.120
石化产业区	0.18	1.62	0.86	0.1	2	0.178
大型公共罐区	0.15	1.98	0.86	0.1	2	0.205

4.7.2 建筑物损失风险 R_2

根据雷击风险基本计算公式，计算每个子区域的建筑物损失风险 R_2，具体计算值见表 11。

表 11 建筑物遭受雷击损失风险 R_2 的计算

区域	G_1	$G_2(R_2)$	$G_3(R_2)$	K_1	K_2	R_2
预留发展区	0.22	0.81	0.73	0.1	2	0.112
物流仓储区	0.13	0.83	0.73	0.1	2	0.106
装备项目制造区	0.11	0.81	1	0.1	2	0.114
石化产业区	0.18	1.62	1	0.1	2	0.184
大型公共罐区	0.15	1.78	1	0.1	2	0.194

4.7.3 区域综合雷击风险 R

根据公式 $R_{总}=R_1 \times Q_{R1} + R_2 \times Q_{R_2}$ 进行计算，其中 $Q_{R_1}=0.6$，$Q_{R_2}=0.4$，具体计算值见表 12。

表 12 综合雷击风险 R 的计算

区域	R_1	Q_{R_1}	R_2	Q_{R_2}	R
预留发展区	0.114	0.6	0.112	0.4	0.113
物流仓储区	0.108	0.6	0.106	0.4	0.107
装备项目制造区	0.120	0.6	0.114	0.4	0.117
石化产业区	0.178	0.6	0.184	0.4	0.181
大型公共罐区	0.205	0.6	0.194	0.4	0.201

4.8　区域雷击风险区划

4.8.1　雷击风险 R_1 分级及区划

根据表 10 的计算结果，采用五级分区法将漳州古雷石化基地六个子区域划分为人员伤亡损失极低风险区、低风险区、中等风险区、高风险区和极高风险区 5 个不同的风险等级区域。为使区划指标有序化，确定分级标准为：$R_1 \geqslant 0.2$ 为极高风险区，$0.15 \leqslant R_1 < 0.2$ 为高风险区，$0.1 \leqslant R_1 < 0.15$ 为中等风险区，$0.05 \leqslant R_1 < 0.1$ 为低风险区，$0 \leqslant R_1 < 0.05$ 为极低风险区。

根据风险 R_1 区划指标的分级标准，可得漳州古雷石化基地各个区域雷击风险 R_1 级别如表 13 所示。

表 13　漳州古雷石化基地雷击风险 R_1 评估结果

区域	预留发展区	物流仓储区	装备项目制造区	石化产业区	大型公共罐区
R_1 值	0.114	0.108	0.120	0.178	0.205
风险级别	中等	中等	中等	高	极高

由上表可得：大型公共罐区为人员伤亡损失极高风险区；石化产业区为人员伤亡损失高风险区；预留发展区、物流仓储区、装备项目制造区为人员伤亡损失中等风险区。

4.8.2　区域雷击风险 R_2 分级及区划

根据表 11 的计算结果，采用五级分区法将漳州古雷石化基地六个子区域划分为建筑物遭受雷击损失极低风险区、低风险区、中等风险区、高风险区和极高风险区 5 个不同的风险等级区域。为使区划指标有序化，确定分级标准为：$R_2 \geqslant 0.2$ 为极高风险区，$0.15 \leqslant R_2 < 0.2$ 为高风险区，$0.1 \leqslant R_2 < 0.15$ 为中等风险区，$0.05 \leqslant R_2 < 0.1$ 为低风险区，$0 \leqslant R_2 < 0.05$ 为极低风险区。

根据风险 R_2 区划指标的分级标准，可得漳州古雷石化基地各个区域雷击风险 R_2 级别如表 14 所示。

表 14　漳州古雷石化基地雷击风险 R_2 评估结果

区域	预留发展区	物流仓储区	装备项目制造区	石化产业区	大型公共罐区
R_2 值	0.112	0.106	0.114	0.184	0.194
风险级别	中等	中等	中等	高	高

4.8.3　区域雷击综合风险 R 分级及区划

根据表 12 的计算结果，采用五级分区法将漳州古雷石化基地六个子区域雷击综合风险划分为极低风险区、低风险区、中等风险区、高风险区和极高风险区 5 个不同的风险等级区域。为使区划指标有序化，确定分级标准为：$R \geqslant 0.2$ 为极高风险区，$0.15 \leqslant R < 0.2$ 为高风险区，$0.1 \leqslant R < 0.15$ 为中等风险区，$0.05 \leqslant R < 0.1$ 为低风险区，$0 \leqslant R < 0.05$ 为极低风险区。

根据风险 R 区划指标的分级标准，可得漳州古雷石化基地各个区域雷击风险 R 级别如表 15 所示。

表 15　漳州古雷石化基地雷击综合风险 R 评估结果

区域	预留发展区	物流仓储区	装备项目制造区	石化产业区	大型公共罐区
R 值	0.113	0.107	0.117	0.181	0.201
风险级别	中等	中等	中等	高	极高

由上表可得：大型公共罐区为综合损失极高风险区；石化产业区为综合损失高风险区；预留发展区、物流仓储区、装备项目制造区为综合损失中等风险区。

综上，大型公共罐区与石化产业区雷击风险非常高，人员应尽可能避免雷电高发期在这一区域作业，该区域建(构)筑物密集，且价值高，建筑物损失风险也相对较大，综合雷击损失风险最高，应加强防护；其他区域也存在一定的风险，也应注意采取合理的防护措施。

5　雷电环境评价结论

(1)漳州古雷石化基地每年雷闪次数约为 79.78 次(均值)，每年雷电活动日(雷暴日)约为 46.41 d(均值)，每年雷电活动的频繁程度各不相同，存在一定程度的波动(雷暴日样本标准差为 10.25 d)，而闪电定位监测到的雷闪次数最大值达到了 144 次/a，最少仅有 46 次/a，鉴于闪电活动的波动性较大，且随着项目建设的发展，区域填海面积不断加大，区域下垫面层介质情况将发生改变，更多区域的土壤可能出现多层分界的情况，而在土壤电阻率发生突变的边界是雷闪容易接闪的地方，因此整个项目区域雷电闪络的概率可能变大，建议在实际项目防雷装置设计中，应采用最大值或拟合概率极端值作为设计参考，建议不使用平均值，以提高对极端天气的防护能力。

(2)古雷石化基地常年以东北风为主，根据福建省雷电发生、发展及推进的特点，古雷石化基地的雷电活动趋势与常年风向有一定的关系，古雷地区一般发生自西向东的雷电过程；就雷电活动的地理位置分析，漳州古雷石化基地的雷电活动分布较为不均匀，主要集中在半岛中间及东北、西北角，其余区域活动相对较弱；就雷电活动的时间特征看，一年的十二个月份都存在雷电活动，主要集中在夏季 6—9 月份，而在春、冬季节雷电的活动相对较弱，雷电活动在一天中主要集中在 12—20 时这段时间里，夜间的 00—05 时也有一个雷闪活动小高峰，应根据雷电的时空分布特点，针对性的规划项目选址与建设。

(3)从对漳州古雷石化基地历史雷电流的拟合统计分析来看，漳州市古雷开发区的雷电流幅值大小主要集中在 11.1 kA 左右，根据滚球法的数学－物理模型，整个项目区域的建筑物可能存在一定的绕击概率，根据我们拟合出来的漳州古雷石化基地雷电流分布函数，计算得项目区域雷电流小于 15.8 kA 的累积概率(即为三类防雷建筑物的绕击概率)为 76.7%；小于 10.1 kA 的累积概率(即为二类防雷建筑物的绕击概率)为 37.0%；小于 5.4 kA 的累积概率(即为一类防雷建筑物的绕击概率)为 0.70%。建议项目区域的建筑物在设计直击雷防护措施时，在原有防雷类别的基础上减小滚球半径以降低雷电的绕击概率。

6　土壤分布与散流趋势评价结论

(1)项目防雷装置设计时，应充分考虑各区域的土壤电阻率特征，在土壤电阻率大的关键区域应采取相应的防跨步电压及接触电压措施。实际在进行附加人工接地装置的设计时，建议将接地装置设计在土壤电阻率较低的区域，以保证雷电流的疏散。预留发展区①、预留发展区②、物流仓储区、装备制造区和大型公共罐区北部区域可采用垂直接地体为主的复合接地装置；石化产业区及大型公共罐区南部区域可根据区位采用水平接地体为主的复合接地装置。

(2)为获得较好的接地效果，应根据建筑所在位置的土壤上层深度以及上下层的每层的平均的土壤电阻率进行接地设计。在预留发展区①、预留发展区②、物流仓储区、装备制造项目区、石化产业区北部区域和大型公共罐区南部区域，土壤上层深度普遍较大，上层土壤电阻率适中，这些区域内只需在上层布置接地装置即可。石化产业区南部及大型公共罐区北部上层深度稍小，上层土壤电阻率较大，因此应将接地装置布设在下层土壤为宜。

7　区域雷电灾害风险区划结论

(1)通过计算，漳州古雷石化基地区域雷电灾害风险 R 分级如下：大型公共罐区为综合损失极高风险区；石化产业区为综合损失高风险区；预留发展区、物流仓储区、装备项目制造区为综合损失中等风险区。

(2)大型公共罐区与石化产业区雷击风险非常高，人员应尽可能避免雷电高发期在这一区域作业，该区域建(构)筑物密集，且价值高，建筑物损失风险也相对较大，综合雷击损失风险最高，应加强防护；其他区域也存在一定的风险，也应注意采取合理的防护措施。

基于专业(决策)用户气象服务的智能终端

段项锁　支　星　李　科　唐正兴

(上海市气象科技服务中心,上海　200030)

摘　要:本系统以区县决策用户、专业用户为对象,以智能手机应用平台为信息载体,通过信息获取与数据库、服务产品制作、信息发布平台三个层次建设,依托上海市气象局信息中心和区县自动气象站的数据,加工成专业化、个性化、精细化的气象服务产品,通过智能手机为决策用户、专业用户提供直通式、及时、便捷和实用的气象服务,从而整体上提高气象服务的水平和能力。本系统将气象信息与地图信息完美结合,在呈现地图中道路、地标的同时,展示实时温度、风速、湿度、降水等信息。突破了传统气象软件信息单一的缺陷。基于主动推送技术,主动将各种信息,尤其是发生气象预警信息,主动推送给用户,建立了一种实时性强、针对性强的新型气象服务模式。

关键词:手机气象;防灾减灾;精细化;服务系统

引言

在深入推进气象服务的进程中,服务信息成倍增长,受众面迅速扩大,服务呈现个性化、专业化和精细化的需求,以新媒体为载体的气象服务方式应运而生,充分利用新的技术和手段,全面提升气象服务水平是实现气象业务现代化的重要内容。在满足公众气象服务需求的同时,加工个性化、专业化、精细化以及面向多载体的气象服务产品,是拓展气象服务领域、满足个性需求、进行差异化气象服务的新手段。

气象服务载体是气象服务的重要手段,基于广播、电视、互联网、移动网络等互动智能终端应用系统,大大提升了气象服务手段。作为公共气象服务的重要组成部分之一,手机气象服务以其方便、快捷、灵活的特点为用户及时获取气象信息提供了条件,在防灾减灾、气象预警等方面起着越来越重要的作用。目前市面上常规手机气象软件偏重于大范围天气预报,覆盖面广,为受众提供了及时、便捷的气象服务信息。而对于特定地区的决策用户、专业用户来讲,除常规的气象服务信息外,更希望能及时了解到当地的实况气象信息及主要气象要素的分布情况,尤其是发生气象灾害时,能够根据灾情程度和分布情况及时做出决策。本系统以决策用户、专业用户为服务对象开发的移动终端气象服务系统,旨在提高气象服务的精细化服务、智能化服务和应用水平,构建更加经济化的智能气象服务网络,提高社会气象服务、政府气象服务的智能化服务能力。

1　系统平台建设与开发

本系统以提升气象服务手段和水平为导向,以多点数据融合为基础,搭建以智能手机为载体的信息发布服务平台。在设计和开发中遵循“平台稳定性,技术先进性,系统完整性,结构开放性，网络适应性”的设计思想，在坚持“平台大众化、服务产品专业化、业务服务人性化、应用开发平台化、接口开放化、管理工具实用化”等原则，融合空间数据和属性数据、矢量数据和栅格数据、多媒体数据和文本数据于一体。

1.1 系统平台构架

系统通过对上海市气象局提供的信息和各区县自动气象观测站气象实时数据及服务对象相关信息的获取与加工，建立气象资源库，加工相应的服务产品，建立以智能手机为载体的气象服务系统。

平台采用数据层、服务器层、用户服务层三层架构，如图1所示。

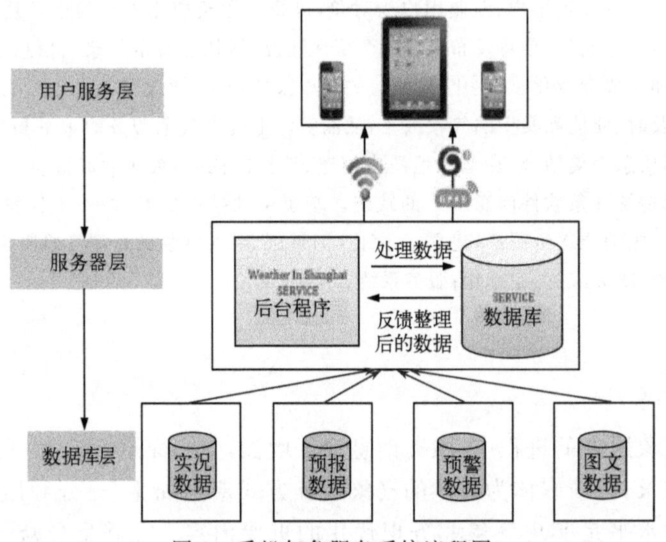

图1　手机气象服务系统流程图

1.1.1　数据库层

基于上海市气象局及各区县局提供的气象信息建立气象资料库，数据库层包括实况数据：天气实况、降雨、温度、风速等；预报数据：逐小时预报、即时天气预报；预警数据：空气质量信息、卫星云图、台风路径、雷达图。

1.1.2　服务器层

服务器层包括实用新型服务器；以及分别与服务器连接的计算机、智能终端，其中智能终端与服务器采用双向连接，计算机与服务器采用单向连接；还包括一个内嵌于服务器内的系统模块。本实施例中系统模块由数据采集模块、搜索引擎模块、知识管理模块、推送管理模块、日志管理模块、系统分析管理模块以及授权管理模块组成。

服务器端整合并获取现有的各种气象资料数据，并采用高并发、高访问量的设计，以保证在用户量大的情况下，仍然能够提供即时的数据；通过后台程序处理数据再返回本地数据库。

1.1.3　用户服务层

用户服务层的App通过Wi-Fi、3G、2G等网络与服务器进行交互，利用2D和3D技术，展示气象图形、气象要素实况及变化趋势等，同时，保证传输的数据量最小，提高App的响应速度，并整合地图、GPS等功能，使用户端实现图文展示。

1.2 数据通信

数据通信设计方案,如图 2 所示。

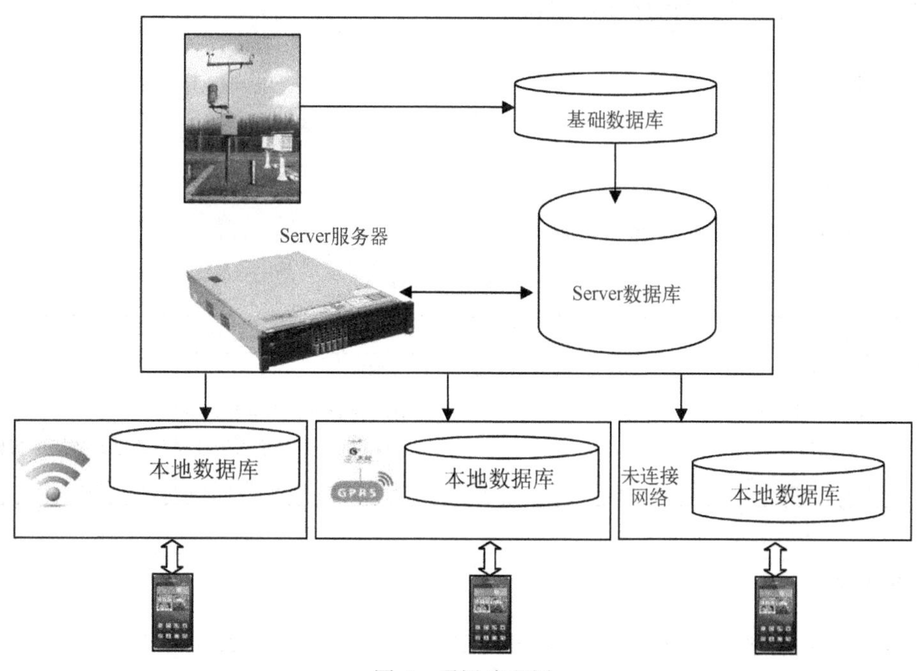

图 2 通讯流程图

(1)当移动终端连接在 Wi-Fi 环境中时,移动终端将迅速的读取网络数据库,并储存进本地数据库。此举足以解决当数据库迁移或者发生问题时,应用程序中的数据能够及时恢复并调用。

(2)当移动手机终端连接在 3G 上网的环境中,移动终端将发送信息包至网络数据库,查看是否需要更新数据库。因为,在 3G 的网络环境中,用户更关心的是流量消耗的问题。考虑到用户的上网体验,因此采用更新数据库的方式来进行数据库的备份。

(3)当用户的移动终端链接在 GPRS 的网络环境中,备份数据库的方式同在 3G 的网络环境,处理方式也需先考虑到数据库更新大小对流量的影响以及用户的上网体验。并致力于将数据流量优化再优化,使其得到解决。

(4)当移动手机终端并未连接在网络环境上,手机读取本地数据库,并备份至本地数据库,并尝试查找网络,等待下一次的数据库备份。

(5)为了避免数据库备份过多,导致的程序卡机等现象,这里我们采取了优化本地数据库的方案,使得本地备份数据库中保证最新完整备份,其余的过期备份将在一定时间之后予以删除。

(6)为保证协议安全性,在服务器和客户端之间的传输设置私有协议。该协议能够保证安全,以防止窃听、黑客攻击和恶意数据抓取。同时,保证传输的数据量最小,提高 App 的响应速度。

(7)为保证后台服务器的稳定性,APP 所需要获取的数据将从 APP 的服务器端数据库获取,这样,将不会对气象局服务器产生压力,以此确保气象局后台服务器的稳定性。服务器端将采用高并发、高访问量的设计,以保证在用户量大的情况下仍然能够提供即时的数据。服务器端由两台服务器组成,一台用于逻辑处理,一台用于数据库存储,可以分担服务器压力,确保服务器稳定正常运行。

从气象局服务器获取数据后，按照不同的数据来源存入服务器端数据库不同的表中，避免数据冲突。定时从气象局服务器获取气象数据，经大量测试，确保数据准确性和一致性。数据库调用 PDO 类写入，预防数据库注入攻击。

2 系统开发

2.1 系统运行的硬件环境

系统运行的硬件环境需求如表 1 所示。

表 1 系统硬件环境

服务器	需要公网 IP 地址	需要域名	服务器描述
数据库服务器	否	否	数据库
API/图片/视频服务器	是	是	存放设备通信的数据接口模块
FTP/文件解析服务器	否	否	FTP，供上传气象原始数据存放原始数据解析模块
内容管理/数据推送/备份服务器	否	否	存放内容管理模块作为推送的服务器

2.2 开发环境

为适应流行的智能手机用户，基于 iOS 的 iPhone 手机和基于 Android 版的智能手机分别开发 iOS 和 Andriod 两种版本的客户端。

基于 iOS 平台的移动终端气象服务系统有以下几大特点：第一，iOS 是一个相当一致的系统，适用于 iPhone、iPad 和 Apple TV 三种运行 iOS 的设备；第二，iOS 系统本身具备了相当良好的内建流畅的用户交互平台；第三，iOS 提供了一个非常良好的程序开发环境，只有很少的功能是模拟器无法模拟而必须在真机上进行调试测试的。本系统在 iOS 4.X 和 5.X，Linux，Windows Server，Mysql 软件环境下使用 C99、0bjective－C 2.0、PHP5.4.4 编程语言，硬件环境操作系统的版本为 10.6.2.iPhone 或 iPod Touch，包括 iPhone 3GS、iPhone4、iPhone4s、iPod Touch 4th、iPhone5。

Android 是基于 Linux 内核的操作系统，是 Google 公司发布的手机操作系统，早期由 Google 开发，后由开放手持设备联盟（Open Handset Alliance）开发。它采用了软件堆层（software STack，又名以软件叠层）的架构。底层 Linux 内核只提供基本功能，其他的应用软件则由各公司自行开发，部分程序以 Java 编写，也可以采用基于 HTML5、基于网页的 WEB 应用。

3 气象服务移动终端开发与建设

3.1 数据来源

支撑本系统的数据来源主要依托本地各区县气象局和自动气象站的数据以及上海市气象局信息中心的信息产品，利用数据抓取和本地化数据建库的方式，建立适应各个区的基础气象数据，为智能手机服务产品制作提供支持。

在本地观测资料、自动气象站观测数据、上海市气象局信息中心提供的数据以及其他网站抓取的数据和气象服务基本数据的基础上，建立基本数据库，数据库主要包括原始数据和加工数据，类别如下：

(1)本地各区县气象局观测数据；

(2)各区县自动观测站数据；

(3)通过上海市气象局信息中心获取的卫星云图、雷达回波图像等数据；

(4)气象服务基本数据。

3.2 系统功能

3.2.1 加载屏

加载屏为软件启动时第一个显示的内容，加载屏将设计为既能体现该应用气象服务的属性，又能展现服务与奉献的特别定位。此页面将用户等待程序响应的等待心理转化成欣赏视觉体验(见图 3)。

图 3 手机软件截图

3.2.2 实况模式

界面中间主要区域用于显示区县的天气实况，配合生动的图片动画，让用户直观的感受到目前的天气状态。实况每小时自动刷新，用户也可以通过刷新按钮手动刷新。见图 4。

当有天气预警存在时，在天气显示的右下角显示预警标志，用户点击预警标志后跳转到“天气预警”模块。

天气实况下方有页面标识，提示用户，本页可以翻动。(翻动后显示未来 5 日天气预报)

天气实况下方以文字和小图片介绍上海未来 5 天的天气预报。

页面底部是 5 个子功能选项，用户可以通过点击选择不同的功能模块。当前选中的模块高亮显示。

3.2.3 未来 5 d 天气预报

首页天气实况区域翻页之后显示某区未来 5 日的天气预报，通过图片加文字的方式给用户更直观的感受。见图 5。

下方的页面提醒用户，本页可以像前翻。

未来 5 d 天气预报每 6 h 更新一次，用户也可以点击“刷新”按钮手动更新数据。

3.2.4 雨量、风速、温度

在某区实况子功能中提供气象观测站的实时数据查询，包括“雨量”，“风速”，和“温度”。见图 6。

页面上方提供四个按钮，用户可以通过点击按钮来选择台风、降水量，风速风向和气温的显示。被选中的按钮高亮显示。

当前模式下显示 4 组数据，当监测点较多导致数据无法在一个屏幕内显示时，通过滑动来查看更多气象站的监测结果。箭头提示可以排序显示。

3.2.5　天气预警

当有预警信息时，系统界面推出“天气预警”图标。见图 7。

图 4　手机软件截图

图 5　手机软件截图

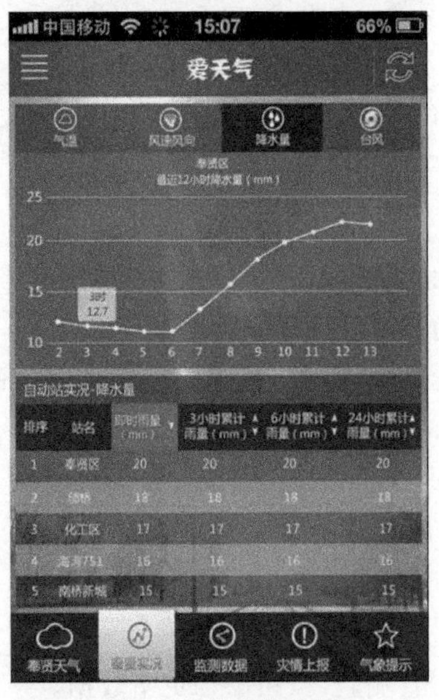

图 6　手机软件截图

图 7　手机软件截图

在“天气预警”界面，按照时间先后顺序逐条显示当前的所有预警。用图标配合文字的方式给予用户直观的认知。

当预警数量较多时，页面可以上下滑动显示更多的内容。

3.2.6　信息监测

此模块包括卫星、雷达、台风路径等监测，见图 8。

用户可点击应用底部的“监测数据”切换到该功能。

该模块中提供“卫星”和“雷达”三类数据的查看。用户可以通过点击上方的两个按钮在选择需要查看的数据。被选中的按钮高亮显示。

通过动画显示过去时段的图像变化。

3.2.7 气象提示

用户点击应用底部的“气象提示”切换到该功能。见图9。

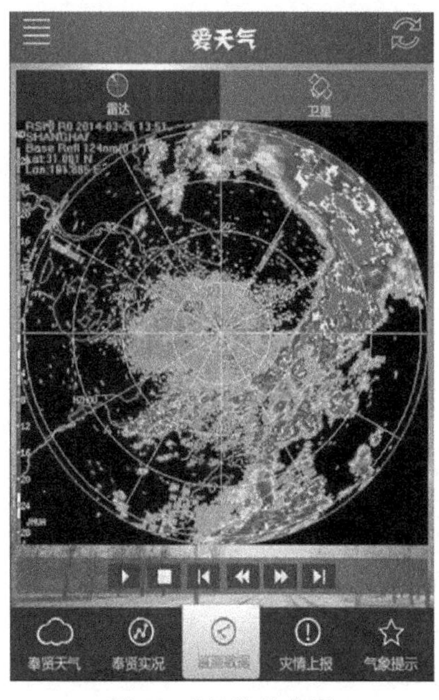

图8 手机软件截图

图9 手机软件截图

本页的提示内容由后台CMS系统提供。可以由系统管理人员通过CMS系统编辑气象相关的提醒。

3.2.8 设置

用户在任意界面点击界面左上角的设置按钮进入设置界面。

在设置界面，提供如下选项：

1)温度：在摄氏度和华氏度间切换；

2)刷新：用户可以打开或者关闭自动数据刷新，对于需要节省流量的人可以关闭自动刷新。

点击“版本信息”可以看到当前应用的版本和支持信息。

点击“意见反馈”弹出邮件，收件人已经自动填写为本应用支持的邮箱，主题也自动填写，用户可以通过这种方式发送反馈。

3.2.9 信息推送

通过信息推送，可以将天气预警信息，气象贴士或其他气象相关信息及时推送给用户。

推送使用户更及时的信息获取，提升用户体验。

推送的内容可以由后台CMS系统编辑。

3.2.10 灾情上报

(1)登录客户端，输入用户名和密码，登录界面。见图10。

(2)现场情况编辑。

1)基本信息——填写时间名称、受伤人数、死亡人数相关信息。见图 11。

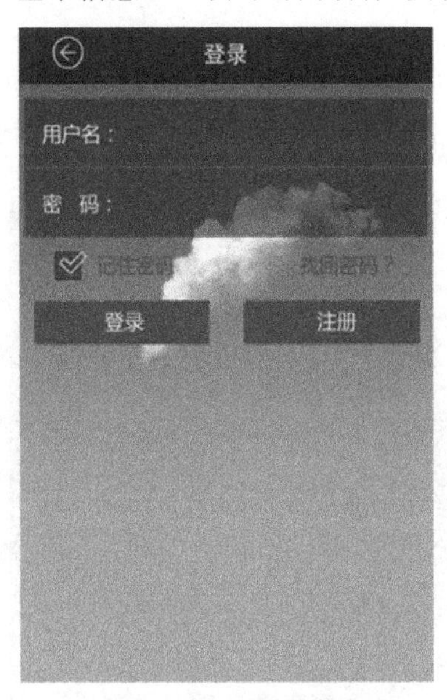

图 10　手机软件截图

图 11　手机软件截图

2)现场语音——手机位置自动定位；点击“开始录音”，对现场情况进行语音描述。

3)现场拍照——点击图片拍照功能，对现场情况进行拍照上传。

4)文字描述——手动输入“描述”，文字描述现场情况。

5)上报——现场情况详细编辑完毕，点击“发送”，完成编辑工作。

(3)点击用户管理侧边栏——查看历史记录，见图 12。

(4)点击“历史记录”——可看到用户全部上报文件，以及是否处置，见图 13。

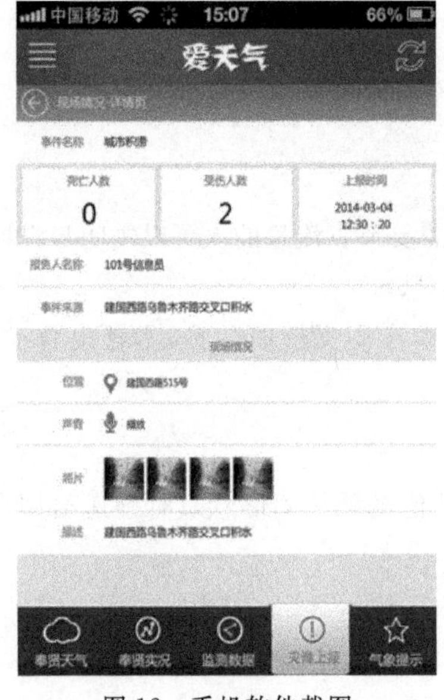

图 12　手机软件截图

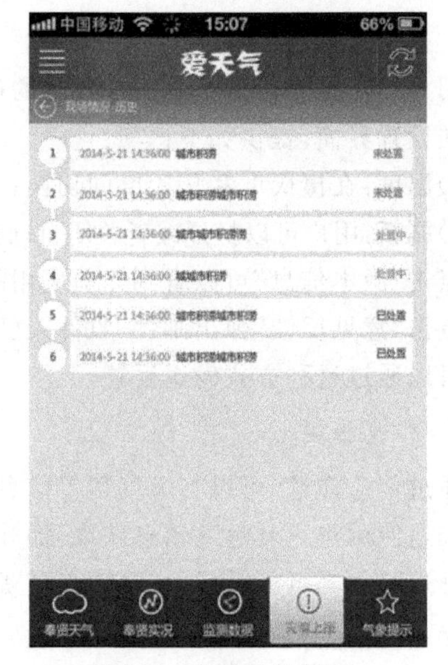

图 13　手机软件截图

3.2.11 后台管理

后台管理主要对手机客户端的内容进行配置,用户权限管理、对可上报的灾情进行后期处理。

主要内容包含有:数据管理、服务产品编辑、灾情上报管理、用户权限管理、系统管理。

后台管理人员登录,见图 14。

图 14　后台管理登录界面

CIS 信息显示—上报信息处理,见图 15。

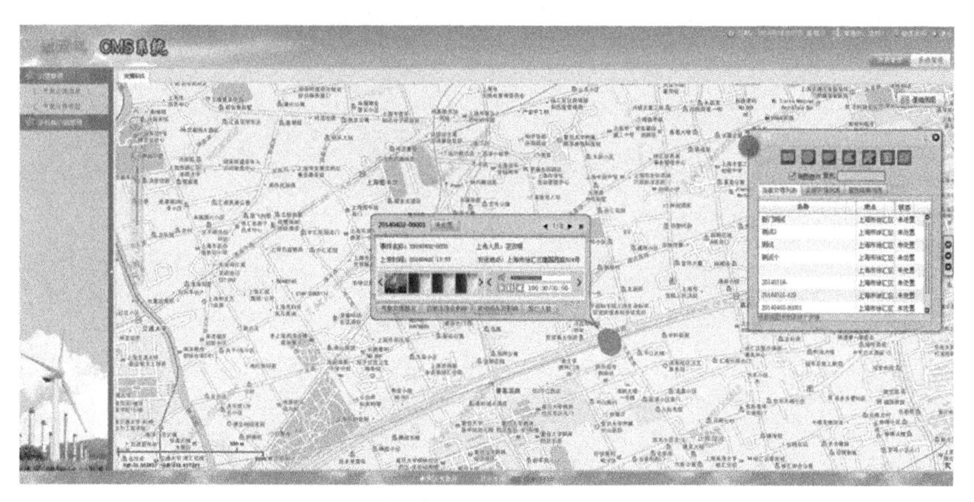

图 15　信息显示—上报系统

4　结语

本系统面向区县气象服务受众,组建资源库,加工服务产品、信息,组建智能手机气象服务发布平台,建立起适应智能终端的基础气象数据库,以提升气象服务手段和水平为目的,以多点数据融合为基础,加工满足于公众用户、决策用户、专业用户等不同层次的气象服务产品,搭建以智能手机为载体的信息发布服务平台，该系统具有以下特点：

(1)通过对服务产品组织结构的研究，将现有的预报产品和服务产品进行研究和分析，再以不同来源和不同形式进行分类整合处理，将服务产品数据转化为系统支持的数据格式类型投入业务运行中。

(2)在提供天气预报的同时，进行主要气象要素实况监测服务，使用户能够即时了解不同气象要素的极值、累计值及分布情况，在灾害性天气发生时，能够及时了解现状，以便作出相应的决策。

(3)基于主动推送技术，主动将各种信息尤其是气象预警信息主动推送给用户。系统可以采用定时、不定时、定点、不定点等多种推送方式，将气象信息精准地告知用户。多种推送方式让气象软件具备了主动性和及时性，信息更实用、更准确。

(4)利用智能手机定位技术，拓展了灾情实时上报功能，使气象部门第一时间掌握当地的灾情发生情况，并能实现气象服务部门与用户互动，为开展点对点、直通式的气象服务奠定基础。

本系统在防汛指挥、行业气象服务、新农村建设信息服务等各领域得到了广泛应用。本系统的作用已经得到了各级党政部门和用户的充分肯定，已经成为政府领导、有关部门指挥防灾减灾的有效工具之一。随着移动互联网技术的不断的发展，加工面向公众同时满足专业化、个性化、精细化需求的，以手机为载体的气象服务产品才能更好的为决策用户、专业用户提供直通式、更为及时、便捷和实用的气象服务产品，从整体上提高气象服务的水平和能力。

微博在短临天气预报服务中的作用浅析

陈申鹏　徐文文

（深圳市国家气候观象台，深圳　518040）

摘　要：结合@深圳天气 官方微博相关数据和维护过程中的经验、个例，发现气象微博和短临天气预报存在近乎依赖的关系，微博在短临天气预报服务方面有独特的优势，可以提供精细化的预报服务，弥补短期天气预报的不足，可以随时了解预报服务效果并及时完善预报服务，还可以在潜移默化中进行防灾宣传，甚至可以通过搜集转发灾情参与应急救援。

关键词：气象微博；短临天气预报；需求；服务；防灾

微博作为一种新媒体，以其方便快捷和互动性强等优势，很快被气象部门认识和应用，迅速成为气象信息服务和互动的重要手段[1]。据不完全统计，仅在新浪微博平台，带有“天气”或“气象”并属于各地气象局（台）或气象服务中心的认证微博就达 600 多个，几乎各省、地级市都有气象微博，广东气象更是实现了“县县通微博”，微博成了气象部门开展公众气象服务[2]、进行气象科普、防灾减灾宣传以及民意搜集的重要平台。

深圳市微博气象服务始于 2010 年底，在 3 年多的发展中，@深圳天气 微博以公众需求为牵引，信息内容不断丰富，形式、用语渐趋多样，网友互动有声有色，已成长为一个拥有百万粉丝群体，在深圳本地和行业内都有较大影响力的气象政务微博，连续三年名列“全国十大气象机构微博”。本文从@深圳天气 服务中最为出彩的短临天气预报服务的角度，通过分析真实案例和数据，探讨气象微博在短临天气预报服务中的作用，以期为行业提供参考。

1　公众高度关注短临天气预报信息

实践证明，在台风、暴雨等灾害性天气下，短临天气预报和预警信息得到市民极高的关注。以 2014 年 2 月 11 日至 5 月 11 日 3 个月@深圳天气 新浪微博数据为例，选取期间“3.30” 和“5.11”两次重大天气过程（时段分别以 3 月 29 日至 4 月 3 日和 5 月 8—11 日计），分析平均每条微博所带动粉丝增长和获得的转发、评论量，结果如表 1 所示。

表 1　2014 年 3 月 29 日至 4 月 3 日和 5 月 8—11 日微博数据

时段/过程	微博数（条）	单条微博带动粉丝增长（个）	单条微博平均转发（次）	单条微博平均评论（条）
整个时段	1540	54	35	28
“3.30”过程	274	66	79	50
“5.11”过程	203	60	61	69
两过程合计	477	64	71	58

两个天气过程 3 项指标均高于整个时段，总体而言，单条微博带动粉丝增长数的优势不是

太明显，但平均转发和评论量均为整个时段的 2 倍以上。如果仅考虑天气最剧烈的 3 月 30 日和 5 月 11 日，优势将更加明显。两次过程中共有 10 条微博转发量超过 500，最多一条微博获得 4280 次转发，评论也有 770 条，阅读量更是高达 594.7 万，足见突发灾害性天气及其短临预报信息受公众关注之高。

2　气象微博和短临天气预报相互依赖

2.1　短临天气预报需要气象微博

短期天气预报的时效特点决定了在向公众播出后不能随时更改[3]，发生短期天气预报没有预料到的突发性天气时，通过短临天气预报及时通知公众是很必要的。如果只是依赖传统的电视、广播等第三方媒体，信息的及时性和更新频率显然没有保障，而气象网站、声讯电话等自有渠道本身受众有限，且需要用户有主动获取气象信息的意识。微博虽为第三方平台，却有很强的开放性和稳定性，开通账号后就相当于自有平台，气象部门可以随时随地灵活发布各种短临天气预报信息，在发展出足够多的粉丝群体后，利用微博的开放接口和裂变式传播，其传播效果甚至可以超越传统电视台或电台。

以 2014 年 5 月 11 日为例，深圳市气象局公众网访问量 40.7 万人次，新浪微博阅读量 1564.8 万，微信接口调用次数 30.6 万，手机客户端点击量 167.9 万。上述指标基本反映了用户通过各渠道查询天气信息的次数，而当时@深圳天气 新浪微博粉丝 42 万，微信订阅用户 21 万，手机客户端累计下载量 250 万，微博的传播优势不言而喻。在现有渠道条件下，微博跟踪、订正预报的作用无可替代。

2.2　气象微博需要短临天气预报

在微博这个开放的网络平台上，气象部门垄断气象信息的传播已不可能[4]，用户完全可以根据自己对语言风格的喜好选择成为某个商业机构、民间组织或个人气象微博的粉丝，因而粉丝争夺异常激烈。但对于短临天气预报信息就不一样了，其制作需要强大的技术支撑，只能通过气象部门权威发布，而几十分钟到数小时的时效，则决定了其他气象微博不可能进行特别精心的加工，更多情况下只能是简单的转发，这很大程度上保证了信息的“独家性”。独家性的信息加上公众的高度关注，决定了气象部门通过微博发布短临天气预报信息，不仅是广泛传播气象信息的需要，也是气象微博发展的不二法宝。

3　微博在短临天气预报中的作用

3.1　弥补短期天气预报不足

3.1.1　提供精细化的预报服务

精细化的预报服务是短临天气预报与短期天气预报相比最大的优势，它重点解决公众普遍关心的诸如“哪些区域会下雨？”、“什么时候开始下？”、“雨还要下多久？”等问题，微博直播天气的模式将这一优势发挥到极致。@深圳天气 微博几乎对于每一次天气过程都跟踪直播，将最新的降雨实况实时播报，诸如“预计未来1～2 h内南山、福田、罗湖、盐田等地将依次降雨，降雨时间1 h左右，其余地区3 h内无雨”的信息比比皆是，精细化的预报给公众提供最有用的参考。此外，一直困扰气象工作者、让市民摸不着头脑的“局部地区”的问题也变得简单：通过微博实时播报降雨分布，再加上降雨趋势的短临预报，不仅让处于局部地区的市民心中有数，局部地区之外的人也了解到，“确实下雨了，只是没下在我们这，预报并没有错”，同时，直播中随时变化的局部地区也能让公众对局地降雨的预报难度有所了解。

3.1.2 订正短期天气预报

天气预报不可能百分之百准确，因而跟踪、订正预报就显得很重要，通过微博跟踪发布订正的短临天气预报信息，甚至是在短期天气预报失误的情况下，仍能取得很好的效果。这方面一个典型的例子就是2011年9月19日冷空气给深圳带来的一场雷雨大风天气。

关于这场大雨，前一天的资料并无任何迹象，短期预报结论是“多云有分散阵雨”，降雨几乎介于有无之间，而实际上9月19日傍晚前深圳迎来了一场雷雨大风天气，短短几个小时中东部普降大雨局部暴雨，蔡屋围最大累计雨量更是达到97.4 mm。@深圳天气 微博在这次降雨过程中及时跟踪发布相关信息，很好的弥补了短期预报的不足。19日的降雨开始和雷电预警发布前，就发布了一条微博，告知“冷空气影响，傍晚有雨”，提示“下班时间，请大家注意防备！”，随后的雷电预警也得以及时在微博上发布，接着又跟踪发布了多条风情雨情信息，告知降雨趋势，得到了网友的广泛转发和评论，网友@XOXOUME 评论“看了看卫星云图，这场雨真是无中生有，不能怪气象部门没有做到提前预测，所谓天有不测风云嘛。深圳许久没有下雨了，下场大雨大家开心一下吧。”，@一萨塔一评价“很不错的有用的微博”，网友@alwaysia 大蝴蝶表示播报“给力”。这期间还与网友积极互动，回复相关雨情的咨询。

3.2 以效果为导向完善预报服务

以往的天气预报，尤其是短期天气预报，局限于传统媒体的传播方式，预报完无法有效地与市民沟通交流。借助微博及其评论，短期预报发出后，预报员可以了解市民对天气和预报的切身感受，进而答疑解惑，及时调整短临预报服务策略，提高预报服务效果。

2014年4月30日，受锋面低槽影响，一条飑线自西北向东南横扫广东，伴随雷暴和短时大风。关于这场雨，因为系统明显，提前几天就已经准确预报，30日早晨更将降雨时间具体到“午后”，只等降雨到来发布相关预警信号。然而，30日早上很多地方艳阳高照，市民纷纷在@深圳天气 微博发表评论质疑预报准确性。意识到市民对预报有误解，9:12 @深圳天气 及时更新了一条微博——【午后到傍晚转雷阵雨】，维持预报结论，并提醒“纠结要不要晒被子、要不要出去玩儿的童鞋们，今天中午前以多云可见阳光为主，家里有人或者中午能赶回家收的可以放心晒；出去玩带好雨伞！”，并附上雷雨云系已经达到两广交界的雷达图像，接着又不断更新北边云系移动和发展情况，质疑明显减少，网友@全民不一达人 评论：“天气君都说中午以前有阳光了，午后才有雷阵雨，怎么还有一堆人在说……”，网友@SHZH2 调侃道：“你放心！我们相信你！！”，针对个别疑问，@深圳天气 又进行了回复，12:49的一条微博里还提醒“大晴天还可以维持2～3个小时左右，午后至傍晚自西向东转强雷雨，这期间尽量不要安排户外活动。”……如此，直到下午雷雨影响前发布暴雨、大风和雷电预警，将强雷雨开始时间锁定在14:30，预警信息同步在微博更新。14 h以后，狂风雷暴携雨而来，网友纷纷称赞预报准确，@深圳徒步狂人 评论“深圳气象台，你就是我心目中的神！预测太准确了，误差只有15 min.”

@陆玮的围脖 评论:“暴雨提前10min来袭,天昏地暗,大雨瓢泼。天气预报的准确度,值得一赞!”@L－mushroom 评论“太准了！上午还是像夏天一样的骄阳,午后起床就狂风暴雨了!”……

3.3 服务防灾减灾

3.3.1 扩大防灾宣传

微博平台上受众不再只是单纯接受信息,而是成为了信息的一部分[5]。而天气是人们生活中最有共性的东西之一,灾害性天气中,以直播的方式不断刷新天气实况和短临预报信息,最能抓住公众的神经,特别是在天气变化剧烈时,结合窗外风起雨落、电闪雷鸣,乐于分享的网民纷纷奔走相告:“打雷啦！下雨啦！收衣服啦!”,在这样的信息“狂欢”中,防灾减灾的良好舆论氛围得以营造;此外,气象微博适时发布一些简短有效的防灾常识和指引,也能够快速在市民中传播开来。这样,通过微博的裂变式传播,市民防灾意识和能力在潜移默化中提高。

3.3.2 搜集灾情,参与防灾

微博自媒体的特性,加上移动互联网的蓬勃发展,使得用户随时随地可以充当现场记者。短临预报服务中就可以充分利用这一点,除通过关键字搜索市民微博了解各区域市民受灾情况,还可以发起灾情和天气图片的分享活动,在微博获得一定认同度之后,公众还会自觉艾特提供相关情况。这样,灾害现场的第一手资料都能轻松搜集,不仅有助于明确短临预报服务重点,还能通过转发重大灾情间接参与抢险救灾。一个典型案例就是2012年“韦森特”影响期间横岗马六村受淹被困及安全转移。

2012年7月25日,受“韦森特”登陆后的季风槽影响,深圳普降暴雨局部大暴雨,雨势正大之时,@深圳天气 除了及时发布相关雨情及趋势信息,还号召市民分享灾情信息,网友纷纷响应,我们进行了适当转发,并提供相关防御措施和指引。下午15:08网友“@田翰的田”艾特我们提供了“横岗马六区村民求救,水淹到二楼了”的灾情,附图是一个市民站在齐腰水深的室内,我们随即给予转发表示关切,同时@深圳微博发布厅,触目惊心的图片使灾情得到广泛关注,该微博迅速得到200多次转发,网友纷纷留言表达关切之情,事件很快引起有关部门注意。微博转发后不到10 min,龙岗区政府官方微博“@精彩龙岗”发布微博表示,对于马六区村受淹,“政府已经启动紧急救援措施,出动应急分队解救被困群众”,又30多分钟后更新微博表示“被困村民已全部被安全转移,无人员伤亡。”微博的裂变传播大大提高了应急救援的效率。“韦森特”过后,深圳新闻网以“台风走了,请为深圳各部门的应对工作打分”为主题发起调查,“气象预报”得分最高,在准确预报之外,微博服务功不可没。

4 结论和讨论

(1)短临天气预报信息是公众最为关注的气象信息之一,通过气象微博发布,既是信息传播的需要,也是促进气象微博发展的法宝。

(2)气象微博在短临天气预报服务中不仅可以最大限度弥补短期天气预报的不足,通过搜集用户体验完善预报服务,还可以扩大防灾宣传,通过搜集转发灾情参与应急救援。

(3)短临天气预报具有很强的时效性,因而微博短小精悍突出重点,标题能够吸引人,比如

“大雨来了！”比“降雨提示”更加有效；内容中最好标明发布时间，以免误导，因为过程结束后甚至过了几天还有转发。限于篇幅和时间，微博在短临天气预报服务中的一些应用技巧将另文介绍。

参考文献

[1] 程莹，周亦平，李倩，等. 如何用微博做好气象服务的思考[J]. 科技通报，2013，**29**(3)，29-31，87.

[2] GB/T 27961—2011. 气象服务分类术语[S].

[3] 马国贵，李莉. 浅谈短时天气预报和临近天气预报在防灾减灾方面的优势. 内蒙古农业科技[J]. 2010，**4**，119.

[4] 骆月珍，谢国权，钱吴刚，等. 对气象微博发展的几点思考[J]. 浙江气象，2011，**32**(4)，29-32.

[5] 汪玉龙. 微博直播的“新闻合法性”分析——基于媒介环境学的视角[EB/OL][2012-02-24]. http://media.people.com.cn/GB/22114/150608/150616/17212051.html.

公众气象服务经济效益评估方法的比较
——以 2010 年全国调查为例

张晓美　吕明辉

（中国气象局公共气象服务中心，北京　100081）

摘　要：本文利用 2010 年中国气象局与国家统计局共同开展的全国公众气象服务评价调查统计数据，根据经济学中费用—效益分析的有关理论，利用“支付意愿法”、“节省费用法”和“影子价格法”，定量评价分析了 2010 年全国公众气象服务经济效益，但三种方法获得的经济效益值差别较大，分别为 11877.1 亿元、2591.5 亿元和 2170.4 亿元。通过分析比较，本文认为改进后的节省费用法的估算值是一种理想情况下的效益值，代表了公众气象服务经济效益的上限；“影子价格法”中影子价格点的选取仍有很大的改进余地；而“支付意愿法”的估算值则可以相对“真实”的代表全国公众气象服务经济效益，即 2170.4 亿元，约占 2010 年全国 GDP 的 0.55%。

关键词：公众气象服务；效益评价；支付意愿；节省费用；影子价格

引言

自 20 世纪 90 年代开始，气象服务效益评价逐渐成为学术界研究的热点，WMO 分别在 1990 年、1994 年和 2007 年分别召开了 3 次研讨会[1,2]，探讨天气、气候和水服务的社会和经济效益。长期以来，各国专家和学者从不同角度对气象服务效益进行分析和评价，但迄今尚未形成一种国际公认的评价方法和评价模式[3]。

1985 年，中国气象局开始采用社会调查的形式来评价公众气象服务效益。自 1994 年起，根据公众气象服务效益的特点，中国气象局开始利用“支付意愿法”、“影子价格法”和“节省费用法”来估算公众气象服务效益，其后分别在 2006 年和 2008 年又进行了 2 次公众气象服务效益评价[4]。

在中国气象局的指导下，一些省、自治区、直辖市气象局也开展了公众气象服务效益评估工作。濮梅娟、解令运、刘立忠等（1997）[3]，黄焕寅（1996）[5]，周福（1995）[6]，赵年生、方立清、王振中等（1995）[7]，广西气象服务效益评估课题组（1995）[8]利用“自愿付费法”、“节省费用法”和“影子价格法”分别评价了 1994 年江苏省、湖北省、浙江省、河南省和广西壮族自治区的公众气象服务效益。王新生、陆大春、汪腊宝等（2007）[9]，李峰、郑明玺、黄敏等（2007）[10]，郑宏翔、谭凌志（2006）[11]又利用这 3 种方法分别评价了 2006 年安徽省、山东省和广西壮族自治区的公众气象服务效益。罗慧等人（2008）[12]应用 12121 气象电话客观拨打量和气象信息，结合“条件价值评估方法”（CVM），评价了陕西公众对高影响天气事件发生时的支付意愿。

为科学定量地对气象服务效益进行客观评价，让政府决策部门、社会各界认识到对气象事

基金项目：行业专项基金（GYHY201106037）资助课题。

业的投入是有效益的，从而争取各级政府、社会各界和公众对气象事业的理解和支持，2010年中国气象局和国家统计局联合开展了全国公众气象服务评价调查①，对全国31个省(区、市)公众气象服务效益进行了调查，区别于以往的调查，本次调查采用的是第三方调查的方式，调查数据更加科学、客观、可信。本文将利用此次调查的数据，在吸取国内外研究成果的基础上，根据公众气象服务效益的特点，应用“支付意愿法”、“影子价格法”和“节省费用法”，对全国公众气象服务效益进行了定量评价，并对三种方法的优缺点进行了比较。

1 评价方法

根据费用一效益分析的理论，按照潜在的Pareto准则，即：社会的效益是社会成员的效益的总和[14]。再根据微观经济学中效益理论：个人的效益以其对物品(或服务)的“支付意愿”(Willingness to pay，简称WTP)来度量最为合理、正确，可以得出整个社会的效益可以表示为个人支付意愿的总和[13]。本文将采用目前公众经济效益评价的三种主要方法“支付意愿法”、“节省费用法”和“影子价格法”对公众使用气象服务时所增加的效益或减少的损失来进行测算。

(1)支付意愿法

“支付意愿法”也称为“自愿付费法”，是指从衡量支付意愿的角度考虑最终的效益，也是国内外比较认可的公益性服务或公益性设施效益的评价方法之一。

本次调查是针对公众气象服务设计一系列问题，以统计不同付费水平下公众自愿付费者的数量，从而计算出公众气象服务的效益[14]。具体评价方法如下：

$$W = P \times \sum_{i=1}^{m} \frac{M_i}{N_i} \sum_{j=1}^{n} C_j \times B_{ij}$$

其中，W 为公众气象服务效益；P 为矫正系数；M_i 为本地区第 i 类的公众总人数；N_i 为实际收回调查表中第 i 类的公众总人数；C_j 为第 j 个付费等级的中数；B_{ij} 为第 i 类公众愿意支付的第 j 等级标准的人数。

(2)影子价格法

从数学意义上讲，影子价格实际上是最优化的线性拉格朗日函数的拉氏乘子，即目标函数发生的增值；从经济学意义上讲，影子价格等于某种资源、产品或服务投入的边际收益，反映了整个社会某种资源、产品或服务供给与配置状况的价格，即资源越丰富，服务方式越多，产品数量越多，其影子价格越低，反之亦然[14]。

“影子价格法”在气象服务效益评价中也是常用的一种方法，计算公式为：

$$W = P \times C \times T \sum_{i=1}^{t} \left(\frac{M_i}{N_i} \times G_i \right)$$

其中，P 为矫正系数(一般用电视等覆盖率代替)，C 影子价格，T 为时间，一年为365天，M_i 本地区第 i 类的公众总人数；N_i 为实际收回调查表中第 i 类的公众总人数；G_i 为第 i 类的公众看天气预报总次数。

(3)节省费用法

“节省费用法”和“支付意愿法”相类似，不同的是从为消费者节省费用的角度考虑最终的效益。如以家庭为单位，让受访者回答使用了气象服务所节省的费用，两者在计算方法上基本是一致的[14]。

① 《2010年全国公众气象服务评价》，下同。

2　数据来源

此次调查范围覆盖全国31个省(自治区、直辖市)，共涉及155个城镇和151个县(市)，其中城镇15300人，农村7800人。除西藏只调查600个样本外，每个省(自治区、直辖市)均调查750个样本(城镇500个，农村250个)，具体分布见表1。

表1　调查样本的区域分布

序号	地区	省(自治区、直辖市)名称	访问量	百分比
1	华北	北京、天津、河北、山西、内蒙古	3750	16.2%
2	华东	上海、江苏、浙江、安徽、福建、江西、山东	5250	22.7%
3	华中	河南、湖北、湖南	2250	9.7%
4	华南	广东、广西、海南	2250	9.7%
5	东北	辽宁、吉林、黑龙江	2250	9.7%
6	西北	陕西、甘肃、青海、宁夏	3000	13.0%
7	西南	重庆、四川、贵州、云南、西藏	3600	15.6%
8	新疆	新疆	750	3.4%
	总计		23100	100.0%

3　评价模型参数的修正

3.1　支付意愿法(节省费用法)中 P_i 取值的改进

P_i 为模型的矫正系数，在“支付意愿法”和“节省费用法”中，以往通常定义为第 i 类公众能够获得气象服务的比率，如电视覆盖率、广播电视覆盖率；而本文将其定义为第 i 类公众能够且愿意收听收看公众气象服务的比率，为了得到 P_i，在调查中特别设计了两道题，“B2.您主要通过以下哪些渠道获得天气预报等气象信息?”和“C2.您最希望通过以下哪种方式获得天气预报等气象信息?”。本文从上述两题中分别获得“能够收听收看公众气象服务的比率”和“愿意收听收看公众气象服务的比率”，两者取交集就是“能够且愿意收听收看公众气象服务的比率”。

调查结果显示：

条件一：能够收听收看公众气象服务的比率，为 $P_1=0.996$，$P_2=0.994$，如图1所示；

条件二：愿意收听收看公众气象服务的比率，为 $P_1=0.996$，$P_2=0.996$，如图2所示；

条件一和条件二取交集，就是“支付意愿法”(节省费用法)的矫正系数：$P_1=0.996$，$P_2=0.994$。

3.2　影子价格法中 P_i 取值的改进

在“支付意愿法”和“节省费用法”中，通常定义 P_i 为第 i 类公众通过固定电话获得气象信息的比率；但现在除了固定电话以外，手机也是可以获得气象服务，所以本文将其定义为第 i 类公众通过手机和固定电话获得气象信息的比率，这里的 P_i 是“B2.您主要通过以下哪些渠道获得天气预报等气象信息?”题中选择“手机”和“固定电话”的人数占调查总人数的比率。根据调查结果，影子价格法中的矫正系数分别为 $P_1=0.539$，$P_2=0.52$(见图1)。

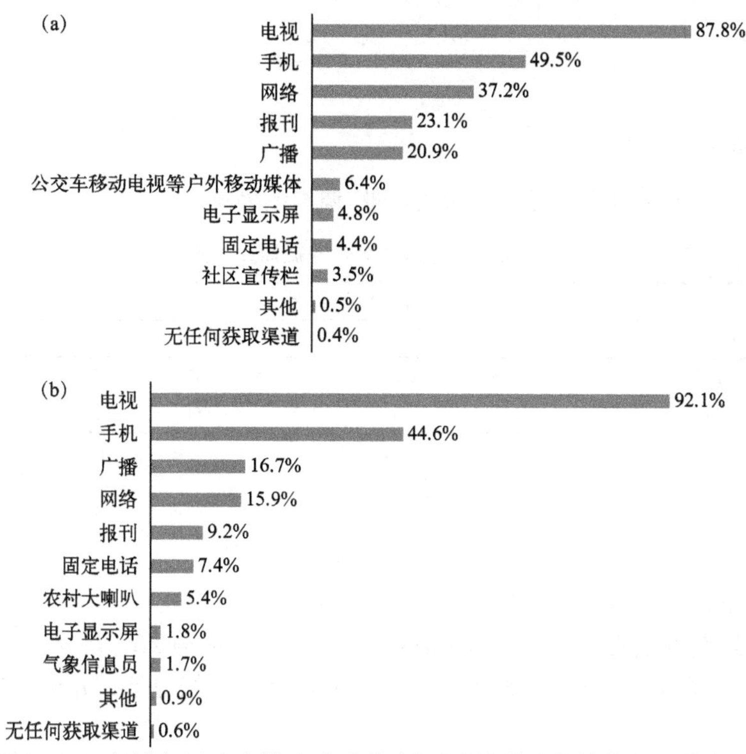

图 1　2010年城市(a)和农村(b)公众获取气象服务信息的渠道对比(单位:%)

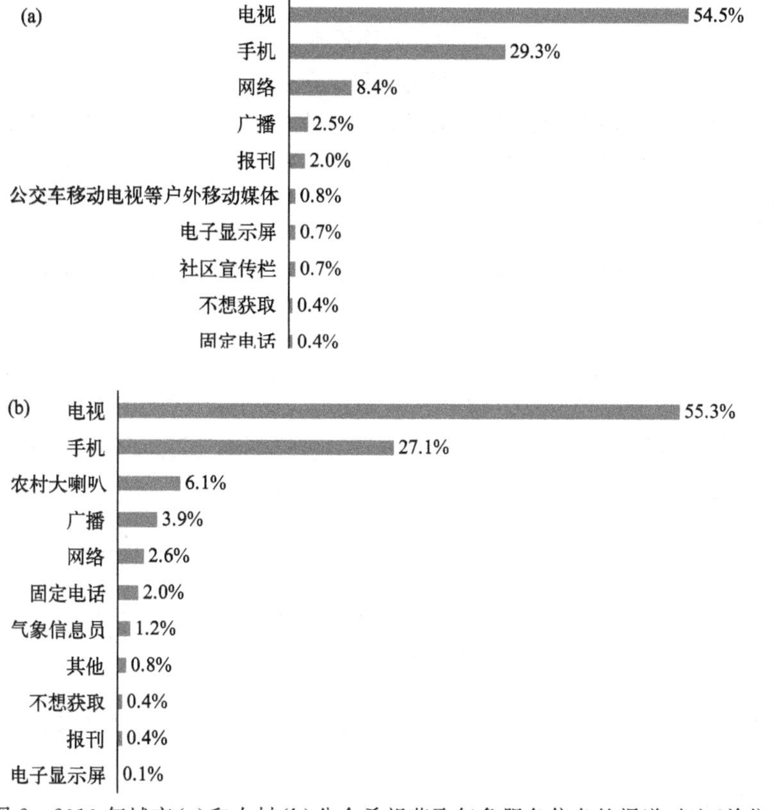

图 2　2010年城市(a)和农村(b)公众希望获取气象服务信息的渠道对比(单位:%)

4　评价结果

4.1　支付意愿法

直接询问公众每年对气象服务的愿付货币量，调查结果见表 2。

表 2　公众气象服务年付费额调查结果

公众分类	年支付费额/元								合计
	1～10	11～30	31～50	51～70	71～90	91～110	110 以上	其他	
城镇公众人数/人	9705	2655	856	195	81	87	51	1670	15300
农村公众人数/人	5214	1266	382	79	48	41	16	754	7800

用该方法评价公众气象服务效益的模型为：

$$W_1 = \sum_{i=1}^{m} P_i \times \frac{M_i}{N_i} \sum_{j=1}^{n} C_j \times B_{ij}$$

其中 W_1 为年付费额调查数据评价的公众气象服务效益（万元）；

i 为公众分类，这里将公众分为城镇和农村公众两类，即 $m = 2$；

M_i 为第 i 类公众的总人数，根据第 6 次全国人口普查数据显示，$M_1 = 665575306$，$M_2 = 674149546$；

N_i 为调查问卷中第 i 类公众的总人数，$N_1 = 15300$，$N_2 = 7800$；

j 为付费等级划分，$n = 8$；

C_j 为第 j 个付费等级的中数，为开区间时取最低值；

B_{ij} 为第 i 类公众中愿付第 j 个付费等级的人数，见表 2；

P_i 为第 i 类公众愿意收听收看公众气象服务的比率，$P_1 = 99.6\%$，$P_2 = 99.4\%$。

根据表 2 的数据，可得：$W_1 = 1374.0$（亿元）。

4.2　影子价格法

将公众愿拨打气象声讯电话的频率调查数据换算成公众每天愿拨打气象服务声讯电话次数，具体调查结果见表 3。

表 3　公众每天愿拨打气象声讯电话次数

公众分类	每人每天拨打的次数/次						合计
	每天 2 次或以上	每天 1 次	每天 4/7～5/7 次	每天 2/7～3/7 次	每天 1/7 次	其他	
城镇公众人数/人	1286	5590	877	2177	3072	2298	15300
农村公众人数/人	2812	633	2039	884	317	1115	7800

用公众愿拨打气象声讯电话的频率调查数据评价公众气象服务效益值的具体模型为：

$$W_2 = C_t \times T \sum_{i=1}^{m} P_i \times \frac{M_i}{N_i} \sum_{j=1}^{n} C_j \times B_{ij}$$

其中 W_2 为用公众愿拨打气象声询电话次数调查数据评价的公众气象服务效益；

C_t 为每次气象服务声讯电话的信息收费额，C_t 为 0.1 元/次；

T 为扩展系数，取值为 1 年，即 $T = 365$ d；

i 为公众分类，这里将公众分为城市公众和农村公众两类，即 $m = 2$；
M_i 为第 i 类公众的总人数，$M_1 = 665575306$，$M_2 = 674149546$；
N_i 为调查问卷中第 i 类公众的总人数，$N_1 = 15300$，$N_2 = 7800$；
j 为每人每天拨打的次数划分，$n = 6$；
C_j 为第 i 个拨打次数等级的中数，为开区间时取最低值；
B_{ij} 为第 i 类公众中愿拨打第 j 个拨打次数等级的人数，见表 3；
P_i 为第 i 类公众通过手机和固定电话获得气象信息的比率，$P_1 = 53.9\%$，$P_2 = 52\%$。
根据表 3 的数据，可得：$W_2 = 2591.5$(亿元)。

4.3 节省费用法

"节省费用法"和"支付意愿法"相类似，不同的是从为消费者节省费用的角度考虑最终的效益，调查结果见表 4。

表 4 公众气象服务年减少损失率调查结果

公众分类	年减少损失率/%						合计
	0	1～20	21～40	41～60	61～80	81～100	
城镇公众人数/人	130	426	215	206	184	143	1304
农村公众人数/人	293	1274	700	482	272	90	3111

用该方法评价公众气象服务效益的模型为：

$$W_3 = \sum_{i=1}^{m} P_i \times L_i \frac{Mi}{Ni} \sum_{j=1}^{n} Cj \times B_{ij}$$

其中 W_3 为年节省费用额调查数据评价的公众气象服务效益(万元)；
i 为公众分类，这里将公众分为城镇和农村公众两类，即 $m = 2$；
M_i 为第 i 类公众的总人数，$M_1 = 665575306$，$M_2 = 674149546$；
N_i 为调查问卷中第 i 类公众的总人数，$N_1 = 15300$，$N_2 = 7800$；
j 为年减少损失率等级划分，$n = 6$；
L_i 为调查问卷中第 i 类公众的平均损失额，$L_1 = 3690$，$L_2 = 3941$；
C_j 为第 i 个年减少损失额等级的中数，为开区间时取最低值；
B_{ij} 为第 i 类公众中愿付第 j 个等级的人数，见表 4；
P_i 为第 i 类公众愿意收听收看公众气象服务的比率，$P_1 = 99.6\%$，$P_2 = 99.4\%$。
根据表 4 的数据，可得：$W_3 = 36818.9$(亿元)。

4.4 公众期望值估算

公众期望政府每年为每个公民投入的气象服务保障经费金额调查结果见表 5。

表 5 公众期望政府投入气象服务的年保障经费金额调查结果

公众分类	年投入金额/元					合计
	1～3	3～5	5～7	7～11	其他	
城镇公众人数/人	3192	3852	3966	3843	447	15300
农村公众人数/人	1886	1772	1957	2025	160	7800

公众期望政府投入气象服务的年保障经费值计算模型如下：

$$W_4 = \sum_{i=1}^{m} \frac{M_i}{N_i} \sum_{j=1}^{n} C_j \times B_{ij}$$

其中 W_4 为公众期望政府投入气象服务的年保障经费值(万元)；

i 为公众分类，这里将公众分为城市和农村公众两类，即 $m = 2$；

M_i 为第 i 类公众的总人数，$M_1 = 665575306$，$M_2 = 674149546$；

N_i 为调查问卷中第 i 类公众的总人数，$N_1 = 15300$，$N_2 = 7800$；

j 为投入金额等级划分，$n = 5$；

C_j 为第 i 个投入金额等级的中数，为开区间时取最低值；

B_{ij} 为第 i 类公众中选择第 j 个投入金额等级的人数，见表 5。

根据表 5 的数据，可得：$W_4 = 914.5$(亿元)。

5　评价方法的改进

5.1　对 W_1 的修正

由于气象服务属公共物品，没有市场价格，公众从心理上也不愿付费，所以公众在回答付费问题时往往会有所隐藏或保留，特别是在中国，由于公众气象服务一直是无偿的，公众期望政府有更多的投入，政府参与“买单”，而不是全部自己买单，因此，理论上说公众自己的“支付意愿”小于真实的公众“支付意愿”。调查结果显示，公众期望政府投入气象服务的年保障经费值 W_4(914.5 亿元)远远大于 2010 年政府部门对中国气象局的实际投入(118.1 亿元)。这证明了公众确实有一部分的“支付意愿”是希望政府来“买单”的，因此，笔者认为 W_4 中超过政府实际投入的这部分金额(914.5－118.1＝796.4 亿元)，其实是属于隐性的公众“支付意愿”。通过“支付意愿法”估算的公众气象服务效益应该在原有估值(W_1)的基础上再加上隐性的公众“支付意愿”796.4 亿元，即 2170.4 亿元。

5.2　对 W_3 的修正

在以往的研究中，对“节省费用法”有两种计算方法，一种是按人口计算，另一种是按户计算，通常认为，按户计算较为适当一些，一是中国的家庭传统观念较强，家庭中有一个成员与此有关，就表示涉及全家，二是调查时对财产损失的说明，为所有损失以个人或家庭的财产损失为主，本身就包含了家庭的概念。根据 2010 年全国第六次人口普查统计数据，全国平均每个家庭的人口为 3.1 人，按户口数据计算出的公众气象服务效益为 11877.1 亿元，约占 2010 年全国 GDP 的 3%。

6　存在的问题

目前，“支付意愿法”、“节省费用法”和“影子价格法”的使用非常广泛，但各自又存在着一定的局限性。

(1)采用“支付意愿法”来估算公众气象服务效益时，由于支付意愿是非市场的定价，而是设定了前提条件的，即不论设定的价格是多少，消费者必须支付；并且被调查者的支付意愿会受诸多因素影响，因而对于不同的被调查者会有不同的结果，并且与实际的效益值会存在着一定的出入。

(2)“影子价格法”中影子价格(C)的选择影响结果准确性，不同的影子价格会产生差别较大的结果。由于公共天气预报是无偿向社会提供的，因而没有办法直接得出公众的支付意愿有多大，通过问卷调查可以获得的也只是人们由电视、广播、报纸、电话等途径获取天气预报的次数，即公众对天气预报的需求量。目前最常用的“影子价格”是参照天气预报自动答询台电话每拨一次天气预报的价格。如12121气象声讯电话每拨通一次付费电话，扣除通讯部门的成本和效益，得到的剩余价值，就是每人每次获取天气预报的影子价格，但由于全国各地12121的收费标准、各地通讯部门的成本和效益没有统计的标准，因此，确定在影子价格时，只能给出一个理想估值，并非目前的真实价格。此外，这种方法确定的影子价格，常会因为获取天气预报方式的改变而产生误差，如2010年的调查结果显示，城乡公众通过手机和固定电话获取天气预报的所占比例，分别为53.9%和52%，因此，影子价格法在使用上有一定的局限性。

(3)“支付意愿法”和“影子价格法”得出的结论比较相近，而“节省费用法”的计算结果偏差较大。这主要是因为本文对“节省费用法”做了一定的改进，把公众认为可避免气象灾害损失与气象服务经济效益等同起来。一般的气象损失中包含着可避免损失与不可避免损失两部分，而用户使用天气预报充其量只能避免其中的可避免损失部分，所谓“充其量”指的是在准确的天气预报和最优的预防措施且预防措施的花费为零时，因此，这只是一种极端的理想情况，也就是说这种方法的评价结果是公众气象服务经济效益的上限[15]。因而在进行主观评价时，会发生评价过高的倾向。此外，公众通常对气象服务到底给他们减少多少损失，并没有一个准确的范围和数值，因此在一定程度上也制约了计算结果的准确性。

7 结论

采用“节省费用法”、“影子价格法”和“支付意愿法”对全国公众气象服务效益值进行了评价，但获得的效益值差别较大，分别为11877.1亿元、2591.5亿元和2170.4亿元。

其中，改进后的“节省费用法”估算出的公众气象服务效益是一种理想情况下的效益值，代表了公众气象服务经济效益的上限。经过调整后的“支付意愿法”和“影子价格法”得出的结果比较相近，但由于“影子价格法”中影子价格点的选取有很大的改进余地，且对最终的结果影响很大，所以本文认为改进后的“支付意愿法”的计算结果可以相对“真实”的代表全国公众气象服务效益，即2170.4亿元，约占2010年全国GDP的0.55%。

对公众气象服务效益进行评价，得出效益的定量结果并不是评价的最终目的，最重要的是通过充分了解公众对气象服务的评价和需求，能够找出工作中存在的问题和不足，从而进一步改善公众气象服务工作，提高公众气象服务效益，为气象事业的大发展提供依据。

参考文献

[1] 贾朋群，任振和，周京平. 国际上气象预报和服务效益评估综述[J]. 气象软科学，2006，(4)：84-120.
[2] WMO. Madrid Conference Statement and Action Plan，2007.

[3] 濮梅娟，解令运，刘立忠，等. 江苏省气象服务效益研究（Ⅰ）——公众气象服务效益评估[J]. 气象科学，1997，**17**(2)：196-203.

[4] 姚秀萍，吕明辉，范晓青，等. 我国气象服务效益评估业务的现状与展望[J]. 气象，2010，**36**(7)：62-68.

[5] 黄焕寅. 湖北省公众气象服务调查分析及服务效益评估[J]. 湖北气象，1996，(1)：11-12.

[6] 周福. 公众气象服务效益调查与结果分析[J]. 浙江气象科技，1995，**16**(2)：53-55.

[7] 赵年生，方立清，王振中，等. 河南省公众气象服务效益评估[J]. 河南气象，1995，(2)：9-10.

[8] 广西气象服务效益评估课题组. 广西公众气象服务效益评估[J]. 广西气象，1995，**16**(4)：38-41.

[9] 王新生，陆大春，汪腊宝，等. 安徽省公众气象服务效益评估[J]. 气象科技，2007.

[10] 李峰，郑明玺，黄敏，等. 山东公众气象服务效益评估[J]. 山东气象，2007.

[11] 郑宏翔，谭凌志. 一次公众气象服务效益调查分析和对策建议[J]. 广西气象，2006.

[12] 罗慧，苏德斌，丁德平，等. 对潜在气象风险源的公众支付意愿评估[J]. 气象，2008，**34**(12)：79-83.

[13] 气象服务效益评估研究课题组. 气象服务效益分析方法与评估[M]. 北京：气象出版社，1998.

[14] 姚秀萍，吕明辉，范晓青，等. 气象服务效益评估研究进展[J]. 气象，已录用.

[15] 史国宁. 气象服务经济效益评价中的几个基本概念[J]. 气象，1997，**23**(1)：29-30.

北京旅游业多元发展背景下的气象服务需求

尹炤寅[1] 张爱英[1] 刘 茜[2]

(1. 北京市气象服务中心,北京 100089;2. 中国气象局公共服务中心,北京 100081)

摘 要:本文回顾了北京不同类型旅游景区的发展现状及特色,分析旅游业多元发展背景下各类旅游景区对气象服务的需求。发现对传统经典旅游景区而言,气象服务需求为并列交错形式结构,视主要游览内容不同需分别提供植物观赏期预测、特色景观预报等服务。而各类专题旅游的气象服务需求是渐进式的多元结构,规避灾害性天气及次生灾害是首要需求,其次则需要精细化的短临天气预报和短期气候预测服务;最好根据各专题游的主体需要,提供特色服务,包括改进优化现有气象产品,合理化推荐子项目等。

关键词:气象;旅游;服务

引言

北京,中国的政治、文化中心,旅游资源极为丰富。2008 年奥运会使北京的旅游业获得了更大发展,进一步加大了北京对全世界游客的吸引力[1]。2013 年,北京旅游总收入达 3963.2 亿元人民币,占全市 GDP 比重 7.43%①,已成为国民经济的重要支柱之一。

另一方面,随着经济、社会发展,城镇化进程的加快,城市规模随之扩大,与旅游业息息相关的交通、物流、酒店业亦得到长足发展[2~4],主题公园、商务会展、农业观光等特色旅游也随之兴起[5~7],游客的关注度不再单纯集中于经典景区,对旅游业的需求呈现出多元化、专业化的趋势[8]。

游客对更高旅游体验的需求也加大了旅游业对气象服务的需求。众所周知,旅游业涉及的主要环节都与气象密切相关:气象条件不仅是旅游区风景形成的重要因素,也是旅游活动决策的重要依据[9]。这不仅表现在气象对旅游景区自身的游览质量具有较高影响,交通、食宿等旅游周边产业也被证明需要较完善的气象服务[10]。同时,论及潜在的气象灾害及次生的地质灾害,相应的防灾减灾工作更是一切旅游活动的基础保障[11]。

综上所述,在北京旅游业多元发展的背景下,有必要对不同景区进行整理分析,分别讨论新时期经典景区和特色景区对气象服务的不同需求,给出符合各类景区发展前景的气象服务手段和方式。本文尝试通过回顾北京不同类型旅游景区的发展现状及特色,分析旅游业多元发展背景下各类旅游景区对气象服务的需求,最终为专业化的旅游气象服务提供理论基础。

1 经典旅游景区的气象服务需求

故宫、颐和园、长城以其浓厚的人文气息成为世界文化遗产;西山、北宫等国家森林公园则凭借依山傍水、红叶满山的自然风光吸引万千游客,这些经典景区已是来京游客的必选景点。

资助项目:气象软科学研究项目[2012]第 008 号。

① 数据来源于北京市旅游发展委员会(http://www.bjta.gov.cn/xxgk/tjxx/366867.htm)。

上述两类风景区虽有所交叉[12]，但仍可依据其特色进行分类讨论，本文以此为出发点，提出经典旅游景区对气象服务的需求。

1.1 自然风光景区的特色气象服务需求

对于以自然风光为主要特点的景区，花叶观赏是其主要特色，如香山红叶，玉渊潭樱花等，故确定各类观赏植物的最佳观赏期并进行准确预测为其主要需求，这便需要提供与植物物候相关的专业气象服务。基于此，首先应了解植物物候期同气象因子的联系。学者们在研究植物物候期特征时发现，植物物候期主要取决于两方面因素：一、需冷量、积温条件等对内休眠(endo-dormancy)的影响[13,14]，这通常取决于半年甚至一年前的气象要素情况[15,16]；二、气温、光周期等要素对生态休眠(eco-dormancy)的影响[17,18]，而生态休眠的长度则取决于花、叶物候期前数天至数周的气象条件[19,20]。因此，预测植物观赏期则需要气候学、气象学两方面的支持：利用短期气候预测确定植物内休眠的情况；利用精细化的短期天气预报确定植物观赏期的具体时间。

此外，由于植物对天气要素的敏感程度普遍较高，部分非致灾天气却有可能对观赏植物带来较大影响。如春季小雨虽不会对日常生活带来较大影响，却可能导致部分植物花叶提前凋落，致使观赏期缩短。因此，观赏期内同样需要精细化的短期天气预报服务。

综上，以提升游览效果为目的，自然风光景区对气象服务的需求主要为各类植物的观赏期预测。在此基础上衍生出短期气候预测、精细化短期天气预报等一系列专业化的气象服务需求。

1.2 人文风光景区的特色气象服务需求

相较于观赏植物，古迹文物对气象要素短期变化的响应并不敏感，但长期的风沙侵蚀，高温高湿则会对文物古迹造成难以修复的损伤[21]。从古迹保护的角度而言，人文风光景区首先需要高温、高湿、沙尘等天气的精细化预报。

气象服务亦可增加人文特色景区的游览效果。冬季是旅游淡季，雨雪天不利出行，但在降雪时推出“银装素裹的故宫”，则可让游人领略到如诗如画的清明净洁之景[22]；重阳登高望远作为传承千年的习俗，却由于都市的“钢铁森林”而显得缺乏神韵。如能在“蓝天如碧、一望千里”的金秋时节登上古时最高建筑钟鼓楼，从中轴线俯瞰京城[23]，必然可以获得更佳的旅游体验。上述事例表明，将天气同旅游景点进行结合，既可以将不利天气转化为稀有风景，也可以更好的展示景区特色，大幅提升游览效果。因此，人文风光景区的气象服务需求更为专业化：首先需了解各景区在诗词书画中的“罕见风景”，其次对各“罕见风景”所需的天气现象进行精细化预报，最终给出可能出现的“稀有风景观赏预报”。

由上述分析可知，以提升游览效果为目的，人文风光景区对气象服务主要存在两项需求：首先需提供高温、高湿或沙尘天气来临前的预报及临近预警，确保文物古迹不受天气损坏；其次则需结合景区相关背景，在有可能发生特殊天气时，为各景区提供独有的“稀有风景观赏预报”。

1.3 经典景区的共通气象服务需求

游客是旅游业的最终服务对象，提升游客的旅游体验是旅游气象服务的最终目的[24]。北京三面环山，山区和平原、室内和户外的气象条件差异显著，人体感觉亦有不同。基于上述考虑，气象服务需综合考虑景区所处环境，对景区及周边人体舒适程度进行预报，提供每天至少一次的景区及周边旅游适宜度的预报。这是提升游客体验的共同需求。

自然灾害对旅游业会造成严重影响已是不争的事实[25]。气象灾害作为发生最频繁的自然灾害，不仅自身具有较高危害性，还可引发各类次生灾害，对人群密集的旅游景区威胁更大。同时，即便是游人较少的地区或时段，雷击等灾害同样可以引起火灾[26]、损毁建筑[27]，造成损失。因此经典景区的气象服务应重点关注雷电、冰雹等灾害性天气，提供预警信息时做到及时、准确、全覆盖，为疏散游客、保护古迹做好切实保障工作。

综上所述，北京经典景区的气象需求为并列交错形式(图 1)，自然、人文景区在提升游览效果上对气象服务有独特的需求，主要表现在自然景区重点关注植物的观赏期，由此衍生出同观赏期预测相关的各类专业预报；而人文景区则要求气象服务人员具有一定的文史知识，对可能由天气现象带来的"稀有风景"进行提前预报。同时，上述两类景区在提升游客体验度及减少气象灾害方面具有相同的气象服务需求。

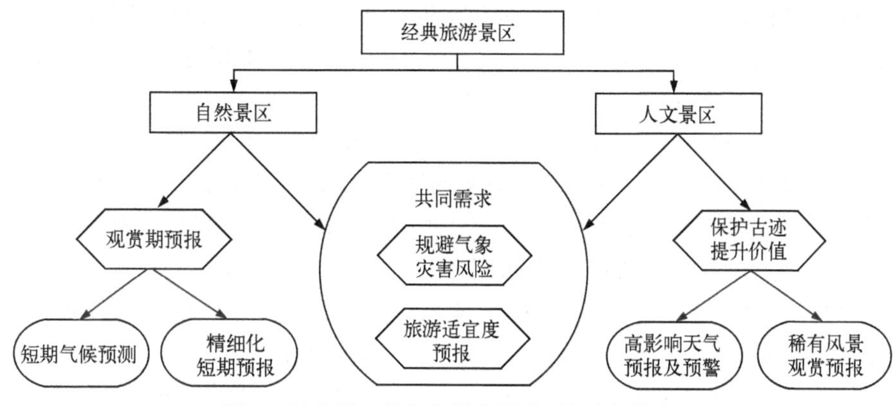

图 1 经典景区的气象服务需求(并列交错式)

2 特色专题类旅游气象服务的需求

随着经济的发展，资源的整合，专题类旅游逐渐崭露头角，成为北京旅游业的重点板块，其中尤以沟域特色游、商务会展游、观光农业游最为火热。本文以上述三类旅游为例，阐述特色专题游的气象服务需求。

2.1 沟域特色游对气象服务的需求

北京三面环山，独特的地理条件造就了特有的沟域经济。经过生态治理、文化发展等一系列开发后，北京山区沟域经济展示出巨大的生命力和美好的发展前景[28,29]。如何为蓬勃发展的"沟域经济"提供特色旅游气象服务，是北京市气象部门应该重点思考的问题之一。

(1)沟域开发的气候可行性评估。学者们经研究得出结论，均衡型的空间结构是沟域经济的理想结构，在实践中更多的代表了山区和谐发展的理念，即沟域经济的发展需要在生态保护的前提下进行[30]。而合适的气候条件则是维持生态平衡的重要条件，故沟域开发的气候可行性评估是关键需求。同时，由于沟域特色游多依托于山区小流域，考虑北京夏季山区易发暴雨的情况，地质灾害的风险评估也是沟域特色游开发必须研究的问题[31]。综上，沟域经济开发对气象服务的需求主要为两方面，一是特定区域的长期气候特征分析与模型重建，考虑人为因素引入后，是否会对原有气候状况带来较大改变，进而影响整体生态平衡；另一个问题则需要结合山区小流域及其周边的水土条件，同时分析历史上该地区暴雨情况，对发生山洪等灾害的概率进行估算评级，降低沟域开发中的自然因素风险，最终实现沟域旅游的可持续发展[32]。

(2)精细化、深入化的气象信息需求。众所周知，沟域内天气状况同城区差异显著，平原降雨沟域降雪等现象十分普遍，而现阶段北京城区居民则是沟域游的主力，在常规天气预报仅能覆盖北京城区及周边区县中心区域的情况下，其信息显然无法满足游客的需要，因此，沟域特色游当下最迫切的气象服务需求之一即是精细化的气象预报产品及深入解读。

夏季，北京沟域地区由于地形、海拔等原因常生成小尺度降雨云团，雨势急，预报难度大[33]。故有必要对各沟域的历史气象资料进行整合分析，给出不同气象条件下，发生局地强降水的概率；同时需密切监视天气实况，对小尺度降雨云团的发展趋势、移向等进行准确判断，及时通知附近沟域相关人员；最后则需结合某一段时期内的降水情况，综合评估沟域及周边发生山洪泥石流的可能性，提供地质灾害的保障工作。

冬季，城区下雨沟域地区下雪的情况时有发生，不同相态降水对路面湿滑程度的影响大相径庭，对气象预报信息的深入解读十分关键。降雪具体位置、降水相态、雨雪转换时间、路面是否会积雪等等问题均需要结合沟域当时的气象条件进行深入解读。

因此，精细化的气象信息、专业深入的解读是当前北京沟域特色游对气象服务的需求主体。

(3)利用气象条件提升景观价值。天气现象同固有景观相结合，便有可能诞生出著名而独有的景观，如雾凇现象给吉林松花江沿岸带来“寒江雪柳，玉树琼花”的美景；江南细雨则留下了“烟花三月下扬州”的千古绝句。因此，在一些特定情况下，气象条件可以提升原有景观的价值。

现有研究指出了现阶段沟域发展中存在的不足，如产业同结构、同行业竞争严重；特色不强等[34]，提升北京沟域内的景观价值是提升其整体竞争力的较好手段。依据北京山区的气象条件和当前沟域游已有的特色项目，可尝试从以下方面提升景观价值：冬季过饱和水汽在树枝等物体上可凝华形成雾凇，北京山区气温远低于平原，人为打造“北京雾凇景观”具有先天的便利条件；延庆“四季花海”已是京郊著名景观，若利用降雪和已有的“花海”打造“踏雪寻梅”，亦可大幅提升游览意境。

2.2 商务会展游对气象服务的需求

作为新兴市场，商务会展游不是传统意义上的旅游活动，而是以会展为目标、以商务活动为核心的一种高级而复杂的专项旅游[35,36]。北京市旅游发展委员会在2012年9月举办的北京市旅游产业发展大会上提出“北京构建中国特色世界城市 打造世界一流旅游城市”的战略目标，将北京打造成中国入境旅游者首选目的地、亚洲商务会展旅游之都和国际一流旅游城市。可以看出，北京建设“亚洲商务会展旅游之都”是北京建设世界城市的至关重要的组成部分。

因此，商务会展游其不同于一般旅游的特点使其对气象服务具有特殊要求。

(1)会展前对气象服务的需求。商务会展举办之前，会展的主办者是气象服务的主要需求者[37]。由于大型活动对气象条件极为敏感，灾害性天气会对活动带来严重影响，甚至使活动取消。即便是室内活动，恶劣的天气仍会带来交通拥堵或瘫痪等一系列问题，使活动效果大打折扣。因此，规避灾害性天气带来的风险是商务会展游在会前的首要气象服务需求。气象服务工作者应在活动前1个月左右提供短期气候预测，若灾害性天气的发生概率较大，则建议主办方更改时间；活动前2周左右提供中长期天气预报，进一步细确定发生灾害性天气(如台风、长时间雨雪天气等)的可能性，为组织者提供具有决策参考价值的气象信息。

(2)会展中对气象服务的需求。商务会展举办期间，气象服务的需求主体由主办者变为与会者。学者评价了会展游服务质量，认为会务服务、交通服务等是决定会展游质量的关键因子[38]。商务会展旅游通常具有专业性强、客户消费高等特点[39]，对气象产品要求更精细，故需对常规气象信息进行拆解分析，提供专业化的气象服务提示。另一方面，北京旅游业的发展目标是“打造世界一流旅游城市”，而建设“亚洲商务会展旅游之都”是北京建设世界城市的至关重要的组成部分，国际性商务会展的所占比例将会越来越高。因此气象产品双语化是商务会展举办期间对气象服务的另一需求。最后，必须了解主要与会者的生活背景及风俗习惯，参考其居住地的常用气象产品，对气象信息进行优化，增加与会者的归属感。

(3)会展后对气象服务的需求。商务会展往往连带某些旅游活动，除会展间进行的考察外，不少与会者也会在活动结束后安排个人旅游活动[40]，因此，提供北京及周边主要景点的气象服务产品是会展后的主要气象服务需求。由于北京及周边景点众多，较难做到面面俱到，同主办方进行沟通，从而确定游览意愿最多的几个景点并进行重点服务是较好的手段。因此，有必要在会展结束前提供三天至一周的周边景点气象服务，并结合当天天气条件给出出游建议。在会展结束后，向主办方提供周边主要景点未来 1～3 d 的主要天气信息。

2.3 观光农业游对气象服务的需求

观光农业游是城市社会经济发展到一定阶段、居民收入和消费水平提高到一定程度的必然产物[41]，在中国经济快速发展，居民收入和生活水平显著提高的背景下，北京市观光农业游蓬勃发展，成为北京市政府发展郊区的重点项目。

依据学者们对观光农业的定义，认为观光农业的基础是农业，其重点则是强调游人的参与和体验[42]，因此，观光农业具有两大主体——承办者及游客，二者关注内容的差异决定了对气象服务具有不同需求。

(1)承办者对气象服务的需求。采摘项目是观光农业游的核心项目，降低自然灾害造成的作物损失、掌握摘作物的成熟时间等问题是承办者最为关心的内容[43]。减少自然灾害损失要求气象服务可以提供冬季低温、倒春寒、收货季节的冰雹大风等精细化预报产品，因此，中长期气候预测及 1～3 d 灾害性天气预报较为关键；而掌握作物成熟时间则要求提升一周左右天气预报的准确度，以此确定气温、日照等因子带来的影响。因此，承办者对气象服务的需求主要包括中长期气候预测、一周天气预报、1～3 d 灾害性天气预报。

(2)游客对气象服务的需求。与承办者不同，游客更关注旅游的参与感和体验感，因此，出行及健康产品则是游客的气象服务需求。研究表明，北京地区观光农业游的游客主要为北京城区居民[44]，结合观光农业游通常持续时间较短的特点，双休日和长假便是游客的主要游览时间[45]。因此，双休日、长假特定地区的精细化天气预报产品是游客的首要需求。同时，预报信息的分解及深入分析也很重要：交通、穿衣、感冒等同旅游息息相关的指数同样是游客的重要需求。必须指出，采摘活动极易增加腹泻病的患病率，常规的医疗气象服务产品不能满足专题游的需求，故有必要针对各农业游专题，改进不同的医疗气象服务产品。

2.4 特色专题游气象服务总结

通过对北京三种特色专题游的分析可以看出，专题类旅游对气象服务既有通用需求，也因各自特色不同而有特色需求。总体而言，专题游具有如下共通点：一、旅游时间集中、游人密集；二、游客群体相对固定，旅游需求较为统一；三、组成专题游的各类子项目之间易出现盲区。故专题游对气象服务的需求可分解为以下三类：

首先，保障参与者的生命安全是专题游活动对气象服务的最主要需求。研究表明，气象要素在旅游风险评估中占有极高权重，而气候变化的差异性则被风险评估专家认为是最主要的非人为影响因子，仅次于意外事件发生时获得的协助程度[46]。据此，对专题旅游活动的气象服务，应首先规避灾害性天气带来的风险，而这也是所有特色专题游的首要需求。

另一方面，灾害性天气可能进一步诱发危害更大的次生灾害，如大风引起高空坠物，暴雨诱发泥石流等。夏季是旅游旺季，而北京夏季暴雨具有山区易发、雨强强的特点，更易引发山洪泥石流，“7·21”暴雨引发的山洪泥石流使得房山区为受灾最严重的地区，并直接夺取多人的宝贵生命。依据《北京市“十二五”时期旅游业发展规划》，北京市专题旅游活动多集中在远郊，西部、北部旅游板块多依托于山区风景区，故北京市远郊地区旅游活动应在规避灾害性天气的基础上，进一步减少次生灾害的威胁。

据此，在应急减灾方面专题旅游活动的通用气象服务主要包含3项内容：一、活动前期1个月的短期气候预测，提供发生灾害性天气的概率，若发生概率较大，则建议主办方更改时间；二、在活动举办期内提供1～3 d天气预报，提升灾害性天气的预报准确率；三、提供精确的短时临近预报，提前1～2 h通知短时局地暴雨等次网格灾害性天气的发生时间、范围、强度，降低突发天气事件造成的影响。

其次，结合活动特点提供特色气象服务是专题游进一步发展的主要需求。

“增强北京旅游的国际吸引力和核心竞争力”是北京旅游今后的发展目标，外籍游客的需求也是今后气象服务的重点方向，因此双语天气信息必不可少。而由于部分气象服务产品为国内独有，故有必要进行翻译，转化为外籍游客可理解的服务提示。

同时，对现有气象产品进行改进优化也是专题游独有的气象服务需求，如采摘、冰雪等活动会增加了腹泻、感冒等常见疾病的发病率，在常规医疗气象服务产品不能满足专题游需求的前提下，必须面向各专题旅游活动，针对性发布相关医疗气象信息。

最后，由于专题游的游客群体相对固定，旅游偏好较为统一，提供指导性游览建议则是气象服务的拓展方向。如会展游举办期间及举办后，气象服务应结合天气条件，提供附近最适宜游览景点推荐；冰雪节可以结合天气预报对室内、户外活动进行合理提示等。其目的是最终实现合理调配资源，提升游客的旅游体验。

综上所述，专题旅游活动的气象服务需求是渐进式的多元结构，规避灾害性天气及次生灾害是首要需求，从短期气候预测到短临精细化预报均有较高的灾害性天气预报需求；其次则需要根据各专题游的主体，提供特色服务，包括对现有气象产品进行改进优化，发布针对性产品，合理化推荐子项目等；最后则需结合专题游的游客群体特征，提供指导性游览建议（图2）。

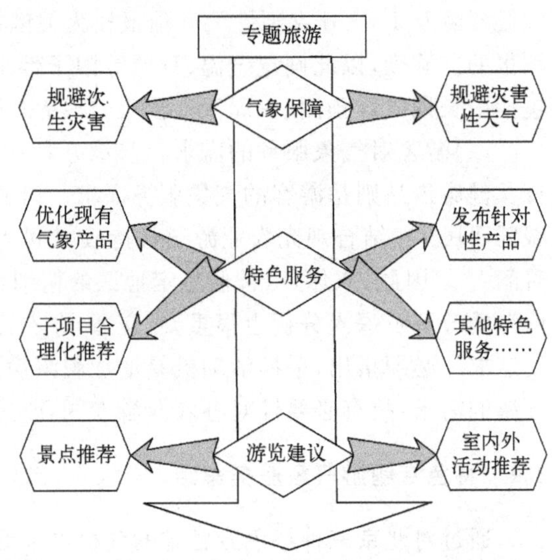

图2　专题类旅游的气象服务需求（渐进多元式）

3 结论

通过上述分析，本文得到以下结论：

(1)对经典旅游景区而言，气象服务需求为并列交错形式，自然、人文景区在提升游览效果上对气象服务有独特的需求，主要表现在自然景区重点关注植物的观赏期，以此衍生出与观赏期预测相关的各类专业预报；而人文景区则要求气象服务人员具有一定的文史知识，对可能由天气现象带来的“稀有风景”进行提前预报。同时，上述两类景区在提升游客体验度及减少气象灾害方面具有相同的气象服务需求。

(2)专题旅游活动的气象服务需求是渐进式的多元结构，规避灾害性天气及次生灾害是首要需求，从短期气候预测到短临精细化预报均有较高的灾害性天气预报需求；其次则需要根据各专题游的主体，提供特色服务，包括对现有气象产品进行改进优化，发布针对性产品，合理化推荐子项目等；最后则需结合专题游的游客群体特征，提供指导性游览建议。

参考文献

[1] 孙根年，周瑞娜，马丽君，等. 2008年五大事件对中国入境旅游的影响——基于本底趋势线模型高分辨率的分析[J]. 地理科学，2011(12)：1437-1446.

[2] 杜傲，刘家明，石惠春. 1995—2011年北京市旅游业与城市发展协调度分析[J]. 地理科学进展，2014(02)：194-201.

[3] 方荣辉. 黄河三角洲旅游商品与旅游物流融合发展探讨[J]. 价格月刊，2014(01)：49-52.

[4] 刘宏兵. 国际旅游岛背景下海南经济型酒店业研究[J]. 企业经济，2012(10)：162-164.

[5] 卢松，杨兴柱，唐文跃. 城市居民对大型主题公园旅游影响的感知与态度——以芜湖市方特欢乐世界为例[J]. 旅游学刊，2011(08)：45-52.

[6] 吴开军. 会展业和旅游业合作动因——基于战略联盟视角的分析[J]. 旅游学刊，2011(04)：73-81.

[7] 王琪延，徐玲. 基于产业关联视角的北京旅游业与农业融合研究[J]. 旅游学刊，2013(08)：102-110.

[8] 保继刚，尹寿兵，梁增贤，等. 中国旅游地理学研究进展与展望[J]. 地理科学进展，2011(12)：1506-1512.

[9] 吴普，席建超，葛全胜. 中国旅游气候学研究综述[J]. 地理科学进展，2010(02)：131-137.

[10] 雷平. 基于多变量序列分量方差分析模型的国内旅游需求影响因素研究[J]. 软科学，2008，**08**：14-17.

[11] 王金莲，胡善风，刘安平，等. 黄山风景区旅游气象灾害防御系统探析——以雷电监测预警系统为例[J]. 地理科学，2014(01)：60-66.

[12] 尤焕苓，尹志聪，高云昆，等. 北京市旅游气象服务需求分析[A]. 中国气象学会. 第28届中国气象学会年会——S7城市气象精细预报与服务[C]. 中国气象学会，2011，12.

[13] Chung U, Jung J E, Seo H C, et al. Using urban effect corrected temperature data and a tree phenology model to project geographical shift of cherry flowering date in South Korea[J]. *Climatic Change*, 2009, **93**(3): 447-463.

[14] Ohashi Y, Kawakami H, Shigeta Y, et al. The phenology of cherry blossom (Prunus yedoensis Somei yoshino) and the geographic features contributing to its flowering[J]. *International Journal of Biometeorology*, 2011, 1-12.

[15] Sherry R A, Zhou X, Gu S, et al. Changes in duration of reproductive phases and lagged phenological response to experimental climate warming[J]. *Plant Ecology & Diversity*, 2011, **4**(1): 23-35.

[16] Sakurai R, Jacobson S K, Kobori H, et al. Culture and climate change: Japanese cherry blossom festivals and

stakeholders' knowledge and attitudes about global climate change[J]. *Biological Conservation*, 2011, **144**(1): 654-658.

[17] Sonsteby A & Heide O M. Effects of photoperiod and temperature on growth and flowering in the annual (primocane) fruiting raspberry (Rubus idaeus L.) cultivar 'Polka'[J]. *Journal of horticultural science & biotechnology*, 2009, **84**(4): 439-446.

[18] Iannucci A, Terribile M R, Martiniello P. Effects of temperature and photoperiod on flowering time of forage legumes in a Mediterranean environment[J]. *Field Crops Research*, 2008, **106**(2): 156-162.

[19] Miller-Rushing A J, Katsuki T, Primack R B, et al. Impact of global warming on a group of related species and their hybrids: cherry tree (Rosaceae) flowering at Mt. Takao, Japan[J]. *American Journal of Botany*, 2007, **94**(9): 1470-1478.

[20] Mimet A, Pellissier V, Quénol H, et al. Urbanisation induces early flowering: evidence from Platanus acerifolia and Prunus cerasus[J]. *International Journal of Biometeorology*, 2009, **53**(3): 287-298.

[21] 牛清河，屈建军，李孝泽，等.雅丹地貌研究评述与展望[J]. 地球科学进展，2011，(05)：516-527.

[22] 刘桂荣.中国古代雪景画的生命意蕴[J]. 中国文化研究，2012(04)：164-171.

[23] 汪芳，吴茜，郁秀峰.北京城市南北轴线与东西轴线的认知比对[J]. 城市问题，2014(04)：37-44.

[24] 刘彤.气象对旅游业的影响研究[D]. 东北财经大学博士论文，2011.

[25] 吴家灿，李蔚.严重自然灾害后灾害景区对非灾害景区波及效应研究——以汶川大地震后四川境内的景区为例[J]. 旅游学刊，2013(03)：12-20.

[26] 高永刚，顾红，张广英.大兴安岭森林雷击火综合指标研究[J]. 中国农学通报，2010(06)：87-92.

[27] 张华明，杨世刚，张义军，等.古建筑物雷击灾害特征[J]. 气象科技，2013(04)：758-763.

[28] 刘春腊，张义丰，徐美，等.沟域经济的地域类型识别研究——以北京市门头沟区为例[J]. 地理科学，2012(01)：39-46.

[29] 史亚军，唐衡，黄映晖，等.基于山区产业发展的北京沟域经济模式研究[J]. 中国农学通报，2009(18)：500-503.

[30] 张义丰，贾大猛，谭杰，等.北京山区沟域经济发展的空间组织模式[J]. 地理学报，2009(10)：1231-1242.

[31] 赵越，冉淑红.北京门头沟区涧沟泥石流危险性调查评价[J]. 中国地质灾害与防治学报，2014(02)：37-42.

[32] 唐承财，钟林生，成升魁.旅游地可持续发展研究综述[J]. 地理科学进展，2013(06)：984-992.

[33] 张文龙，崔晓鹏，王迎春，等.对流层低层偏东风对北京局地暴雨的作用[J]. 大气科学，2013(04)：829-840.

[34] 陈俊红.北京沟域经济发展研究[D].中国农业科学院博士论文，2011.

[35] 李旭，马耀峰.国外会展旅游研究综述[J]. 旅游学刊，2008(03)：85-89.

[36] 赵海燕，何忠伟.北京会展农业发展模式与产业特征分析[J]. 国际商务(对外经济贸易大学学报)，2013(04)：93-102.

[37] 卞显红.会展旅游参与者决策过程及其影响因素研究[J]. 旅游学刊，2002(04)：59-62.

[38] 王茜.会展旅游服务质量评价研究[D].大连理工大学硕士论文，2010.

[39] 于倩.论城市会展旅游发展一般模式[D].山东大学硕士论文，2008.

[40] 刘民坤.会展活动对主办城市的社会影响研究[D].暨南大学博士论文，2009.

[41] 刘萍.从欧美农业旅游集群看中国的观光农业——以美国、意大利、波兰为例[J]. 生态经济，2014(04)：138-142.

[42] 邱莉.北京市休闲观光农业发展研究[D].中国农业科学院硕士论文，2012.

[43] 杜姗姗，蔡建明，陈奕捷.北京市观光农业园发展类型的探讨[J]. 中国农业大学学报，2012，**01**：167-175.

[44] 罗文.北京市昌平区观光农业发展对策研究[D].中国农业科学院硕士论文，2007.

[45] 马世罕，戴林琳，吴必虎.北京郊区乡村旅游季节性特征及其影响因素[J]. 地理科学进展，2012(06)：817-824.

[46] 席建超，刘浩龙，齐晓波，等.旅游地安全风险评估模式研究——以国内10条重点探险旅游线路为例[J]. 山地学报，2007(03)：370-375.

省级公共气象服务多元参与机制构建研究

范永玲[1] 李韬光[2] 赵国庆[2] 张 军[1] 张喜娃[1]
裴克莉[1] 高 欣[1] 郭兴苗[1] 赵红妮[2]

(1. 山西省气象服务中心,太原 030002;2. 山西省气象局,太原 030002)

摘 要:省级公共气象服务是政府公共服务的重要组成部分,属于基础性公共服务范畴,是建设服务型政府的重要内容,同时也是整个气象工作的核心和出发点,是为提高防灾减灾能力,保护人民生命财产安全,为人民谋福利的重要措施,是公益性气象服务的重要体现。省级公共气象服务多元参与机制构建是一项具有探索性的工作,通过高端切入战略、创新发展战略、错位发展战略、联合发展战略,大胆创新、积极探索省级公共气象服务多元参与机制构建新模式。同时提出了构建省级公共气象服务多元参与机制相关问题的思考,只有建立符合多元原则的多中心供给机制,实现社会资源的多元化整合,才能更好的实现公共气象产品的有效供给。本文依据公共气象服务的不同层次和属性,提出构建政府、部门、社会、公众等主体多元参与机制省级公共气象服务一些新思路、新模式,供省级同行借鉴。

关键词:公共气象服务;多元;研究

1 研究背景

1.1 研究目的和意义

为了满足社会对公共气象服务达到空前高涨的新需求,构建省级公共气象服务多元参与机制,必须建立完善的公共气象社会化服务体系。要坚持主体多元化、服务社会化的方向,充分发挥公共气象服务引领作用,大力激活公共气象服务三方面主体活力,构建政府、社会、公众三大主体的新型公共气象社会化服务体系。

1.2 研究公共气象服务多元参与机制的理论基础

1.2.1 新公共管理理论

新公共管理理论方法的核心理念在于采用私部门管理的经验技术、方法和理论对公共部门进行全方位的改革与改造。因此,这场改革被称为新公共管理运动。

1.2.2 公共治理理论

在公共行政领域中,治理体现为公共治理。公共治理是指政府及其他组织组成自组织网络,共同参与公共事务管理,谋求公共利益的最大化,并共同承担责任的治理形式。

1.2.3 公共选择理论

公共选择理论的主要研究对象就是通过政治过程和集体行动来决定社会资源在不同的公共物品间的分配。

2　战略思考

2.1　省级公共气象服务战略地位

公共气象服务是指气象部门使用各种公共资源或公共权力，向政府决策部门、社会公众、生产部门提供气象信息和技术，并让用户了解和掌握一定气象科学知识，将气象服务信息和技术应用于自身的决策、管理和生产生活实践的过程。

2.1.1　省级公共气象服务是政府公共服务的重要组成部分

公共气象服务是政府公共服务的重要组成部分，属于基础性公共服务范畴，是建设服务型政府的重要内容。从服务对象上讲，公共气象服务包括决策气象服务、公众气象服务、专业气象服务和专项气象服务。但在新的形势和需要下，气象服务向气象防灾减灾和应对气候变化延伸是经济社会发展的必然要求。

2.1.2　省级公共气象服务是一项基础性公益事业

公共气象服务是整个气象工作的核心和出发点。公众气象服务是通过各种媒体为社会公众提供的气象服务。其对象是社会，是广大的老百姓。公众气象服务是为提高防灾减灾能力，保护人民生命财产安全，为人民谋福利的重要措施，是公益性气象服务的重要体现。

2.1.3　气象灾害防御是国家应急管理的重要内容

在现代社会中，应急管理是指政府及其他公共机构在突发事件的事前预防、事发应对、事中处置和善后管理过程中，通过建立必要的应对机制，采取一系列必要措施，保障公众生命财产安全，促进社会和谐健康发展的有关活动。它是基于重特大事故灾害所引发的危险提出的。

面对气象灾害频发易发的趋势，气象灾害监测预警、防御和应急救援能力与经济社会发展和人民生命财产安全需求不相适应的矛盾日益突出，气象灾害防御的形势更加严峻，加强气象应急管理就显得尤为重要。

2.2　省级公共气象服务多元参与机制实施战略

省级公共气象服务多元参与机制构建是一项具有探索性的工作，在认真落实十八大精神的同时，围绕当地防灾减灾和应对气候变化的主题，坚持“以人为本、无微不至、无处不在”的服务理念，将“基层探索”和“顶层设计”相结合，本着“规定性动作不走样，自选动作有创新”和“边探索、边设计、边发挥作用”的原则，大胆创新、积极探索省级公共气象服务多元参与机制的构建新模式。

2.2.1　高端切入战略

省级公共气象服务多元参与机制的构建不能小步渐进，必须创新发展思路，从高端切入，高起点规划发展布局，这个标准能够确定气象服务的方向始终与中国现代气象服务的总体发展目标保持一致。

（一）高起点凝练气象服务的定位方向，加强总体设计。

(二)加强省级公共气象服务多元参与机制的科学顶层设计。

(三)超常规汇聚专业服务队伍,创建人才健康成长的工作氛围,优化人才培养方案,创建科学合理的培训体系。

2.2.2 创新发展战略

跨越式发展不能沿袭传统的工作思路,必须根据中国气象局和本省气象局的要求,从公共服务发展需求中自主创新,实行现实需要的引进、因地制宜的成果转化、推广应用的综合集成。高标准落实省级公共气象服务多元参与机制构建的各项任务。

(一)反对因循守旧,创新发展思路。

(二)加强制度创新,构建现代省级公共气象服务多元参与机制。

(三)依靠科技进步开展气象服务实用技术的研发,变潜在优势为现实优势策略,把气象成果转化为生产力。

2.2.3 错位发展战略

气象服务体系建设必须注重避短扬长,进行错位选择,展开错位竞争,实现错位发展。

(一)利用行业优势,通过多部门联合,打造防灾减灾体系。

(二)发挥部门"独家"优势,组建"自主"服务体系,开辟有效服务窗口。建立气象灾害评估窗口,争取气象资料使用鉴定权、气象资源管理权、气象环境评价审批权;建立各类专业气象服务台,与保险、建筑、电力、农业等部门联办,请他们出任担任专业台长,出资维持专业台运行,气象部门通过新闻等渠道开展专业服务;建立自主气象服务窗口。

2.2.4 联合发展战略

跨越式发展必须敞开胸怀,大气魄、大手笔拓展气象服务社会关系,必须加强与各种利益相关者的合作,大力推行合作服务,建立开放式服务体系,为跨越式发展和创新发展提供外部资源保障。

(一)积极推进省级公共气象服务多元参与机制的构建,建设服务资源共享平台,寻找合作各方的利益结合点,通过高端嫁接实现服务高水平发展。

(二)加大气象服务外向管理力度,优化外部环境,变部门优势为社会优势,实现高效益。

3 构建设想

3.1 构建省级公共气象服务多元参与机制路径设计

3.1.1 总体思路

在改善公共气象服务供给的策略选择上,按照公共气象服务供给主体多元理念的指导,发挥政府、市场、社会组织等多种力量,实现共同供给。不同的供给主体合理分工、优劣互补,并在一定的条件下可以相互替代。构建公共气象服务多元供给的制度模式,各种制度安排都有其有效的限度和空间,现实中不存在一种唯一的、最优的公共服务供给的制度安排。建立符合多元原则的多中心供给机制,实现社会资源的多元化整合,才能更好地实现公共气象服务的有效供给。

3.1.2　指导原则

（一）以人为本的原则

以人为本立足政府是提供公共气象服务的思想基石。公共气象服务供给的以人为本原则，不仅包含公共气象服务供给要满足人的需求的含义，还应包含个人、社会组织参与到公共气象服务供给成为公共气象服务供给的主体。

（二）公共气象服务供给多元参与机制的原则

公共气象服务多元参与机制是指在气象部门的主导下，由社会组织、民营企业和个人等多个主体共同参与到公共气象服务的生产和供给中来的制度安排。

3.1.3　基本力量

省级公共气象服务供给的现状，一方面政府负担过重，另一方面，私营部门、社会组织尚未形成，相当一部分公共气象服务仍是垄断供给。因此，扩大公共服务领域的市场化范围，培养和发展社会组织是实现公共服务供给主体多元发展的关键环节。

（一）转变政府职能，明确气象部门在公共气象服务供给主体多元发展中的作用。

（二）积极发展社会组织，充分发挥其在公共气象服务供给中的重要作用。

（三）促进私人部门投资，实现公共气象服务投资经营主体的多元化。

3.1.4　发展方式

确保公共气象服务供给主体多元发展需要诸多条件配合，其中最为关键的是根据不同的公共服务项目采用不同的制度安排，对症下药。在公共气象服务中，公共部门、私人部门和社会组织各自拥有对方所不具备的优势，即参与公共气象服务的主体各有其功能上的差异。因而形成各自的比较优势及比较劣势，这意味气象部门在选择公共气象服务的提供方式上应该有所区划，有所侧重。

3.1.5　机制保障

气象部门、市场和社会组织在公共气象服务供给主体多元发展中，只有按照内在机制进行公共气象服务的供给设计与具体运行，才能真正实现公共气象服务供给的互补、竞争、有序，因此，构建多元主体的运行保障机制，具有非常重要的理论意义和实践价值。

（一）构建公共气象服务供给主体多元发展的优势互补机制。

（二）构建公共气象服务供给主体多元发展的激励约束机制。

（三）构建公共气象服务供给主体多元发展的监督机制。

3.2　构建省级公共气象服务多元参与机制创新思考

3.2.1　省级公共气象服务产品划分新概念

省级气象服务并非完全或纯粹的公共物品，而是表现为纯公共产品、准公共物品，部分气象服务甚至具有私人物品的特质，这一演变趋势内在地要求气象服务供给模式进行相应变革，以实现气象服务的供给平衡。具体地讲，目前，中国气象服务产品由纯公共性气象服务产品、准公共性气象服务产品和私人性气象服务产品共同构成。

3.2.2　气象服务分类管理体制机制

从省级气象部门的气象科技服务项目的主要组织形式来看，在实现形式分离的前提下，维持现有组织机构状况是比较合适的。按照政府非税收入管理、“收支两条线”管理等有关规定和要求，将气象科技服务的收入和支出纳入综合预算统一管理，建立健全气象科技服务收支管理制度，充分发挥气象科技服务在国家防灾减灾和经济社会可持续发展中的重要作用。

3.2.3 新形势下气象服务发展模式和对策建议

（一）公共化模式

气象服务公共化是一项复杂的系统工程。它不是孤立存在的领域，在研究发展过程中，需要有相应的政策环境和体制环境，而这种政策、体制环境又是与国家改革发展的大环境紧密联系的。发展公共气象服务是防御气象灾害、应对气候变化的迫切需要，是建设服务型政府的必然要求。就体制而言，在中国发展公共化的气象服务，主流的发展模式基本上是两种：一种是从长远发展的角度，有公共气象服务的目标体制模式；另一种是就近期可操作性来说，有与国家的事业单位改革进程相适应的公共气象服务过渡体制模式。

（二）商业化模式

商业化就是在产业化、商品化的物质基础上所进行的、以盈利为目的的经营活动。商业化是人类进步和经济发展的一种表现，气象服务进入产业化、商品化和商业化后也不例外。商业化经营的目的就是追求自身的生存和发展，商业利润是其追求的唯一目的。美国、日本、加拿大、欧洲等都是开展商业气象业较早的国家，他们的商业化气象服务目前正呈蓬勃发展和上升趋势。

3.2.4 对策建议

气象服务产业化是对现行气象服务体制和科学技术的重大挑战，是一项十分复杂的任务。只要立足于现实，明确奋斗目标，并扎扎实实在组织、市场、技术、管理等方面做更深入、系统的工作，就能够顺应社会发展大趋势，逐步实现气象服务产业化。

气象服务产业化发展的一个重要特征就是服务主体的多元化和服务客体的多样化。服务的提供者不应当是一个部门或少数政府创办的服务实体，应当还包括其他（包括私人气象公司和国外的气象公司）的提供者，以最大限度地满足对服务的需求。现代气象服务的组织结构主要应当包括国家气象部门、非营利性组织和商业性气象服务企业。商业性气象服务实体应当立足于气象服务市场独立发展。

大力发展气象服务中介。气象服务产业化的一个重要环节就是气象信息价值的发现和服务效益的实现。具体来说，就是如何使社会公众、政府部门、企业和社会团体及时获得急需的有效气象信息和产品，如何使他们理解气象信息与产品，并使他们灵活自如地使用这些信息与产品并从中获得社会和经济效益。发展气象服务中介的目的就是促进气象服务实体和用户之间的沟通，从而促进气象知识和技术流动、扩散和转移。

加快建立相应的管理体系。气象主管机构应当通过相应的法规、制度、规范、标准和技术政策等手段，加强气象服务业务管理和组织管理，要在预报准确率、服务设备设施、服务产品形式、服务用语格式、服务手段、产品时效性以及新技术、新设备的采用等方面制定全面的气象服务技术标准和服务规范，实行服务资格认证与准入机制，从源头上加强气象服务的质量管理，重点加强对各类气象服务机构气象资料来源的监督管理。

着力培育和开拓气象服务市场。尽快建立气象服务市场体系。要充分发挥市场机制作用，健全宏观调控体系。要抓紧研究制定相关的法律法规。要充分发挥市场机制作用，健全市场规则，规范市场行为，加强市场监管，清除分割、封锁市场的行政性壁垒，打破地区封锁、部门垄断，尽快建成开放、竞争、有序的气象服务市场体系。

3.2.5　公共气象服务的政府化与市场化

中国对公共气象服务的要求是以最有效的方式在第一时间向社会提供有价值的气象信息，协助政府、指导公众做出的决定。对公共气象服务的需求结构也呈二元化发展，一是来自于政府决策、公众生活和政府专业工作的公共需求不断扩展和深化；二是来自于社会生产、再生产和个体生产、生活的个性化需求激增。所以中国目前公共气象服务的机制应是政府化与市场化两种模式长期共存。

坚持公共气象服务的政府化。党的十八大提出“加强防灾减灾体系建设，提高气象、地质、地震灾害防御能力，推进生态文明建设”。这充分表明党中央对气象防灾减灾工作的高度重视，充分体现气象事业在中国经济社会发展全局中的重要地位和光荣使命，党和国家要求公共气象服务应在经济社会发展中发挥更强的现实性作用；在公共安全方面发挥更重要的基础性作用；在可持续发展中发挥更深远的前瞻性作用。中国特色社会主义公共气象服务的基本目标是追求社会公共利益的最大化，具体来说，就是公共气象服务的消费者效用最大化，因此，应当优先满足人们对社会公共利益最普遍、最基本的需求，这是公共气象服务领域的占主导地位的价值导向。

公共气象服务的均等化应是让所有公民在基本气象资料、气象灾害预警信息、气象灾害预防、天气预报、气候预测、气象灾害风险评估、生产生活中与气象有关的建议等方面都享受到水平基本相当的服务，并要积极推进公共气象服务均等化。

积极应对省级公共气象服务的市场化。我们如何应对在中国市场经济发展的初期，最能适应市场规律的经济主体是非公有制经济成分。但在气象服务领域，尚缺乏这种经济成分的介入与竞争，所以我们在改革公共气象服务体制时的一般做法是，先对所属行政管理的公共气象服务主体下达经营目标和成本收入利润考核指标，经过一番包装，成为有行业垄断性身份的公司，接下来可能组成控股公司，通过股权控制经营权，独霸市场。

在公共气象服务市场化体系形成过程中，气象局必须实现角色与功能转换，从以往所有者、管理者和供给者三位一体的混合角色，转为公共服务消费者和供给者利益冲突的调解者和仲裁者、公共服务供给的监督者和管理者，把主要精力集中在营造环境、制定规则、调整利益、监管裁判方面，这样才能保证公共气象服务领域社会公共利益最大化的价值导向，有效约束与合理满足供给者的经济利益动机。

公共气象服务市场化的核心问题主要有两个：一个是原来公共气象服务的提供者——气象部门开放服务领域让市场力量参与公平竞争。另一个问题是如何保障进入公共服务领域的提供者获得应有收益（关系到市场力量对公共服务领域的投资热情、信心和可持续发展能力）。二者共同决定公共服务产品的质量和效率。

我们具体从事市场化服务的气象机构要从改变服务理念、提高服务意识、创新服务方式和填补服务缝隙四个方面入手，尽快提高自己的市场竞争能力。

SmartKit 广东本地化应用技巧

罗曼宁

(广东省气象服务中心,广州 510080)

摘 要:SmartKit 全称为智慧气象服务产品生成系统,是一款能快速生成可用于网站、手机、电视等终端发布的图形图像类气象服务产品加工制作系统。该系统在广东本地化过程中经历了多次调试和版本升级,解决了数据难匹配、后台自动化设置、入库、运行速度慢等问题;设计合适的色标,改善了图形美观性,部分要素图形产品已成功在业务工作中应用。完整本地化后的 SmartKit 系统将引领广东气象服务产品向更多元化、人性化方向发展。但目前系统本地化还不完整,数据获取方式、质量控制、插值算法等部分还要进一步改善。

关键词:气象服务;SmartKit;自动;图形产品;广东本地化

引言

随着人民生活水平的不断提高,公众对气象服务的需求也不断增加。如何做好公共气象服务,满足公众的需求,成为气象部门最为关注的问题之一。[1]因此,如何提高气象服务就成为了气象事业发展的一项重大任务。[2]气象服务少不了制作气象服务产品,总体上中国气象服务产品仍存在产品针对性、多样性不能满足日益增长的需求;制作时间耗费太长不利于业务发展等问题。[3]尽管新一代的气象服务系统在这些方面有所改进,例如在四川、宁夏得到较广泛使用的 MESIS 系统[4,5];青海气象对 MSPGS 系统开发和应用也有相当的心得[6]。但它们侧重的是气象服务中的决策服务,针对公众服务的气象产品是有缺口的。

SmartKit 系统具备丰富的气象服务产品类型和便捷的人机交互图形加工制作功能,针对各类灾害性天气的实况、预报信息,自定义配置加工制作各级各类气象服务产品;不仅满足决策气象服务、专业气象服务的应用需求,还可快速生成用于网站、手机、电视等终端发布的图形图像类公众气象服务产品。同时,该系统可对生成的气象服务产品进行综合管理,自动化实现日常作业,联动并上传至各级公共气象服务产品库,满足更多领域的气象服务产品需求。

由于前期系统研发和测试是在北京,系统的数据匹配、算法处理、天气图个性化展示等设计方案不完全适用于其他省份。因此,SmartKit 的广东本地化经历了多次调试和版本升级,其中涉及地域天气差异、预报业务数据载体差异,测试人员既需要气象专业素质也要兼备计算机知识等问题。本文除了介绍 SmartKit 系统功能,更多的篇幅用于总结前一阶段 SmartKit 系统广东本地化过程中遇到的突出问题和解决方法,并指出下一阶段本地化的主要任务。

1 系统功能

SmartKit 基于气象服务人员的业务需求,系统功能涵盖了数据源配置、产品制作、产品管理、产品发布等整套流程设计,旨在满足一线业务人员便利的交互操作,提高效率。

1.1　系统界面设计(图 1)

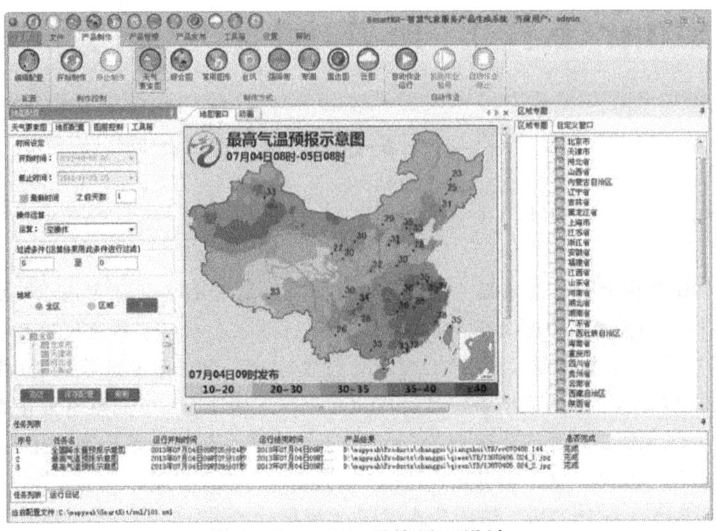

图 1　SmartKit 系统界面设计

1.2　数据源配置设计

气象 Micaps 数据的解析，融入高性能算法；支持以数据库方式存储数据；支持气象精细化预报数据格式的解析；加载中国省/市/县地理空间数据，配色方案多元化。

1.3　常规及专题产品制作

自定义配置标题、色标及 logo 等图形要素；支持常规/灾害天气要素图、专题产品等的制作；图形展示样式，包括综合图/柱状图/折线图/GIF 动图等。

1.4　图库及配置管理

图库管理，包括图标库、地图库、图文对象库；自定义配置自动化业务/产品归集/历史产品查询参数。

1.5　产品一键发布

产品发布路径支持本地/公共服务产品库/FTP 服务器等；适合配于手机、电脑、电视等不同媒体终端显示。

2　本地化

2.1　业务部署简便

软件部署简单，可移植性强，开放性良好，完美适配各种平台环境，全面支撑业务运行，便于推广应用。

SmartKit是一个基于ArcGIS Engine组件包，可将数据转化为图形符号的终端显示和图片二次加工系统，所以要先在PC上安装ArcGIS Engine。ArcGIS Engine是一套完备的嵌入式GIS组件库和工具库，使用ArcGIS Engine开发的GIS应用程序可以脱离ArcGIS Desktop而运行。[7]对开发人员而言，ArcGIS Engine不仅是一个终端应用，它更是一个用于开发新应用程序的二次开发功能组件包工具。ArcGIS Engine的成本配置不高，每台电脑只需要一个ArcGIS Engine Runtime或者ArcGIS桌面许可使用(license)。接着就可以安装SmartKit. exe和Autoworker. exe，前者负责制图任务定制和管理，后者负责任务的自动按时执行。如SmatKit有升级包，则在安装目录下打开升级包；如有新版本则在PC上先完整删除旧版本，再安装新版软件即可。

2.2 数据匹配

SmartKit兼容多种数据，可解析1、3、7、8、14类的Micaps数据；支持Oracle/MySQL/Access等数据库方式存储。

预报数据匹配：目前广东省使用的精细化预报数据分两种：第一种，与国家精细化要求一致，基于气象站建立每三小时更新一次的数据。第二种，由广东自主研发基于网格点建立的，数值预报水平分辨率达到3 km，预报时间精细到逐小时滚动的数据。[8]这两种精细化预报产品从数据构成、数据格式等方面都有别于Micaps类型数据。

因此，想通过SmartKit读取广东精细化预报产品数据来做各要素预报图形产品有困难。经过研究，解决方法是通过http链接中国气象局Micaps预报产品，但精细程度有待改进。

实况数据匹配：广东省有遥测站八十几个，自动站接近两千个，考虑到气温在空间上不太容易出现极端值，为减少数据读取时间，则选用遥测站数据进行绘图。

把使用遥测站和自动站数据绘出的降水实况图进行比对，发现某些降水过程两者相差甚大，原因是遥测站空间密度远小于自动站空间密度，有些没有遥测站的地方降水无法测得，所以选择使用自动站数据绘制的图更具有真实性。

2.3 制图速度

基于ArcGIS Engine的SmartKit制图平均速度约为1 min/张，从运行日志中发现设置图例、制作渲染图的时间最长，多于总时间的三分之一。与开发人员沟通得出部分原因是SmartKit开发中一些参数没有设置最佳值。

2.4 色标设置

由于SmartKit本地化后的产品初定位为公众气象服务产品，美观舒适性与其准确性同等重要，因此，在颜色搭配上遵循人的本能视觉感来设计，颜色循序渐进，自然过渡。

大致上气温、变温产品色标从冷色调到暖色调(图2)，服务于大众的图像比以往预报员的天气用图明亮度要高，颜色更鲜艳。另外，经多番测试，最终选定国家级区域的图标为5℃一色卡，省级及其以下区域的图标为2℃一色卡。

广东大部属于亚热带季风气候，年降水量充沛，往往汛期的一次过程雨量就比中国西北一年的降雨量要多，而且不同时效的雨量图色标也应具有不同量级的划分。考虑到广东省气象局业务网的色标雨量等级是本地气象工作者多年研究成果，划分的等级具有权威性和其合理

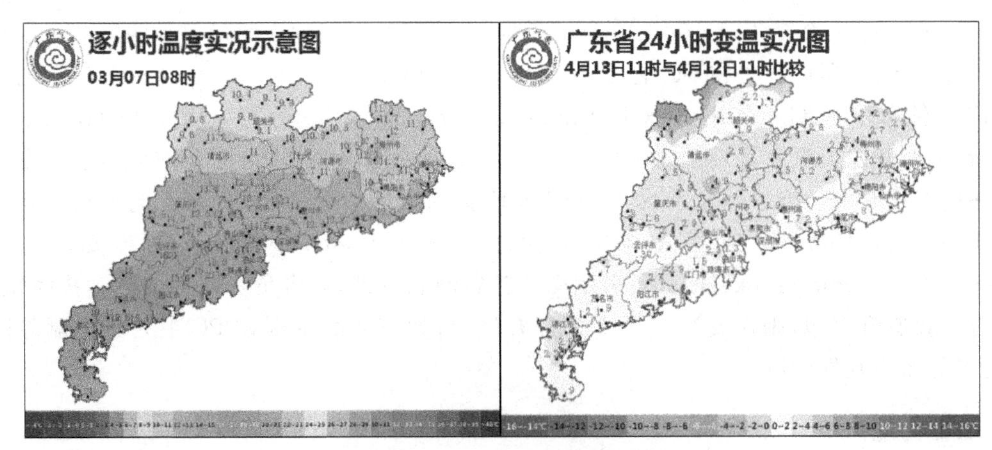

图 2　SmartKit 气温、变温产品图

性，因此，SmartKit 的降水图色标就沿用类似的划分规则。

专家研究认为，人的体感并不单纯受气温或相对湿度两种要素的影响，而是两者综合作用的结果。但就单一相对湿度的合适数值而言，上限不应超过 80%，下限不应低于 30%。[9]一般情况下，气象服务工作人员会在秋冬季干燥的时期选择最大相对湿度图展示给公众，目的是突出干燥的范围以及强度，所以相对湿度小于 30%对应的色标颜色要突出。反之，最小相对湿度的色标设计则要突出湿度大于 80%的部分。

风圈图的使用也只有在特殊时间才有意义，陆地风速达到 3～4 级人们就会感觉到风大，如果台风、强对流等天气过程，风速达到 6 级以上就更有必要向公众展示风圈实况图和预报图了，所以对应的色标也是级别越大颜色越鲜明。

色标方案可在 SmartKit 前台勾选设置并能导出文档，在其他同类作图中就可直接导入文档，也能直接在文档中修改代码从而批量修改色标方案。

2.5　自动化生成

支持图形展示要素个性化需求配置，提供模板定制功能，实现自定义配置的实时存储及配置模板的直接调用，满足功能个性定制需求。支持产品自动化业务运行，实现产品的自动归集，定时定点完成产品制作及发布，最大限度满足业务运行系统的时效性。

要自动化生成，可先进行“产品发布设置”，再做“发布模板设置”，最后到“产品自动作业设置”。产品发布设置包括设置模板名称、存储方式、图片格式和尺寸、区域勾选。发布模板设置包括名称、发布路径等信息。产品自动作业设置(图 3)包括任务名称、执行时间、模板配置。

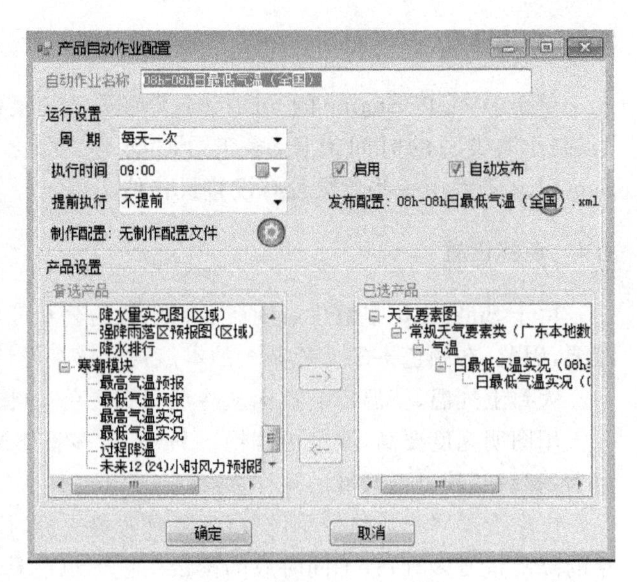

图 3　产品自动作业设置

2.6 入库

尝试使用 FTP 传输图片文件到指定服务器。SmartKit 自动生成设置里自带 FTP 存储功能，只需要输入库的 FTP 地址、端口、用户名和密码通过 FTP 方式入库就能完成，操作简便。

为缓解自动化生成图片的速度问题，根据使用一次模板就要读取一次数据文件的原理，若要使用同一数据文件做出不同地域的要素图，可将这些作图设于同一模板中，能避免重复多次读取同一数据文件，自然作图时间相对缩减。但这种做法只局限于省级及其以下行政区域的制图，对于全国的制图需在前台程序中另外设置。

入库的图片产品命名顺序按照：(1)实况或预报类型：sk 为实况，yb 为预报。(2)要素。(3)要素再细分。(4)地域级别：Nation、GD、City 依次代表全国、广东省、21 地市。(5)图片生成时间，精确到分钟。“全省逐 1 h 降水量实况”产品则命名为sk1hrainGDYYYYMMDDHHmm

2.7 数据更新时间和标题

由于使用的数据来源、类型不同，其更新时间也不尽相同，这里我们用到的最精细的数据时间间隔是每小时更新一次，因此，表示实况或预报时效的二级标题的设置非常重要。要注意的是相同字母的情况下，图 4 下角标为 2 所代表的时刻总是比下角标为 1 所代表的时刻要靠后。例如要素预报图中 H1 代表的是当前小时，H2 代表的是未来小时；要素实况图中 H1 代表的是过去小时，H2 代表的是当前小时。

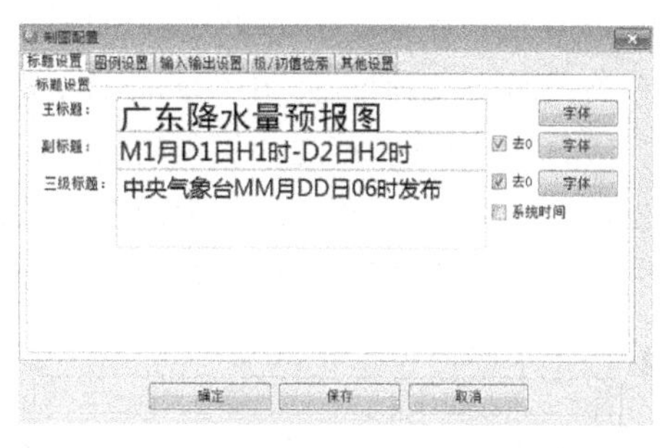

图 4

2.8 插值方式

气象要素的空间分布图，一般也称为色斑图，要求精确性(如：避免丢值)、视觉美观性(如避免常规算法所带来的大量的碎部产生等问题)，插值算法的选择直接影响到色斑图的表现质量。[10]

与原始台站的观测资料相比，Cressman 客观分析方法的插值结果与原始台站最为接近，idw 和双谐样条方法次之，而 Krige 与三线化线性方法则与原始台站偏离较大。但 Cressman 客观分析方法会在台站稀疏的区域产生许多空值，进一步比较表明网格分辨率与影响半径的选取对插值结果有很大的影响，采用自动调节影响半径的 Cressman 客观分析方法比采用单一的影响半径产生的结果要好得多。[11] 目前 SmartKit 版本暂不能支持 Cressman 插值方法，因此我们选用相对次之的 idw 插值法。

虽然 Cressman 插值算法技术已经比较成熟，对气象要素的插值精度相当高，但是并没有将其整合进 ArcGIS 软件加以利用。而胡金义等人[12] 则具体介绍了如何利用 ArcGIS Engine 和 C# 实现 Cressman 插值算法。经我们反馈意见，SmartKit 开发团队也在进行这方面的研究。

2.9 辅助功能

增减平台目录，可在 C:\mapyeah\SmartKit\xml 地址下的 WeatherFactors. xml 中修改。

前台手动生成产品日志文件，可在 C:\mapyeah\SmartKit\Log 地址下的 Product-

Build20131230.log 中查看。

后台自动生成产品日志文件，可在 C:\mapyeah\SmartKit\Log\AutoWork 地址中查看。

自动生成模板，可在 C:\mapyeah\SmartKit\Config\Publish\Templete 中查看。

2.10 检验真实性

为检验真实性，我们将已经自动化生成的四大类，十几种要素图与省局业务网的相应要素图进行比较，发现大部分要素图与业务网要素图表现结果基本一致。

但目前的 SmartKit 版本读取基础数据后的质量控制还不到位，只能将 9999 缺报的数据剔除，不在图中显示，但对于超出合理范围的异常数据则没有做质量控制的步骤，长期下来会影响它在本地业务化。做地市要素图时，地理范围相对小，异常数据问题特别需要重视。

2.11 业务化初尝试

SmartKit 系统广东本地化研究以来，在 2014 年初我们进行了部分要素业务尝试。在 2014 年的广东春运专题里就有新增的一个栏目向公众展示 SmartKit 的成图；在同一时期"广东天气"官方微博也使用了 SmartKit 制作的图片，效果良好。

另外，像有多年观众累积的气象影视节目制作人称，制作时一切都应以节目的实际需要来进行合理选择，形式永远是为内容服务的。[13] SmartKit 图片的使用也应注意到这点，在合适的天气状况下选择相应的要素图在恰当的时间和渠道里发布，不可盲目堆积刷屏。

2.12 下阶段本地化任务

上文已提到了数据质量控制、制图提速、实现 Cressman 差值方式等问题需要再进一步与开发公司沟通和敦促解决。下一阶段本地化任务还包括以下几项：

(1)提高图像分辨率，使得适用于不同发布渠道的不同尺寸的要素图各项信息更加清晰美观，其占用的空间大小也要控制在大批量生成、存储过程中服务器所能承受的范围内。

(2)建立 Web 网站对已经能业务生成的要素图片进行更直观的展示，方便气象服务工作者下载使用。

(3)SmartKit 系统存储的市县级别地理边界与真实的地理边界有较大差异，须获取更新更精细的地理信息文件，将其加载到 SmartKit 地理信息配置后，对市县要素图形产品的测试才有意义。

(4)目前版本 SmartKit 预报产品只能依靠 http 方式获取国家精细化预报数据。应气象现代化需求，广东省气象局正在致力于研究提供各相关部门和各种传媒共享气象信息的标准、流程和接口，强化气象服务基础性，[14] 未来希望通过连接本地数据库方式来实现数据匹配。

(5)根据业务需要，提出开发新需求，例如风向杆要素图、添加等值线等。

3 结论

(1)SmartKit 系统符合操作简便直观、业务部署简便、自动成图、产品综合管理等设计理念，生成的图形图像类产品适用于网站、手机、电视等终端发布。

(2)系统在广东本地化中经多次调试、版本升级，克服了数据匹配、自动化设置、入库、运行速度慢等困难，还根据当地需求设计了新的色标配色方案，部分要素图形产品能在业务工作中应用。

（3）下阶段本地化过程的主要任务是进一步加快制图速度，丰富插值算法、增设质量控制、利用数据库方式获取广东精细化格式报文，更新市县地理边界信息等问题。

（4）本地化后的图形产品视觉更美观、信息表达更直观，切实利于公众气象服务的长远发展，符合广东气象现代化的具体要求。

参考文献

[1] 贾天清，黄光明. 基于需求为向导的公共气象服务层次和发展重点[J]. 广东气象，2010，**32**(5)：34-35.

[2] 吴焕萍，罗兵. 地理信息服务及基于服务的气象业务系统框架探讨[J]. 应用气象学报，2006，**17**(增刊)：135-140.

[3] 唐卫，吴焕萍，罗兵，等. 基于 GIS 的气象服务产品后台制作系统[J]. 计算机工程，2009，**35**(17)：232-234.

[4] 郭善云，潘建华，陆晓静，等. MESIS 系统省级应用中关键技术集成分析[J]. 高原山地气象研究，2011，**31**(4)：69-72.

[5] 吕终亮，罗兵，吴焕萍，等. MESIS 信息检索及可视化产品制作平台实现[J]. 应用气象学报，2012，**23**(5)：631-637.

[6] 金义按，曹晓敏. 基于 GIS 技术的气象制图后台作业系统本地化开发与应用[J]. 青海科技，2011，(4)：82-86.

[7] 黄源源，程新明，江晶，等. 基于 ArcGIS Engine 的雷达显示终端实现方法[J]. 空军预警学院学报，2013，**27**(5)：334-338.

[8] 谢庆容. 广东借助云计算突破精细化预报瓶颈. 南方日报，[2011-12-11]. http://www.gd-info.gov.cn/shtml/guangdong/jrgd/wh/2011/12/15/56498.shtml.

[9] 百度文库 http://wenku.baidu.com/link? url = gnqB7JKJ95_rDsUWo57iqGq3j0r9YGE7c4wB4eDHrFGYO6SMOc647eG1PX3trAn8Bu41nguD0fwsu3cOY3i522sRIqzXTpu1k5sWKyaHzYu.

[10] 张红杰，马清云，吴焕萍，等. 气象降水分布图制作中的插值算法研究[J]. 气象，2009，**35**(11)：131-136.

[11] 冯锦明，赵天保，张英娟. 基于台站降水资料对不同空间内插方法的比较[J]. 气候与环境研究，2004，**9**(2)：261-276.

[12] 胡金义，刘轩，林红. 基于 ArcGIS 的 Cressman 插值算法研究[G]. 中国水利学会 2010 学术年会论文集：132-139.

[13] 叶国才，陈朝晖. 电视天气节目中的图文创作技巧[J]. 广东气象，2009，**31**(5)：41-42.

[14] 许永锞. 改革开放 狠抓落实 全面推进气象现代化[J]. 广东气象，2013，**35**(1)：1-5.

广东天气微产品入汛服务效果分析

陈玥熤　郭　鹏　黄俊生

（广东省气象服务中心，广州　510080）

摘　要：选取广东天气微信、新浪微博的发布内容、转发评论数、用户增长情况等服务数据，对广东省 2014 年入汛后三个典型的重大天气过程进行服务用户特征、活跃度、效果分析；对两种微手段的特点进行定位和思考；要充分发挥微信图文主动推送产品的优势，做好“提前防御”服务，要利用微博及时发布时效性强的追踪信息，做好“现场互动”服务。特别是在汛期中，建议针对不同微手段选择和制作“有靶向”的服务产品，不断提高气象新媒体服务水平。

关键词：天气微信；天气微博；气象服务

引言

随着新媒体移动互联网时代的飞速发展，微信、微博已经逐渐渗入人们的日常生活，变得密不可分，气象部门利用这个新兴的载体对做好公共气象服务势在必行。广东天气官方微博于 2011 年 3 月上线，发布以生动活泼的 140 个字的短文配以精美的图片或音频、视频等形式为主的产品。广东天气微信公众服务号于 2013 年 10 月上线，不仅具有固定的特色栏目和按钮式服务菜单，还具有为用户主动推送信息的功能。在对公众发布预报预警、科普防御、雷达、卫星云图、天气生活等信息方面，两种微手段各具特色，在灾害性天气服务过程中发挥了重要的作用[1~7]。

本文对广东天气微信主动推送、微博发布的博文两种最主要的微产品进行研究，在分析气象服务效果的基础上，对两种微手段的特点进行总结思考，为今后做好这两种渠道的气象服务产品提出有针对性的指导。

1　资料来源

2014 年 3—5 月广东进入开汛期，选取“广东天气”微信公众服务号主动推送、新浪官方微博（以下简称微信、微博）的发布数、发布内容、转发评论数、用户增长等服务数据，分类统计对比，结合 3 个典型的重大天气过程，对两种微产品的服务效果进行分析。

2　天气服务过程

2.1　开汛服务

2014 年 3 月，广东省进入强对流系统活跃的季节，天气变化复杂、不稳定，易出现明显的降水过程。3 月 28—31 日强降水过程范围广、雨量大、强度强、灾种多、持续久；根据广东气象入汛标准，30日广东省开汛，较常年偏早7天。

微信提前服务、做好防御，3月28日主动推送了图文消息《今年最强强对流天气袭粤》，图文转化率（图文阅读人数/送达人数）高达70.87%。微博结合防御指引实时追踪过程，特别是30日云浮、佛山、广州等地出现冰雹，重点发布预警、雷达图和网友提供现场图片，引起公众共鸣。

2.2 “五一”小长假天气服务

4月30日至5月2日早晨，徐闻、广州、东莞、惠州、河源、梅州和粤东市县出现了大到暴雨局部地区大暴雨，其余大部分市县出现了小到中雨局部地区大雨。针对“五一”小长假，考虑到为公众合理安排出行提供参考建议，通过微信提前推送《五一假期前期有强降雨》图文消息，获得2788次分享转发。但此次降水过程主要出现在30日夜间到5月1日早晨，为紧跟天气变化节奏，及时通过微博传递这一信息，调整服务方向，告知公众可改变出行计划，并重点提醒降水带来的温度变化，天气清凉却也舒适，是一个“不负五一不负卿”的小长假。

2.3 强降水过程服务

5月8—11日全省出现大范围暴雨过程，大暴雨落区集中出现在珠江三角洲南部，江门、深圳、珠海、阳江等市出现了特大暴雨。其中台山市端芬镇记录下全省最大累积雨量834.2 mm。此次服务过程中，通过微信提前一天主动推送了应急文字消息：“省政府应急办、省气象局提醒你：5月8—11日，我省大部分地区先后有持续性大范围暴雨。请注意防御强降水、雷雨大风及城乡积涝、山洪、泥石流、山体滑坡等灾害。”微博中追踪强降水集中落区，与各地市上下联动转发，关注广深和谐号受雨量超标停运事件，有针对性的做好服务（表1）。

表1　入汛后3个重大天气过程微产品服务概况

服务过程	广东天气微博发博数	广东天气微信主动推送	
		推送时间	推送标题
3月28—31日气象灾害（暴雨）Ⅱ级应急响应	82篇	3月28日	今年最强强对流天气袭粤
4月30日至5月2日“五一”小长假服务过程	22篇	4月29日	五一假期前期有强降雨
5月8—11日气象灾害（暴雨）Ⅱ级应急响应	54篇	5月7日	省政府应急办、省气象局提醒你
		5月11日	近期降雨难以彻底消停

3　两种微产品的服务效果

3.1 用户特征分析

广东省进入强对流多发季后，3月至5月中旬共76天微信、微博用户净增数分别为29824人和29901人（图1）。截止到5月中旬，男女用户比例均接近6∶4，微信用户主要分布于广州、深圳、东莞、佛山等城市（图2）。

微博关注用户中老用户数量较多，注册微博时间大于2.5年的比例超过60%，年龄在18～29岁的用户占67.5%；说明关注用户主要是在各大一线城市的较为年轻的群体。V认证和达人共占6.5%，影响力大的用户数量较少。用户活跃度不高，最活跃的用户约占总数的38%。另外，从用户标签上统计，关注用户多为关注生活、旅游、美食、新闻热点类消息的群体。

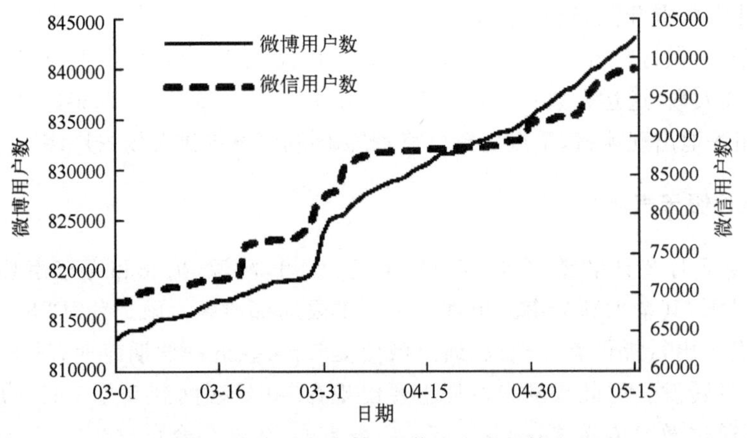

图 1　广东天气微博、微信用户增长情况

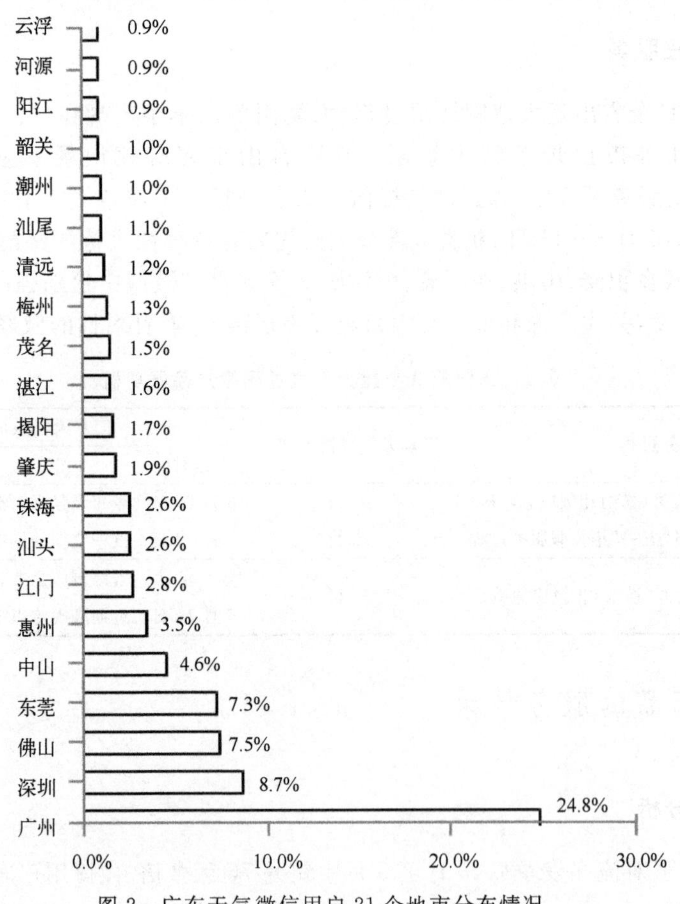

图 2　广东天气微信用户 21 个地市分布情况

3.2　用户活跃分析

3.2.1　微信主动推送服务效果

广东天气微信用户的活跃与天气过程密切相关，从图 3 可看出，净增关注人数(每日新关注与取消关注的用户数之差)、消息发送次数(关注用户主动发送查询消息的次数)与图文页阅读次数(点击推送图文页的次数,包括非用户的点击)具有比较一致的波动趋势,出现几次明显高峰。主动推送图文消息后,阅读次数越多,分享转发随之增多,必然致使净增关注人数的增加,使用户主动查询次数的增加。其中,3 月 28 日推送后一天净增用户近 3000 人,消息发送次数超过 4000 次。另外,3 月 19 日、4 月 2 日、4 月 25 日出现的明显增长,主要是结合天气过程,与腾讯大粤网合作,通过 QQ 弹出框链接新闻稿件,推广广东天气微信二维码产生的增长效果。

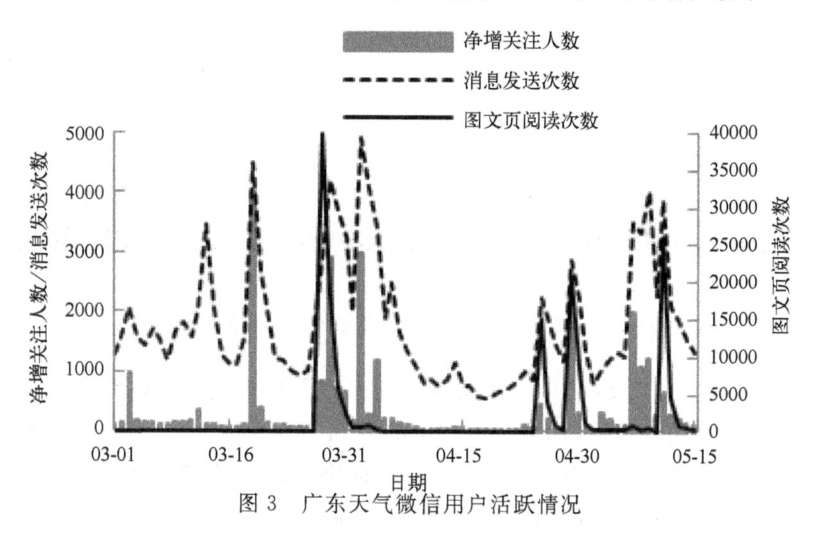

图 3 广东天气微信用户活跃情况

3 次图文主动推送的图文转化率分别为 70.87%、29.07%、28.53%(图 4)。3 月 28 日以吸引眼球的标题《今年最强强对流天气袭粤》获得最高的分享转发次数 4299 次(转发或分享到朋友、朋友圈、微博的次数,包括非本号用户的点击),并产生一定的延迟性,在随后的 2~3 d 也一直有较高的分享转发次数。比较不同的推送过程,阅读次数、分享转发次数与主动推送的时间点、图文本身的采编质量、天气生活的结合度等因素有关。

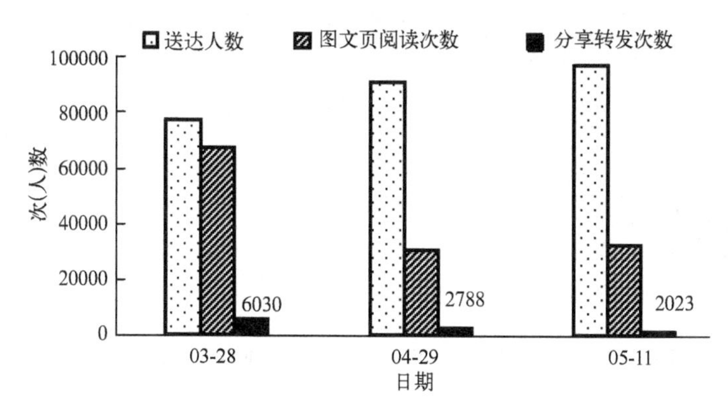

图 4 广东天气微信 3 次图文主动推送数据比较

可见,在进行天气微信服务过程中,应当提前为用户做好天气提示、解读、建议、防御措施等,结合生活热点,提高采编质量,做好推广告知,在关键时间节点做足功夫,引导用户主动关注、主动查询,获得较好的用户数增长和服务成效。

3.2.2 微博服务效果

广东天气新浪微博发布的内容,按照预报预警、天气实况、气象科普和天气生活分类。从总体上看，发博数越多，评论转发累积数就越多，而互动用户就越活跃(图 5)。

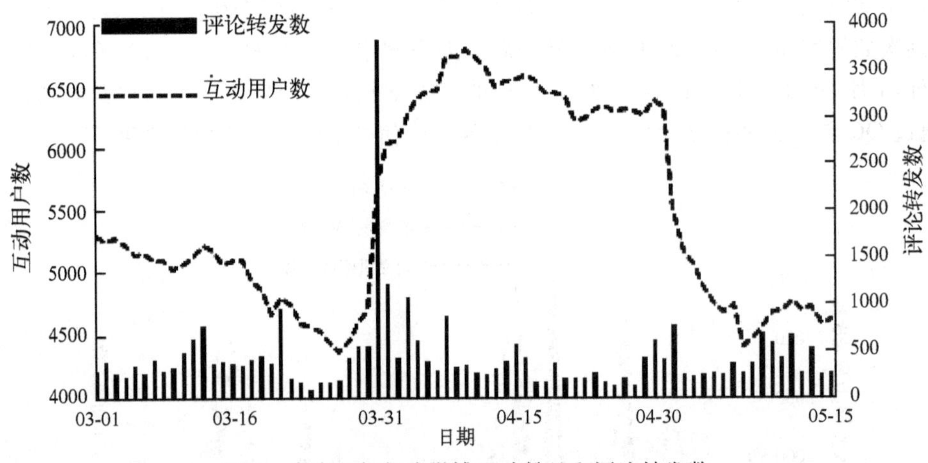

图 5　广东天气新浪微博互动粉丝和评论转发数

在本文研究的 3 次天气过程中，博文内容以预报预警和天气实况追踪为主，约占过程发布总条数的 73%；转发数超过 50 次的有 34 篇博文，约占 21.5%。比重不高的原因，是由于天气过程的微博服务，以快速更新转发、分享个人用户提供的图片为主要方式。再次转发量虽不高，但是更加贴近生活和实况，利用个人感官感染个体用户，有效地提高现场感，起到直观的灾害防御提醒作用。另一方面，微博利用雷达图，预警信号分布图，气温、降水量实况图，从专业的角度配以形象的描述，与用户实时互动，在预报、预警的同时宣传科普知识，提高用户的认知能力，从而提升服务效果(图 6)。

(a)　　(b)

图 6　2014 年 3 月 30 日广东天气新浪微博内容及互动实例

3.3　两种"微手段"的特点和定位

本文主要以广东天气微博发布的博文，和广东天气微信的主动推送两种服务产品作为研究对象，利用凸显出来的特点做两种手段的横向比较。

传播平台。微博具有开放的平台，以公开自媒体点对多的方式放射状的传播气象信息，不管是否成为关注用户，都可获取消息；若服务中存在有争议和不确定的信息(例如天气预报是否准确)，会在质疑中继续传播。微信更加注重社交的私密性，用户间的关系较强，传播途径是圆圈或点线状;有效的传播量和传播范围,与用户的意愿相关,信息若被质疑(例如某次预报不被相信),将会被终止再次传播。

用户关系。微博与用户的关系是单向性的,维护成本较高,发博数与互动用户数密不可分,"一日不微,落粉三千"形容的情况即是若无互动,任何一方都有可能被清理。微信与用户的关系是双向性的,维护成本较低,每周用一次或是更长时间,关注依然;主动推送可直接提高用户的阅读转发数,其所占总用户数的比重远远比微博多,用户质量较高。

服务内容。微博的及时性和新闻性,有利于实时追踪报道,告诉用户"现在正在发生什么",发布来源既可原创亦可转发,不受栏目类别、发布数量限制,内容丰富、生动、活泼,更新速度快。而微信的主动推送更具针对性和可控性,虽受推送形式和次数上的限制,但可统计已确实收到信息的具体用户数,明确服务对象的数量;适合发布提前告知或总结归纳的信息,阅读、分享转发具有明显延迟性,在服务内容上需注意时效的把握。

4 小结

目前,新媒体微信主动推送图文消息的次数受到公众服务号规则的限制(1 个月可推送 4 次)。而近一年微博的活跃用户数在急剧下降[8]。本文在结合两种气象服务新型手段的优势和局限时,研究两种微产品的服务效果,主要有以下几点结论和思考:

(1)微信、微博的用户具有明显的年龄和地域特征,以发达一线城市的年轻人群为主,在服务过程中抓住此类人群的需求,紧密联系天气"制造话题",可做好"有靶向"的服务。

(2)结合微信渠道的服务特点,发挥图文主动推送的优势,充分利用发布次数和展现形式,做好提前告知、防御或总结分析式的服务,更有利于实实在在的传达到用户手中。此外,用户主动查询的需求随着天气变化而增多,需要进一步思考研究如何建立点对点、便捷地自动回复功能,从而补充完善主动推送,实现在时间和空间上的精细化服务。

(3)官博和用户实时情感、感官上的互动,是目前微博的优势。不仅可以以"秒级"速度不限次数的发布信息,给用户亲切、实用的现场感;还可以及时订正尤其是汛期中天气变化节奏快带来的预报偏差,真正实现"预报不足、服务补"。因此,更适合发布时效性强的天气信息和解读产品,做到快而有用。

参考文献

[1] 陈恒明,高权恩,陈玥熤,等.如何做好官方天气微博信息服务[J].广东气象,2012,**34**(5):47-49.

[2] 俞宙,林江.基于微信开展应急气象服务[G].第 30 届中国气象学会年会——S3 第三届气象服务发展论坛,北京,2013.

[3] 李娜,卢伟萍,秦鹏.微博在公共气象服务中的应用及发展[J].气象研究与应用,2012,**33**(2):107-109.

[4] 李娜,秦鹏,卢伟萍.突发性灾害事件应急服务策略[J].气象研究与应用,2011,**32**(4):27-29.

[5] 朱平,陈静,薛晓冰.广东省气象官方微博服务的实践与探索[J].广东气象,2013,**35**(3):64-67.

[6] 陈恒明,关小文,陈静,等.手机气象短信服务效益评价[J].广东气象,2012,**34**(4):54-56.

[7] 陈玥熤,屈凤秋,郭鹏.广东夏季的确定及其在气象信息采编中的应用[J].广东气象,2012,**34**(5):43-46.

[8] 中国互联网协会.中国互联网络发展状况统计报告,(2014)[J].互联网天地,2004(6):73-78.

衡阳山洪地质灾害气象预警系统的研发与应用

韩　波[1]　成少丽[2]　丁国俊[3]　王　刚[4]　洪自强[5]

(1. 衡阳市气象局;2. 衡南县气象局;3. 衡阳市防指;4. 衡阳市国土局;
5. 衡阳市水文局,衡阳　421001)

摘　要:衡阳受气候和地理条件的影响,是湖南省内发生山洪、地质灾害较多的地区之一,严重威胁到人民群众生命财产安全,制约全市社会经济发展。本文介绍了衡阳山洪地质灾害气象预警系统(以下简称 TGMWS)的研发与应用情况,并对其中的关键技术及其实现方法进行了分析与论述。将地理信息(GIS)和数据库技术应用到气象防灾减灾中,是系统的主要亮点和特色。该系统自 2012 年投入使用以来,已成功推广到衡阳市、县两级防指办、气象、国土、水文等部门。TGMWS 使"山洪地质灾害防治气象保障工程"的综合效益得到充分发挥,提高了衡阳应对由降水所引发的山洪地质灾害监测预警能力,为政府防灾减灾提供科学气象决策服务,社会、经济与生态效益显著。

关键词:TGMWS;山洪地质灾害;监测预警;衡阳

引言

衡阳位于湖南省中南部,面积 1.53 万平方千米,全市常住人口 719.83 万(2013 年统计),是湖南省第二大城市。衡阳地形地貌复杂多样,中部为盆地,四周丘岗山地环绕。由于山地、丘陵的出露岩较软弱、易风化,容易出现斜坡变形,进而形成崩塌、滑坡等地质灾害[1]。衡阳属亚热带季风气候,据气象资料统计,历年平均降雨量为 1339.1 mm,降雨主要集中在 4—7 月,占全年降水量的 52%～58%以上。境内水系发达主要为湘江水系,流经境内 266 km,较大的支流有舂陵水、蒸水、耒水等。根据国土部门统计,2000—2010 年衡阳共发生地质灾害392 起,因灾死亡 52 人,直接经济损失接近一亿元。而这其中由暴雨所引发的灾害占到 90%,是衡阳山洪地质灾害的最大诱发因素[5]。地质环境和气候特征,决定衡阳是一个山洪地质灾害相对多发区,具有地质灾害类型多、分布广和危害性大等特点。

近年来各级政府都高度重视山洪地质灾害防治工作,每年都投入大量资金(山洪地质灾害防治气象保障工程)用于气象灾害监测站网和业务平台建设。截至 2013 年底,衡阳共建成 254 个区域(中小尺度)自动站、143 套预警广播(DAB)和 17 块电子显示屏。初步形成了 5 km×5 km 分布的气象灾害监测站网,加上水利、水文等部门的监测站,监控范围基本覆盖全市主要乡镇、中小河流、水库和地质灾害隐患点。为充分发挥上述监测站网的综合效益,推进气象灾害防御技术研究,提高应对由降水所引发的山洪地质灾害的监测、预警及服务能力,最大限度避免和减轻灾害造成的人员和财产损失。2011 年由衡阳市气象局牵头,与防指办、水文、国土等部门合作,共同开展"衡阳山洪地质灾害气象预警系统——TGMWS"的研发。

资助项目:衡阳市科技局 2011 年社会发展科技支撑项目(2011Ks12);湖南省气象局 2013 年短平快科研课题(No. 201331)。

1 系统设计与架构

1.1 设计目标

TGMWS的设计目标：通过有效整合衡阳气象、水文、国土、水利等部门的资源，建立统一、规范的气象灾害风险数据库。以数值预报产品为基础，开展精细化(区域站)降水预报、地质灾害气象风险预警和洪涝指数预报研究。将计算机与地理信息和数据库技术相结合，建立适合衡阳市、县级气象、防指办等部门使用的山洪地质灾害监测预警业务平台。

1.2 系统架构

TGMWS采用C/S架构，由前台主系统、后台数据处理程序和数据库平台三部分组成。其中，山洪地质灾害监测预警系统为核心主程序，运行在各使用单位的业务平台上。3个后台数据处理程序：分别完成实况资料入库、数据质量控制和山洪地质灾害预警预报计算，它们都运行在数据处理服务器中。数据库平台：使用的是美国微软公司的MSSQLServer2005数据库管理系统，运行在气象部门的数据库服务器上，提供数据存储和查询统计服务。

1.3 山洪地质灾害风险数据库

衡阳市、县气象部门通过暴雨洪涝灾害风险普查，首次较为全面、系统、完整地收集、整理了衡阳山洪地质灾害资料，统一了数据格式，完成了衡阳山洪地质灾害风险数据库建设，为确定山洪地质灾害临界指标体系和气象灾害风险预警研究，提供了坚实基础和重要支撑。

该数据库由五部分组成，分别是基础信息库：存储衡阳地理信息数据、预警指标体系、衡阳监测站网(国家站、区域站、水文站等)分布、山洪地质灾害负责人等基础信息；气候资料库：存储衡阳九个国家站30年、254个区域站2006年建站至今的观测资料；水文水情库：从水利部门获取的湘江衡阳段及其一级支流流域边界、水土分布及植被覆盖，水文部门提供的衡阳境内12个水文站2000—2012年的水文监测数据；地质灾情库：存储国土部门提供的衡阳境内地质结构、地质灾害隐患点信息、40年间地质灾害历史资料；预警信息库：存储系统做出的水文洪涝预报、精细化降水预报、地质灾害气象预警等信息。

1.4 开发工具

TGMWS使用的是原Borland公司的Delphi6.0编程开发的，Delphi作为一种面向对象的可视化的快速应用开发(RAD)工具，既具有C++语言的强大功能，又兼有VB的易用性，特别适合数据库编程开发，缩短系统研发周期。本项目的GIS开发工具则是MapX，MapX是一个基于ActiveX(OCX)技术的可编程控件，可以集成在Delphi、VB、VC等可视化开发环境中，为开发人员提供了一个快速、易用、功能强大的地图化组件[2]。在项目开发过程中，使用了MapX的地图控制、动态图源加载、空间分析和数据绑定等功能，来完成系统GIS应用需求。

2 研究思路与预警指标

2.1 研究思路

当前国内应用较多的地质灾害预警方法，可分为现象监测预报法、数理统计预报法、非线性系统论预报法和地球内外动力耦合法[3]。同时,国内外大量研究都证明,山洪地质灾害的发生,与前期累计降雨量、降水强度、降水持续时间及间隔有密切的关系,尤其是与暴雨频次具有很好的一致性。地质灾害气象预警指标应综合考虑前期降雨特征和所有过程降雨动态特征量,包括最新日雨量、时段雨量、累积雨量、雨强、降雨持续时间等。中央气象台采用了包括最新日雨量和有效累积雨量的多项综合判别指标[4]。TGMWS 使用的临界降雨量预报法正是基于数理统计预报法原理。全国及各省的地质灾害气象预警系统也大多采用该方法。

2.2 预警指标

根据衡阳地质灾害资料与前期累计雨量的相关性统计,得到地质灾害发生与前 3～5 d 累积雨量相关性较好。而分析衡阳各月不同量级降水发生次数与月地质灾害数关系(表 1),随着降水量级的增大,相关性逐渐趋好,适当的样本容量是保证样本指标具有代表性的基本前提[5]。综合考虑,TGMWS 将日降水 80 mm 以上($r=0.845$)作为衡阳地质灾害发生的阈值。衡阳诱发地质灾害的降水条件:主要为当日降雨与前 3～5 d 累积降雨。因此,我们选取前 4 d 累计雨量与当日 1～6 h 精细化预报雨量作为气象预警指标,并设计了二维综合判别表(表 2)。

表 1 1967—2011 年衡阳地质灾害数与月降水量及不同等级降水月发生次数相关系数

降水	月降水	≥50 mm	≥60 mm	≥70 mm	≥80 mm	≥90 mm	≥100 mm
发生次数		46	35	31	28	13	11
相关系数(r)	0.41	0.8	0.811	0.726	0.845	0.81	0.867

表 2 衡阳降水型地质灾害气象预警临界值 单位:mm

预警等级 \ 灾害风险	高易发区	中易发区	低易发区
Ⅲ级	$80<\sum RJ<100$	$100<\sum RJ<150$	$150<\sum RJ<200$
Ⅳ级	$100<\sum RJ<150$	$150<\sum RJ<200$	$200<\sum RJ<250$
Ⅴ级	$\sum RJ>150$	$\sum RJ>200$	$\sum RJ>250$

注:$\sum RJ=\sum R4\mathrm{d}+Ry$。($\sum RJ$ 为预警临界值,$\Sigma R4\mathrm{d}$ 为前 4 日累计雨量,Ry 为 1～6 h 降水预报)

2.3 衡阳地质灾害风险划分与预警等级

根据国土部门调查,衡阳查明已发生的灾害点 392 处,地质灾害隐患点 528 处(2012 年)。地质灾害空间呈东西向分布,西部地质灾害最多,其次是东部,中部区域较少[1]。就各行政区而言,耒阳市最多(87 次),其次是衡东县(72 次),南岳区(15 次)和衡阳市区(5 次)相对较少。根据区域降水特征和地质灾害隐患点分布情况,将衡阳地质灾害风险程度划分为三个,依次为:高易发区(耒阳市、常宁市、衡阳县);中易发区(祁东县、衡东县、衡南县);低易发区(衡山县、南岳区、衡阳市区)。

参照国土资源部与中国气象局制定的地质灾害气象等级标准,将预警等级分为五级,即:一级:可能性很小;二级:可能性较小;三级(注意级):可能性较大;四级(预警级):可能性大;五级(警报级):可能性很大。从衡阳实际情况,确定三级及以上为地质灾害气象预警信息发布级,由气象部门与国土部门联合会商后共同对外发布。

3 系统功能与特点

TGMWS综合运用计算机通信、地理信息和数据库技术，依托衡阳9个国家地面站和254个区域自动站，通过与防指办、水文部门共享信息，实现衡阳全境山洪地质灾害监测点数据的实时采集与监控；在系统精细化降水预报基础上，依据衡阳地质灾害临界雨量指标，制作发布全市1 h、3 h、6 h地质灾害气象风险等级预警和24 h、48 h、72 h湘江衡阳段气象洪涝指数和衡阳站水文预报。下面介绍TGMWS的主要功能与特点。

3.1 实时监控功能

TGMWS的实时监控由气象监测、水文水情监测和面雨量监控三个模块组成。气象监测模块：能够实时获取并在GIS地图上显示，湘东南地区32个国家站、衡阳254个区域站的降水、温度、风等实况数据，一旦上述要素达到预先设定的临界值，系统将通过闪烁和声音两种方式进行报警，提醒值班人员密切关注，做好发布相关预警信息的准备；水文水情监测模块：能够从水文部门获取并显示衡阳境内湘江流域水系各水文站的实时水情数据（水位、流量），并对达到或超警戒水位进行报警；面雨量监控模块：可以按衡阳行政区划（城区、5县、2县级市和南岳区）或湘江流域（湘江衡阳段及其一级支流舂陵水、耒水、洣水和蒸水）统计任意时段的面雨量，当面雨量达到预警阈值时自动报警（图1）。

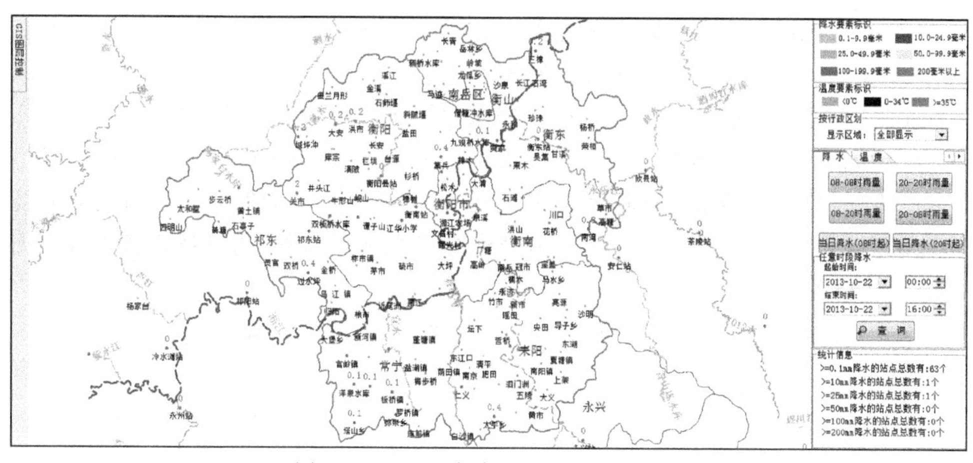

图1　TGMWS气象站网实时监控界面

3.2 预警预报功能

TGMWS的预警预报功能由衡阳地质灾害气象等级预警和湘江流域（衡阳境内）洪涝指数预报两个模块提供。地质灾害气象等级预警模块：根据衡阳地质灾害气象等级预警模型的计算结果，以图形（衡阳GIS底图）或表格两种方式，显示地质灾害预警信息（包括：预警时次、地质灾害种类，灾害发生地点以及灾害风险等级），并生产预警服务产品（决策和公共服务产品）。湘江流域洪涝指数预报模块：依据山洪地质灾害风险数据库存储的，湘江上、中游及其本市一级支流舂陵水、耒水、洣水和蒸水的集水边界，在参考湘江流域前期水文情况并结合数值预报产品的面雨量预报，实现对湘江流域（上、中游）的72 h气象洪涝强度指数和衡阳站水文预报（流量、水位）（图2）。

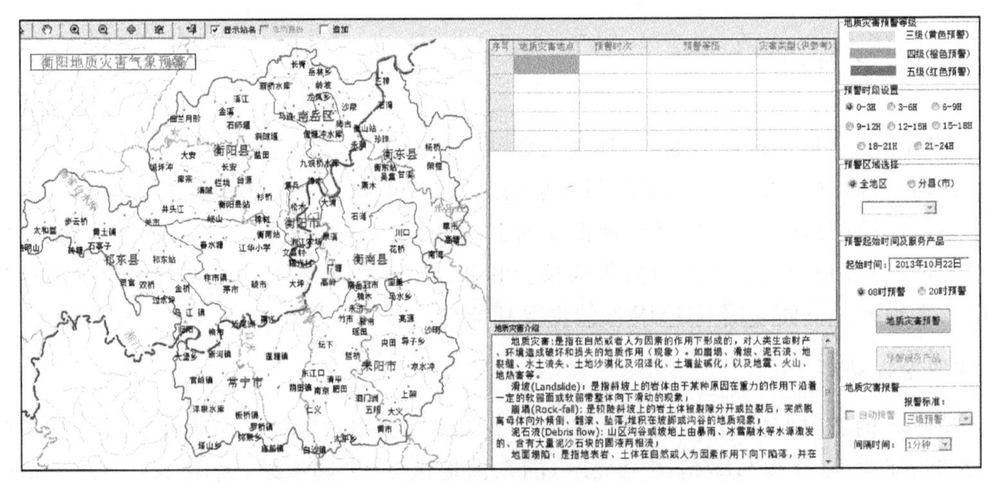

图 2　TGMWS 衡阳地质灾害气象等级预警界面

3.3　查询统计功能

TGMWS 的查询统计功能包含区域站统计、气候资料查询、水文数据检索和地质灾害统计等模块，以衡阳山洪地质灾害风险数据库为基础，通过采用优化 SQL 语句、创建索引、建立视图等数据库编程技术，提高了数据(特别是大批量数据)查询、检索的速度与效率。区域站统计模块：提供查询衡阳地区 254 个区域站从 2006 年建站至今，任意时段的降水、温度、湿度、风、气压等实况和历史数据；气候资料查询模块：能够统计衡阳地区九个国家地面站 30 年(1981—2010)气候资料，包含云、气压、气温、降水、风、天气现象等要素，统计分析上述要素的历年、平均和累年值；水文数据检索和地质灾害统计模块：分别用于检索衡阳境内 12 个水文监测站，2000—2013 年至今的水文资料和衡阳地区 40 年(1970—2010)发生的各类地质灾害信息。TGMWS 的所有查询统计结果，除了用表格方式直观显示外，均支持直接打印或导出成 Word 或 Execl 格式的文档(图 3)。

衡阳地区山洪地质灾害查询统计

全地区山洪地质灾害统计

编号	市县名	受灾日期	发生地点	死亡人数	受伤人数	经济损失	灾害诱因	发生成因
21	常宁市	1971	松柏镇南阳村姚家洞	0	853	853	暴雨	采空塌陷
22	常宁市	1971	柏坊镇铜鼓村铜鼓组、何阳组等	0	550	550	暴雨	采空塌陷
23	祁东县	1971	官家嘴大元村3组	4	10	10	降雨	斜坡
24	衡山县	1972-07-01	长江镇霞流冲村	0	65	65	暴雨	地面塌陷
25	常宁市	1972	松柏镇三春村周塘	0	300	300	暴雨	采空塌陷
26	常宁市	1974	松柏镇新华村杨家湾	0	200	200	暴雨	采空塌陷
27	衡山县	1975	长江镇麻塘村8、9组	0	124	124	暴雨	地面塌陷
28	衡山县	1975	长江镇观止村1组	0	120	120	暴雨	地面塌陷
29	常宁市	1976	松柏镇水口山矿务局铅锌矿区	0	30	30	暴雨	采空塌陷
30	衡南县	1978	茶市镇董家村祠堂组	0	20	20	暴雨	滑坡
31	衡东县	1978	高塘乡田花村6组	0	20	20	暴雨	滑坡
32	祁东县	1981	洪桥镇新丰村5组	0	1	1	暴雨	滑坡
33	耒阳市	1981	三都镇明冲村11组	0	70	70	采矿	采空塌陷
34	南岳区	1982	岳林乡莲塘村电站	0	0	0.5	暴雨	滑坡
35	衡东县	1982	大浦镇大明村6组	0	56	56	暴雨	地面塌陷
36	衡东县	1982	大浦镇细村8组	0	5	5	暴雨	滑坡
37	衡东县	1983	大浦镇油草塘村2组	0	280	280	暴雨	地面塌陷
38	衡山县	1984	永和乡沙头村2组	0	2	2	暴雨	地面塌陷
39	祁东县	1984	黄土铺镇马安村10组	0	12	12	暴雨	滑坡
40	衡阳市	1986	珠晖区和平乡五四村新晖15组	0	3	3	暴雨	滑坡
41	衡阳县	1988	杉桥镇集福村石头山组、下林桥组	0	60	60	暴雨	地面塌陷

查询条件
区域选择：全地区　开始年份：所有年份　结束年份：
查询　导出　预览　打印　退出

图 3　TGMWS 的衡阳地质灾害资料统计界面

3.4 指导演示功能

TGMWS 的指导演示功能，分为指导产品浏览和风险区划演示两部分。指导产品浏览模块：自动检索 MICAPS 资料和省台产品服务器，方便用户浏览中央气象台、湖南省气象台的强对流落区、降水、城镇天气等相关指导产品，以及省台的暴雨、地质灾害预警信号。并为市(县)局业务值班人员，制作发布辖区山洪地质灾害预警时提供参考。风险区划演示模块：收集、存储了衡阳地质灾害风险区划、衡阳山洪、泥石流灾害易发区分布、衡阳地质灾害重点防治区、湘江—衡阳段流域水系分布等图表信息，即可供业务人员进行系统的演示、汇报，也方便制作各种气象服务材料及产品。

4 推广与应用情况

TGMWS 于 2012 年 5 月完成系统研发，首先在衡阳市、县两级气象部门投入业务运行。在经过近一年的应用检验和修改完善后，从 2013 年初开始陆续推广到衡阳市、县两级防汛指挥部、国土、水利、农业、水文和南岳机场等相关职能部门或单位使用。2013 年 10 月 TGMWS 被安装到衡阳警备区应急指挥平台中，用于警备区指挥部队防汛抢险和森林防火。

2012 年 6 月 10 日，TGMWS 预报未来 24 h 全市将出现大范围强降水，而前期已经历较长时间的持续性降水，系统对我市部分乡镇发出地质灾害风险预警(3 个乡镇四级预警、15 个乡镇三级预警)，气象与国土部门联合会商后，共同发布了地质灾害预警信号。11 日衡阳大部分地区出现大到暴雨，部分乡镇发生地质灾害。事后据国土部门调查统计，在祁东县归阳镇、步云桥及河洲镇出现较大面积山体滑坡。另外，衡阳县、常宁市、耒阳市分别有 3 个乡镇，衡山县、衡东县各有 2 个乡镇，衡南县 1 个乡镇出现山体滑坡。经对比检验，TGMWS 预警的大部分乡镇均发生地质灾害(准确率接近 85%)。由于预警及时、准备充分、措施得力，在 6.11 暴雨灾害中，全市没有出现人员伤亡和大的经济损失。

2013 年夏季长时间持续高温少雨，全市出现了较严重的干旱灾害。气象部门密切监控旱情发展，抓住一切有利天气条件，适时开展人工增雨作业。根据 TGMWS 的监测显示，人影作业影响区域普降小到中雨，局部大到暴雨。每次增雨作业都取得了明显效果，极大缓解了衡阳旱情，取得了巨大的经济和社会效益。据市防指办不完全统计，因此，产生的直接经济效益达 3.4 亿元，间接经济效益达 10 亿元以上。

5 结语与讨论

(1)二年多来的应用实践证明，TGMWS 能使政府和相关部门及时、准确、全面获得全市各站点降水和流域水文实况，预警由降水所引发的山洪地质灾害。为政府制定科学的应急处理方案提供参考，最大限度地减轻或者避免人员伤亡及财产损失，社会、经济与生态效益明显。此外，TGMWS 在地质灾害预警研究、灾情统计评估和气候资料开发利用等方面也发挥了重要作用。

(2)山洪地质灾害气象风险预警研究，在国内外气象界都是一个难点和热点，目前还处在探索试验阶段，并没有成熟的模式或经验可供使用。TGMWS 的预警模型参考了国内外最新的研究成果，建立了衡阳灾害临界雨量和风险等级指标。由于系统运行时间不长，预警的准确率和科学性都还有待今后的实践检验。同时，衡阳现有监测站网数量偏少、分布也不尽科学，存在监控盲点，数据失真现象比较多，也影响了 TGMWS 的预警服务效果。

参考文献

[1] 夏先华. 衡阳市山洪灾害成因及防治措施[J]. 湖南水利水电，2009,(05):57-58.

[2] 刘光. 地理信息系统二次开发教程[M]. 北京:清华大学出版社,2007:423.

[3] 宫清华,黄光庆,郭敏. 地质灾害预报预警的研究现状及发展趋势[J]. 世界地质,2006,**25**(3):296-299.

[4] 刘传正，温铭生，唐灿. 中国地质灾害气象预警初步研究[J] . 地质通报，2004，**23**(4)：303-309.

[5] 周益平,陈涛. 衡阳市降水型地质灾害潜势预报预警方法初探[J]. 防灾科技学院学报,2010,(4)：57-61.

基于 Android 的辽宁移动决策气象服务系统设计与实现

李　岚[1]　齐　昕[1]　林　毅[1]　唐亚平[2]
李　倩[3]　孙　丽[1]　孙　婧[1]

(1. 辽宁省气象服务中心,沈阳　110000;2. 辽宁省气象局,沈阳　110000;
3. 沈阳区域气候中心,沈阳　110000)

摘　要:为了满足政府决策需求,提升气象防灾减灾能力,使用 Java、Python 和 VB 等编程语言,开发了基于 Android 平台的辽宁省移动决策气象服务系统。系统以最短 10 min 为时间精度,以地理经纬度信息为维度,通过研发关键技术和手机客户端决策服务模块产品、建立产品信息数据库、后台管理与产品制作平台、产品发布子系统和基于 Android 平台的手机客户端软件,着力突出基于无线网络传播优势的天气实况、预警和决策性天气预报服务系统。客户端软件可通过色斑图、柱状图、矢量地图、表格、文本等多种方式实现对信息产品的展示,并具备系统自动定位、自动搜索最新版本及升级、降水列表按降水量大小及地区排序、及时天气现象和降水色斑图叠加显示、图形产品动画显示等功能。系统通过手机 IMEI 号实现对数据访问的控制,保证手机客户端仅面向特定决策用户使用。目前,该系统已在辽宁省省委、省政府、省防汛抗旱指挥部等政府决策部门中得到广泛应用,为其应对气象灾害突发事件提供科学支撑。

关键词:Android;决策气象服务;手机客户端

引言

随着移动通信技术的迅猛发展及智能手机的普及,政府和公众对移动气象信息服务的需求与日俱增。近年来,国内外学者对移动互联网与气象服务结合方面也展开了诸多研究[1~4],G. Crowley 在 Android 操作系统上开发了用于展示空间气象数据的 Space Weather 软件[5]。L. Herrera 通过移动网络实现了自动气象观测站数据的实时浏览功能[6]。中国气象局应急减灾与公共服务司于 2011 年开始组织中国气象局公共气象服务中心开展第三代移动通信气象信息服务业务建设,打造了“中国天气通”这一气象品牌,并于 2012 年 3 月开始建设第二代中国天气通——省级版。

为了增强气象服务的主动性、及时性,提升决策气象服务水平和气象防灾减灾能力,本文深入挖掘基础数据,针对汛期强降水等突发性强且发生频繁的局地天气现象,面向省委省政府、省应急办以及国土、交通、水务、农业等行业政府部门,以最短 10 min 为时间精度,以地理经纬度信息为维度,通过移动通信网络以手机客户端的形式建立决策气象服务便捷、高效的传输渠道,为决策部门应对气象灾害突发事件提供科学支撑。

基金项目:辽宁省气象局课题“辽宁省气象服务手机客户端系统”项目资助。

1　系统结构设计

1.1　总体结构

辽宁省移动决策气象服务系统主要包括产品信息数据库、后台管理与产品制作平台、产品发布子系统和基于 Android 平台的手机客户端软件四部分(图 1)。

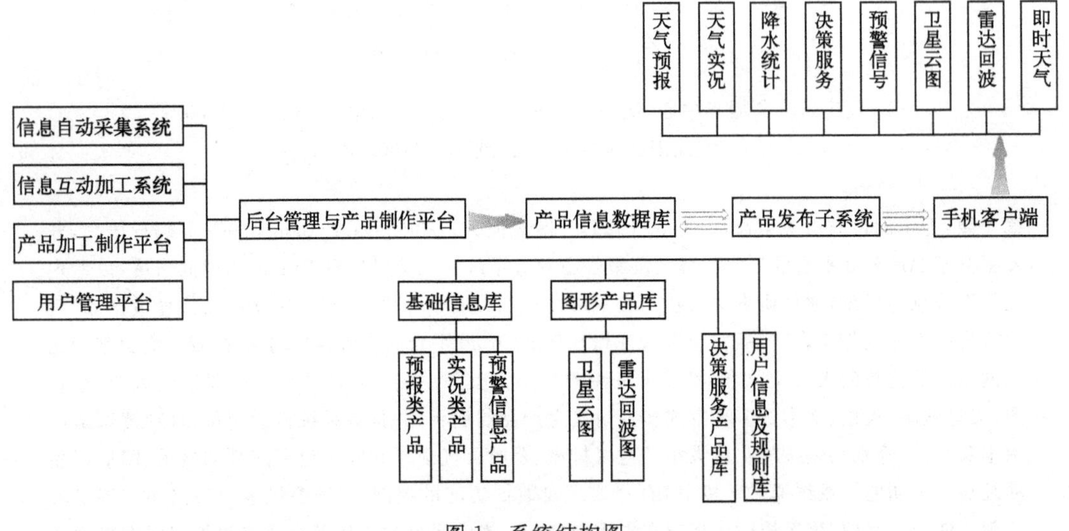

图 1　系统结构图

1.2　产品信息数据库

辽宁省移动决策气象服务系统数据库由基础信息库(预报类产品、实况类产品、预警类产品)、图形产品库(卫星云图、雷达回波图)、决策服务产品库、用户信息及规则库四部分组成。数据库具备气象监测数据、预报、预警等信息的定时采集存储及质量控制能力,以便产品制作、产品发布等子系统进行访问。

1.3　后台管理和产品制作平台

该平台包括信息自动采集系统、信息自动加工系统、产品加工制作平台和用户管理平台四部分,是基于 B/S 结构的后台管理软件,依托 PC 服务端的省级气象服务产品的自动生成与人工制作平台,可根据手机客户端软件功能模块的需求制作图片、表格、文本、可扩展标记语言(XML)等多种信息表达方式的产品,并能够向数据库上传服务产品。同时,具有可视化的资料存取、产品录入工具,通过这些工具,气象服务人员可以方便、快捷、高效地录入和管理信息产品数据库。

1.4　产品发布子系统

产品发布子系统可从产品信息数据库中提取相应数据,按照数据更新时间,将最新产品数据以不同的数据形式和定制关系推送到手机客户端,来适应不同功能模块、不同数据格式的需求。在发布速度上满足及时、高效、安全的原则。

1.5 手机客户端软件

基于 Android 平台的决策版省级气象服务手机客户端软件，可实现用户通过手持终端随时随地的获取天气信息，满足政府决策部门对气象数据及时性、精确化的需求。该软件面向的是最终用户，是整个系统的核心。软件通过色斑图、柱状图、矢量地图、表格、文本等多种信息表达方式实现对产品信息数据库中相关信息的获取，完成对天气预报、天气实况、灾害预警、决策信息、卫星云图、雷达图、即时天气现象等 13 种决策类产品的展示。

通过手机 IME 码实现对数据访问的控制，保证手机客户端仅面向特定决策用户使用。

手机客户端软件根据数据标准及产品种类，设计为主界面(天气预报)、天气实况、降水统计、预警信号、决策服务、卫星云图、雷达回波和即时天气八大功能模块(表 1)。

表 1 辽宁省气象服务手机客户端(决策服务版)功能模块

产品类别	序号	名称	产品内容	表现形式	更新频率	备注
天气预报	1	本地天气	24 h 要素预报，未来 3～5 d 预报	文本 区间柱状图	3 次/d	GPS 自动定位
	2	要素预报	14 个市 24 h 要素预报：天空状况、最高最低气温、风向风速	表格	3 次/d	
	3	形势预报	全省形势预报	文本	3 次/d	
	4	预警信号	最新 1 个	文本	不定时	
天气实况	5	本地实况监测	所在地最高最低气温、风向、风速、湿度、降雨量监测信息	文本	逐时	
	6	国家级观测站实况	国家站整点实况温度、风向、风速、降水量(1h、3h、6h、12h、24h)	柱状图表格	逐时	
降水统计	7	自动站小时降水量	1 h、3 h、6 h、12 h、24 h 降水量	色斑图表格 文本	逐时	
	8	自动站降水总量	08 时至当前、20 时至当前降水总量	色斑图表格 文本	10 min	
预警信号	9	预警信息	全省雷暴、强降水、大风、大雾等各类预警信号	文本	不定时	
决策服务	10	决策材料	临时材料、重大气象信息等	文本	不定时	通过后台加工制作
卫星云图	11	卫星监测	卫星云图	图片	30 min	
雷达回波	12	雷达监测	雷达回波图	图片	30 min	
即时天气	13	即时天气	天气现象及开始时间、持续时间	图片表格	10 min	

2 技术实现

2.1 总体设计

数据库服务器采用 Windows 2008 服务器操作系统，安装 SQL server2005 数据库软件。

数据处理及数据库的写入部分程序编译为.NET 环境,VB.NET 的稳定性和速度是 VB6 所无法企及的,同时,VB.NET 保证了能够应对各种原始数据的不同格式,为未来进一步开发奠定基础。

应用服务器采用 Oracle 公司的 Weblogic 12c 服务器软件,以 Java、Python 作为服务器端开发语言。同时在应用服务器和数据库服务器之间布设网络隔离设备,以保证气象内网安全。

手机客户端使用 Java 原生语言(Native Java)开发,结合 AJAX 技术请求服务器数据并更新[7]。

2.2 技术实现

根据稳定、高效和易扩展的原则,本系统采用 J2EE 技术、SSH3 集成框架(Struts2 + Spring + Hibernate3)。

J2EE 采用多层的分布式应用模型,将手机客户端、业务逻辑和数据进行了分离,系统整合了 SSH3 框架以便让每层以一种松散耦合的方式彼此作用。系统层次从上到下依次为表示层、业务处理层、持久层。系统体系模型见图 2。

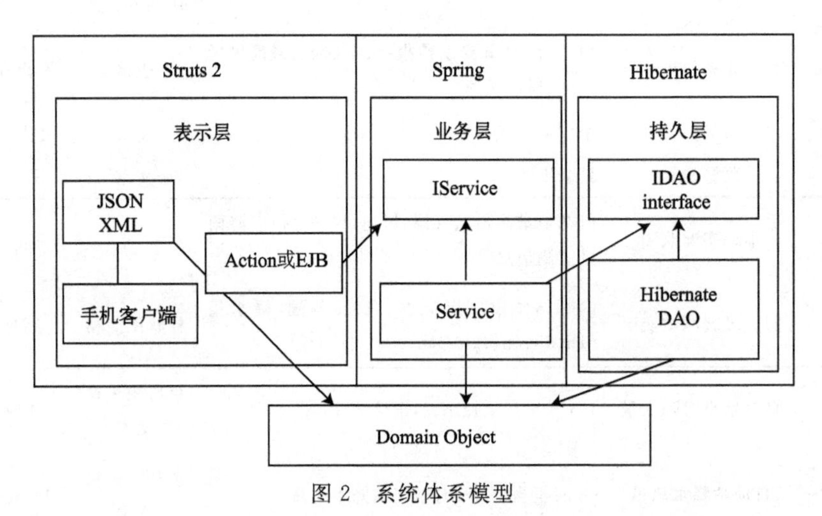

图 2　系统体系模型

2.2.1 表示层

本层采用 Struts2 框架,使用 Native Java 语言结合 JQuery 等轻量级 script 语言进行开发,该层主要对用户的请求做出响应,并提供控制器,委派调用业务逻辑和其他上层处理、异常处理和控制转发。

2.2.2 业务层

本层是整个系统业务处理的核心部分,由 Spring 框架实现,编程语言使用 Java。业务层接收表示层的各类调用请求,实现和处理系统逻辑,以调用持久层的方法来存取数据。该层由业务逻辑接口、接口实现类和配置文件等组成。

在 SSH3 框架中 Spring 是最核心的框架,Spring 主要应用于业务管理其他组件,充当了管理容器的角色,把系统中所涉及的业务逻辑和 DAO(Database Access Object)的 Objects 等通过 XML 文件配置联系、处理系统程序的业务逻辑和业务校验、管理事务、调用持久层的方法来存取数据。借助 Spring 的 IOC、AOP 应用、面向接口编程,EJB 组件在表示层和持久层之间增加一个灵活的机制，降低业务组件之间的耦合度，增强系统扩展性。

2.2.3 持久层

本层采用 Hibernate3 框架，编程语言采用 Java。该层为业务层提供数据存取的方法，完成数据的访问以及操作底层的数据表。Hibernate3 通过相应的 XML 文件完成对象属性与表、对象属性与字段的"O/R 映射"关系。Hibernate3 提供数据持久化机制和查询服务，负责 DAO 对 DO(Domain Object)基本的创建、查询、修改、删除等操作。

2.3 关键技术

2.3.1 基于位置的 GPS 定位服务

通过 GPS 对用户位置进行定位并将经纬度信息发送给服务器，服务器端通过解析经纬度数据得到城市名称 ID 并将数据库中对应的城市气象信息拼接成 JSON 或 XML 数据发送给手机客户端，手机客户端对 JSON 或 XML 数据解析并显示。

2.3.2 降水色斑图(填色图)绘制

通过 Python 服务器端脚本将数据库中的数据写成 lat/lng 站点格式文件和降水量图层数据文件，采用 MeteoInfo(气象绘图软件)核心绘图组件绘制降水量图层，并将其添加到 shape 格式文件的辽宁区域底图中。

2.3.3 流量控制

(1)数据压缩

通过 GNUzip 压缩，将原有数据包压缩，并以二进制的方式一步传输到客户端后进行解压缩，通过 GNUzip 压缩后的数据，数据包压缩效果显著。例如，未进行压缩的辽宁省区域观测站降水色斑图数据包大小为 235K，经处理后数据包大小为 24K。

(2)将后台获取图片设置为主动请求

卫星云图与雷达回波图：为了保证云图与回波图的连续性，程序会判断是否有 Wi-Fi 环境，如果是 Wi-Fi 环境则每 30 min 进行后台任务调度，将图片缓存到客户端 SDCard 中。如在 2G/3G 网络下，则在第一次浏览该页面的时候，启用线程服务获取图片，如果无网络条件则直接读取本地资源。

降水填色图：在第一次访问该页面时，启用线程服务获取图片，如果无网络条件，则直接读取本地资源。

2.3.4 数据库写入速度控制

区域气象观测站 10 min 数据更新频次快、数据量大，为及时呈现出每 10 min 全省 1657 个气象站的信息和降水量信息(经统计，每天数据库需处理观测数据近 150 万条；绘制色斑图 400 余张；获取卫星云图、雷达回波图 96 张)，以及多时段降水累加值，本系统在程序编写和数据库调试上使用了 .NET framework2.0 新技术：SqlBulkCopy 类，同时数据库配合程序代码使用了联合索引，保证全部自动站基础信息及当前降水信息在 1 min 内写入数据库，08 时、20 时至当前累积降水量在 2 min 内写入数据库，1 h、3 h、6 h、12 h 和 24 h 降水总量数据在 5 min 内写入数据库，满足决策气象服务工作时效性的需求。

3 客户端软件主要功能设计

3.1 主界面显示

主界面主要实现对本地天气预报的显示功能(图 3),通过 GPS 自动定位用户所在地,每日三次更新所在地未来 120 h 预报。在主界面中单击预警信号图标可按发布时间先后显示省内全部预警信号(图 4)。

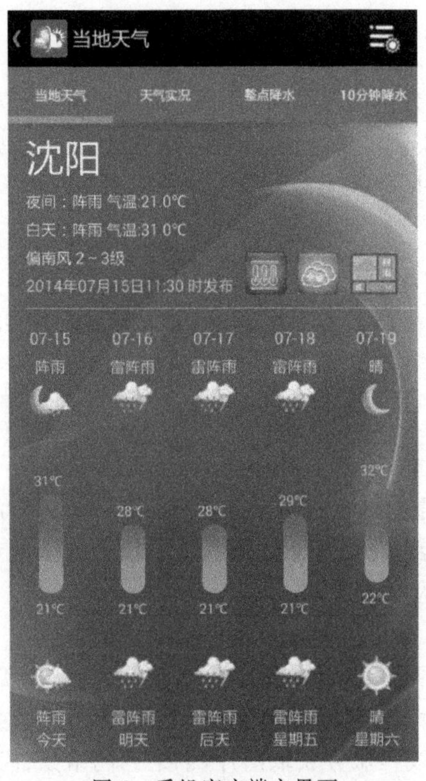

图 3 手机客户端主界面

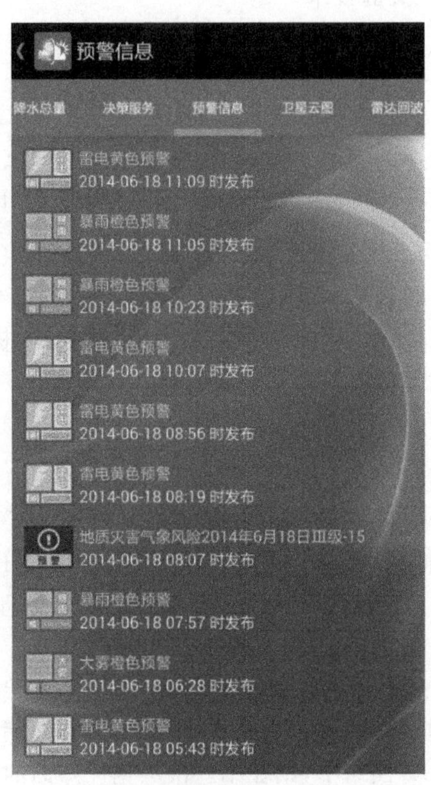

图 4 预警信号显示界面

3.2 国家级气象观测站实况显示

图 5(a)为本地实况和国家级自动气象观测站 1 h 降水量显示界面,其中,62 个国家级自动气象观测站 1 h 降水量以柱状图形式由大到小顺序排列,并可实现半屏滑动显示功能。图 5(b)为国家级自动气象观测站天气实况多要素信息列表,列表中包括温度、风向、风速和降水量四个要素,且可按行政区划和降水量大小进行排序。

国家级气象观测站实况数据更新时间均为 1 h。

3.3 自动气象观测站降水统计显示

图 6(a)为自动气象观测站累计 10 min 降水色斑图和降水统计显示界面,其中,自动气象观测站累计 10 min 降水色斑图分 08 时至今和 20 时至今 2 种,点击后可实现放大缩小功能。累计 10 min 降水统计是以文字形式描述 08 时或 20 时至今全省有数据自动气象观测站中降

水量前三位的站点及累计降水量信息，并分别统计出累计降水量大于等于 1 mm、10 mm、25 mm、50 mm、100 mm 和 250 mm 的站点数量。图 6(b)为自动气象观测站累计降水列表，列表中不同降水量级以不同的颜色进行显示，且可按行政区划和降水量大小进行排序。

自动气象观测站降水量实况数据更新时间均为 10 min。

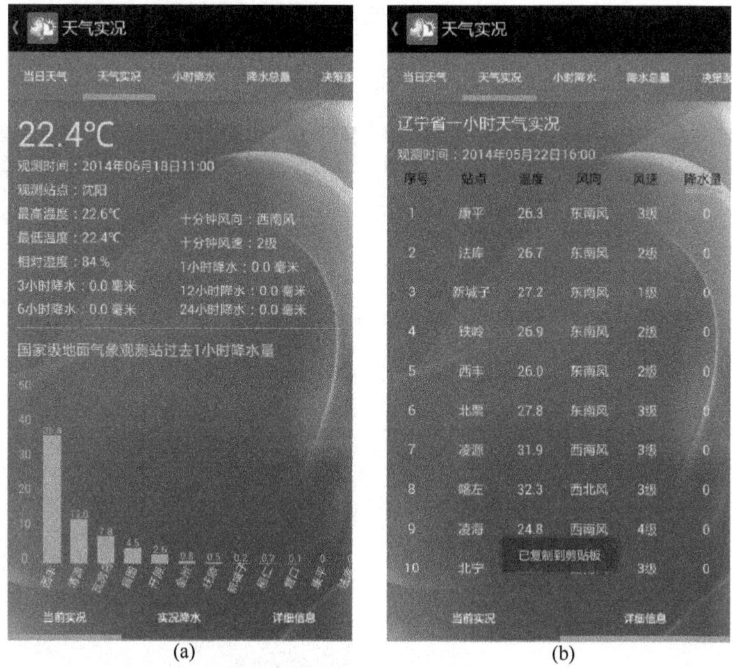

(a) (b)

图 5 国家级气象观测站天气实况显示界面

(a)降水排序和本地实况；(b)多要素信息

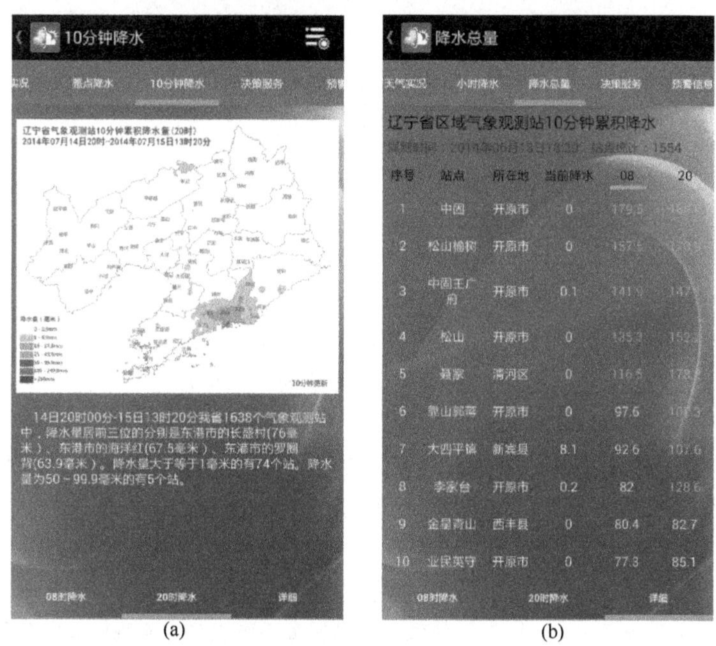

(a) (b)

图 6 自动气象观测站累计 10 min 降水统计显示界面

(a)降水色斑图及雨量统计；(b)降水列表

3.4　即时天气显示

图 7(a)为国家级自动气象观测站即时天气现象的 GIS 显示界面，可分为矢量地图和地形地图两种显示形式。图 7(b)为即时天气现象和 10 min 降水量叠加色斑图、即时天气现象详细列表显示界面，列表中包括站点、天空状况、报文来源和持续时间四部分信息，并按行政区划进行排序。

即时天气现象数据更新时间均为 10 min。

图 7　即时天气现象显示界面

(a)矢量地图；(b)详细列表

4　结语

辽宁省移动决策气象服务系统着力于突出基于无线网络传播优势的天气实况、气象灾害预警和决策性天气预报服务，拓展了决策气象服务新手段，提高了气象服务在政府应急决策领域的影响力。截至目前，该系统在辽宁省省委、省政府、省防汛抗旱指挥部等政府决策部门中得到广泛应用。

随着决策部门对气象服务工作要求的不断提高，移动决策气象服务系统仍需要在提高服务主动性、产品制作规范性、产品发布及时性等方面不断改进和完善。

参考文献

[1] 钱峥，赵科科，许皓皓. 基于 Android 的移动气象信息服务系统设计与实现[J]. 气象科技，2014，**42**(1)：99-103.

[2] 孙梦琪,张怿,张红欣. 手机气象信息服务发展对策[J]. 气象研究与应用. 2010,**31**(增刊 2):236-238.

[3] 郭有明. 无线应用协议 WAP 在气象防灾减灾信息传播中的应用[J]. 气象与减灾研究,2006,**29**(4):44-66.

[4] 金勇根,黄芬根,雷桂莲,等. 手机移动气象防灾减灾服务系统的设计与实现[J]. 自然灾害学报,2006,**15**(5):126-131.

[5] Crowley G, Haacke B, Reynolds A. Realtime space weather forecasts via Android phone app [C]//American Geophysical Union Fall Meeting,2012.

[6] Herrera L, Mink B, Sukittanon S. Integrated personal mobile devices to wireless weather sensing network [C]. IEEE Southeast Con,2010.

[7] 盖索林,王世江. Android 开发入门指南[M]. 北京:人民邮电出版社,2009:2-6.

金坛地区葡萄产量与气象要素关系的研究

林　磊　黄玲玲　丁文文　庄春华

(江苏省金坛市气象局,金坛　213200)

摘　要:利用2007—2013年金坛地区葡萄的产量资料以及同期的气象观测资料，分析温度、光照、降水等主要气象条件对葡萄产量的影响。结果表明：≥10℃的活动积温、萌芽期、开花期、果实膨大及成熟期等生育期的旬内平均温度对葡萄产量有明显的影响。葡萄生长发育对累积日照时数的要求有个极限值,如果在极限值以下,葡萄单产量随日照时数的增加而增加,如果超过了极限值,光照对产量的直接影响就不那么重要,甚至日照偏多会成为葡萄减产的因素之一。5月雨日与葡萄单产量的相关性较高,呈负相关的关系,这说明,在开花期要求适当干燥,开花期雨日过多,土壤湿度过大,空气湿度持续较大,影响了受精,进而影响了坐果率,从而影响葡萄的产量。

关键词:气象要素;葡萄;产量;分析

引言

葡萄属于葡萄科(Vitaceae Juss) 的葡萄属(Vitis L.),是国内外分布广泛的落叶果树,是世界上栽培面积最大产量最多的果树之一[1~5]。葡萄口感甘甜,多汁,果肉丰厚,浆果中含有约15%～30%糖类(主要是葡萄糖果糖和戊糖),含各种有机酸(苹果酸、酒石酸以及少量的柠檬酸、琥珀酸、没食子酸、草酸和水杨酸等)和矿物质,以及各种维生素、氨基酸、钙、磷、铁、胡萝卜素、抗坏血酸等[6~8]。

目前,葡萄产业在苏南地区,特别是金坛市,已成为农民增产增收的主导产业之一,成为农业发展中的一大亮点。2008—2013年每年新发展葡萄种植面积在千亩以上。据最新数据统计,金坛全市葡萄种植面积已达一万多亩,年产葡萄近万吨。全市7个镇、区均有种植,种植面积主要分布在金城镇、薛埠镇、开发区。全市有种植专业户108户,其中50亩①以上的大户有14户,造建了马钢鲜食葡萄有限公司、相府农业科技发展有限公司、农耕园等以葡萄生产为主的农业龙头企业,并培育了“亮妹牌”、“相府牌”等自主品牌。葡萄产品除满足本地市场需求外,还销往上海、南京等大中城市,有些品牌产品成为长三角地区的抢手货。目前,金坛市葡萄种植品种较多有“夏黑”(欧亚)、“魏可”(欧美)、“金手指”、“美人指”和“紫地球”等。现在,国内外均提倡大棚栽培,但限于资金等各方面的条件的制约,在金坛露地栽培仍占很大比例(约97%)。而在露天环境下,气象条件是葡萄生长的关键要素。气象要素,特别是温度、日照、降水,是影响葡萄产量的重要因素。因此研究葡萄产量与气象条件的关系很重要,对葡萄的生产有指导意义。

资助项目:常州市气象局课题(1302)资助。

① 1亩≈0.0667公顷(hm^2)。

1 资料来源

所用资料为2007—2013年的金坛地区葡萄总产量及面积资料，并据此算出单产量（单位折算为kg/hm²）。根据历史逐日气象资料，统计了2007—2013年的金坛地区国家站的积温、各旬的平均温度、日照、降水量、雨日等气象要素。

在影响葡萄产量的诸多因素中，气象条件是最关键也是最活跃的因素之一 从葡萄生长发育的几个关键期入手，分别分析温度、光照、降水等主要气象条件对葡萄产量的影响。

2 葡萄产量与温度的关系

葡萄属于喜温植物，对热量的要求高，温度不但决定葡萄各个物候期的长短和通过某一物候期的速度，也在影响葡萄的生长发育和产量品质的综合因子中起主导作用。[9~12]温度对葡萄生长和结果的影响主要以热量的形式表现。一般来说，春季日平均温度达到10℃左右葡萄才开始萌芽，而秋季平均温度降到10℃左右即停止营养生长，因此，葡萄栽培中把10℃作为生物学零度，在平均温度10～12℃时葡萄芽开始萌发，新梢生长和花芽分化期的最适温度为28～30℃，低于10～12℃时新梢不能正常生长，低于14℃时葡萄的正常开花受到影响，35℃以上的持续高温会产生日烧。在葡萄生长期间，当低温超过最低点时会引起冻害，轻则减产，重则器官脱落，直至植株枯死；当高温超过最高点时，生长发育受阻，花芽不能形成或减产，果实品质下降。高温时间过长会引起早期落叶，日烧病大发生，以致植株死亡。

2.1 活动积温

葡萄是多年生植物，每年的生育期从萌芽期开始，到成熟期结束。一般用日平均温度≥10℃的活动积温来分析葡萄的生长与温度条件的总体关系。先整理并计算2007—2013年金坛站的生育期的积温，然后用总产量除以总种植面积，求得单产量（单位：kg/hm²，下同）。用统计软件求出其与积温的相关系数为0.666，说明葡萄单产量与活动积温有较好的正相关关系。用SPSS进行回归分析，得出金坛葡萄单产量与其生育期内≥10℃的活动积温大致是线性关系（见图1）。从具体个例来看，2012年≥10℃积温只有5370.6℃，低于平均值5511.5℃近140℃，这一年的热量条件不能满足葡萄生长发育的需求，直接造成葡萄的减产。而2007年和2013年，≥10℃积温分别达到了5647.9℃和5605.6℃，比平均值高100℃，热量条件充足，十分有利于葡萄的生长发育，葡萄单产量分别达到了16480 kg/hm²和16429 kg/hm²。用SPSS进行曲线拟合，葡萄单产量与≥10℃活动积温的关系如下：

$Y = 1794.162 + 2.616\Sigma T_{10}$，$R = 0.666$，$F=3.985$，$Sig=0.102$。

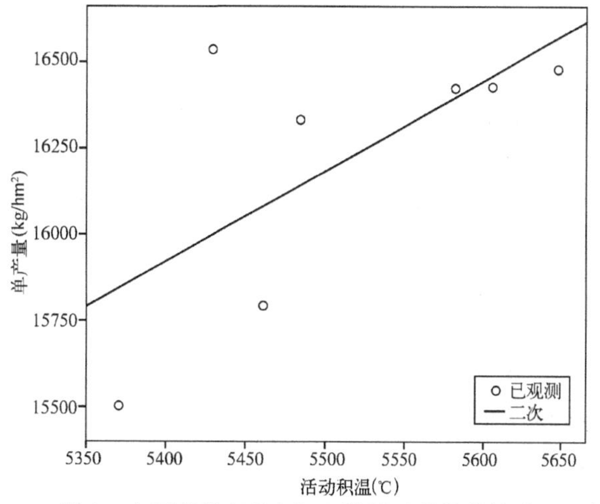

图1 金坛葡萄产量与≥10℃活动积温的关系

其中，Y为葡萄单产量，ΣT_{10}为≥10℃

积温。方程的显著性略低于 0.1 的显著性水平，*Sig* 为 0.102。

2.2 温度对葡萄不同生育期的影响

(1)萌芽期

当日平均温度≥10℃时，葡萄芽开始萌发。在金坛地区，3 月上旬至中旬期间，日平均温度通常决定萌芽期正常或推迟，进而影响其他生育期的进程。从近几年资料来看，金坛地区一般在 3 月上旬至中旬左右日平均温度达到 10℃。在 3 月期间，如果温度较低，葡萄容易受到冻害的影响，会造成幼嫩新梢和花序受冻，使当年产量受到损失。分析春季各旬平均温度与金坛葡萄单产量的关系，发现 3 月上旬的平均温度与单产量的相关性较高，相关系数为 0.635，是正相关的关系。用 SPSS 进行回归分析，可以看出，葡萄单产量基本上是随着 3 月上旬平均温度的升高而升高(见图 2)。3 月上旬平均温度越高，萌芽越早，进入生育期提前，进而影响了其他生育期进程。如果 3 月上旬温度较低，容易受到冻害，产量会受到些损失。用 SPSS 进行曲线拟合，葡萄单产量与 3 月上旬平均温度的关系如下：

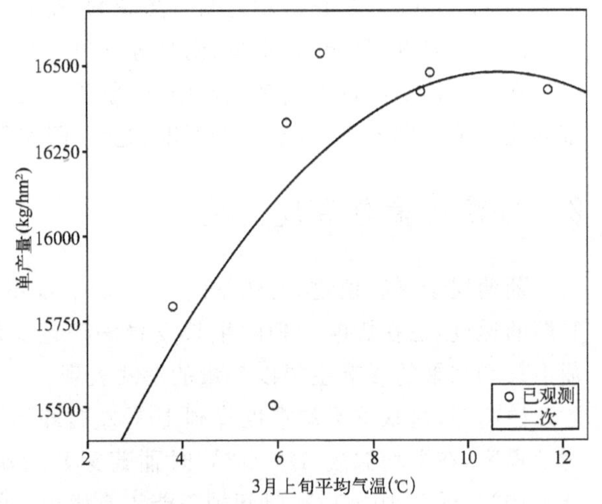

图 2　金坛葡萄单产量与 3 月上旬平均气温的关系

$$Y=14535.809+365.925T_3-17.207T_3^2, R=0.627, F=1.921, Sig=0.160。$$

(2) 开花期

葡萄开花期间对温度非常敏感，开花期最适宜温度为 20～25 ℃，低温会使花冠脱落过程推迟，整个授粉受精过程也相应延长，降低坐果率。[13~15] 统计计算葡萄产量与开花期间各旬的平均温度关系发现，其中 5 月中旬平均温度与单产量的相关系数最高，相关系数达到 0.502，这是因为金坛地区 5 月中旬的平均温度恰好在 20℃左右。用 SPSS 进行回归分析，可以看出，5 月中旬的平均温度高，花冠脱落过程越提前，受精过程结束早，提高了坐果率，从而提高了葡萄的产量(见图 3)。因此，开花期温度，尤其是五月中旬的平均温度，对葡萄产量大小的影响是很重要的。用 SPSS 进行曲线拟合，葡萄单产量与 5 月上旬平均温度的关系如下：

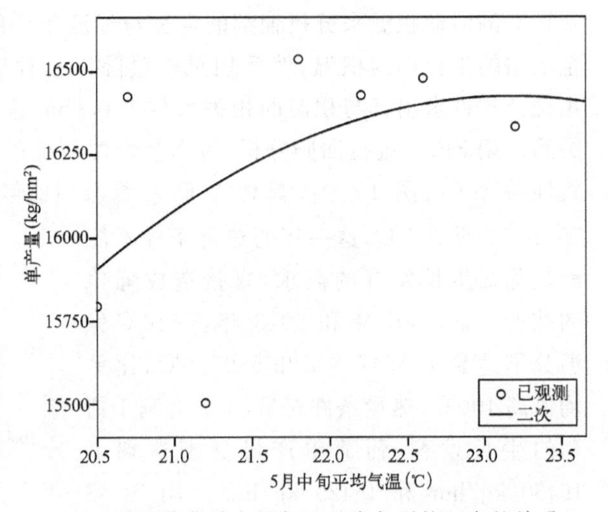

图 3　金坛葡萄单产量与 5 月中旬平均温度的关系

$$Y=-22771.215+3383.340T_5-73.009T_5^2, R=0.521, F=2.747, Sig=0.130。$$

(3) 果实生长膨大期及成熟期

在葡萄果实膨大期及成熟期，用各旬的温度与单产量进行统计分析，发现在葡萄果实膨大的关键期是 7 月中旬，葡萄产量与最低温度的相关性较为明显，相关系数达到 0.603。用 SPSS 进行回归分析，可见，在果实膨大期，葡萄果实进入了营养生长和生殖生长最旺盛的时期，这时候对温度的要求较高(见图 4)。如果该时期的最低温度较高，葡萄就能维持膨大期旺盛的营养生长。利用 SPSS 进行曲线拟合，葡萄单产量与 7 月中旬最低温度的关系如下：

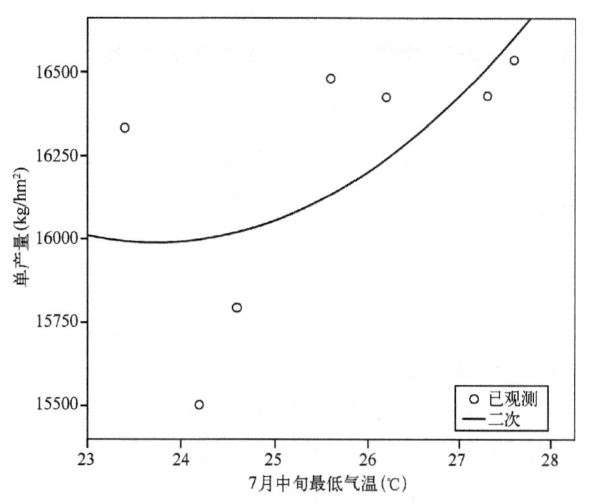

图 4　金坛葡萄单产量与 7 月中旬最低温度的关系

$Y=39200.087-1956.267T_7+41.218T_7^2$，$R=0.631$，$F=1.328$，$Sig=0.161$。

3　葡萄产量与光照的关系

光照是葡萄进行光合作用的重要来源，光照的多少直接作用于葡萄树的生长，从而间接的影响产量。[16~18]

3.1　累积日照时数

统计分析葡萄单产量与生长期内 3—8 月累积日照时数的关系，发现 3—8 月累积日照时数与葡萄单产量相关系数较低，仅为 0.395，既然光照对葡萄的生长非常关键，为何两者为相关系数较小呢？用 SPSS 进行回归分析，发现了问题的实质。从图 5 可以看出，葡萄单产量与 3—8 月累积日照时数的关系是个抛物线，葡萄生长发育对累积日照时数的要求有个极限值，如果在极限值以下，葡萄单产量随日照时数的增加而增加，日照时数严重不足，就会影响到葡萄的生长，造成一定的减产；如果超过了极限值，光照对产量的直接影响就不那么重要了，甚至而当日照偏多时，则会由于阳光过于强烈而对葡萄果实产生灼伤，从而影响到产量，成为葡萄减产的因素之一。利用 SPSS 进行曲线拟合，葡萄单产量与 3—8 月累积日照时数的关系如下：

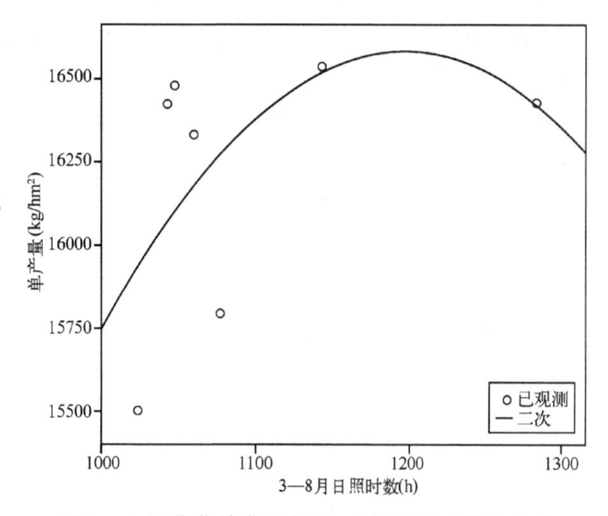

图 5　金坛葡萄单产量与 3—8 月日照时数的关系

$Y=-14292.340+51.589S_{3-8}-0.022\,S_{3-8}^2$，

$R=0.361$，$F=1.705$，$Sig=0.247$。

3.2 光照对葡萄生长发育关键期的影响

光照影响着葡萄树的生长，从而间接影响了产量。从萌芽到果实成熟贯穿葡萄的整个发育期，光照对开花期影响最为关键。统计分析葡萄单产量与5月开花期日照时数的关系，用SPSS进行回归分析，可以看出，基本上是5月日照时数越高，葡萄单产量越高（见图6）。也就是说，开花期如果光照不够，葡萄树光合作用受到一定的限制，就会使开花所必需的同化产物得不到满足，影响了坐果，从而影响产量。花期若光照少，树体营养不良，花芽分化不良，出现小果穗，影响坐果率，造成减产。利用SPSS进行曲线拟合，葡萄单产量与5月日照时数的关系如下：

$Y=22457.526-67.619S_5+0.177\ S_5^2$，

$R=0.552, F=2.876, Sig=0.183$。

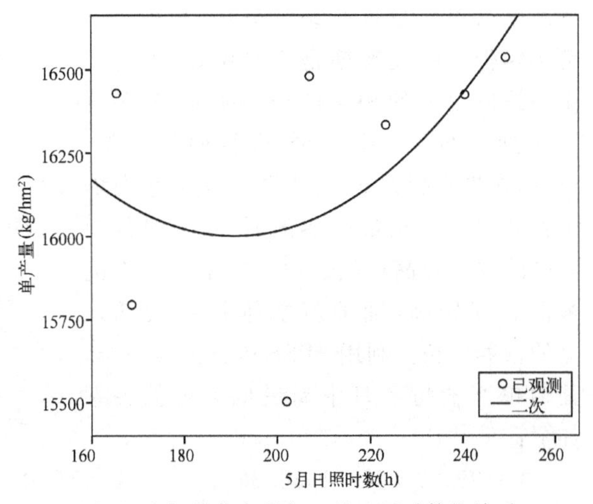

图6　金坛葡萄产量与5月日照时数的关系

统计分析葡萄单产量与成熟期8月日照时数的关系，相关系数－0.279，为负相关，用SPSS进行回归分析，发现大致上是8月日照时数越多，产量相应减少（见图7）。原因可能有两点：第一，成熟期处于夏季，日照过多会引起根系向上输水受阻，果粒萎蔫，影响生长。第二，在成熟期的夏季，葡萄会发生日灼伤现象，尤其会发生在没有枝叶遮阴的果穗和靠近田间路的果穗。利用SPSS进行曲线拟合，葡萄单产量与8月日照时数的关系如下：

$Y=17332.463-9.415S_8+0.018\ S_8^2$，

$R=0.387, F=1.191, Sig=0.333$。

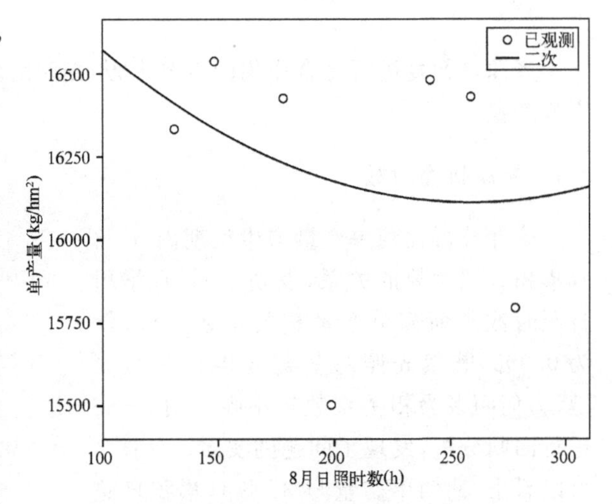

图7　金坛葡萄产量与8月日照时数的关系

4　葡萄产量与降水的关系

葡萄的生长需要一定的水分，适宜的土壤含水量和空气湿度有利于糖分的积累和果实的成熟。在生长初期，葡萄对水分要求较高，花期要求适当干燥，花期降水过多，土壤湿度过大，影响受精；浆果膨大期对水分的要求也高；浆果成熟期，对水分的要求降低，此时多雨浆果含糖量降低、质量差、病害重，且还易裂果、腐烂，新梢也不能充分成熟。由于金坛地区葡萄种植区的大部分时段内，水分主要来自人工灌溉，从统计分析来看，金坛葡萄生长期总降水量，及各生育期间的降水量与葡萄单产量相关系数较低，但这并不意味着葡萄产量与降水无关。通过选取变量，发现5月雨日与葡萄单产量的相关性较高，呈负相关的关系，相关系数达到−0.747。用SPSS进行回归分析，得出图8。这说明，在开花期要求适当干燥，开花期雨日过多，土壤湿度过大，空气湿度持续较大，影响了受精，进而影响了坐果率，从而影响葡萄的产量。利用SPSS进行曲线拟合，葡萄单产量与5月雨日的关系如下：

$Y=14669.826+445.577R_5-26.916R_5^2$，

$R=0.699, F=4.643, Sig=0.091$。

方程的显著性略高于0.1的显著性水平，Sig为0.091。

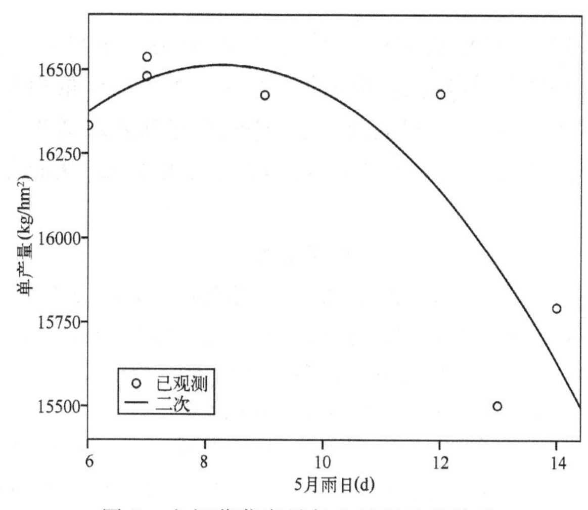

图8 金坛葡萄产量与5月雨日的关系

5 结论与讨论

(1) 葡萄单产量与活动积温有较好的正相关关系，金坛地区葡萄单产量与其生育期内≥10℃的活动积温大致是线性的关系。热量条件不足可能会直接造成葡萄的减产。热量条件充足，十分有利于葡萄的生长发育

(2)萌芽期，3月上旬的平均温度与产量的相关性较高，是正相关的关系。3月上旬平均温度越高，萌芽越早，进入生育期提前，进而影响了其它生育期进程。如果3月上旬温度较低，容易受到冻害，产量会受到些损失。

(3)葡萄开花期间对温度非常敏感，尤其是5月中旬的平均温度，对葡萄产量的影响是很重要的。5月中旬的平均温度高，花冠脱落过程提前，受精过程结束早，提高了坐果率，从而提高了葡萄的产量。

(4)在葡萄果实膨大的关键期7月中旬，葡萄产量与最低温度的相关性较为明显，如果该时期的最低温度较高，葡萄就能维持膨大期旺盛的营养生长。

(5)葡萄生长发育对3—8月累积日照时数的要求有个极限值，如果在极限值以下，葡萄单产量随日照时数的增加而增加，日照时数严重不足，就会影响到葡萄的生长，造成一定的减产；如果超过了极限值，光照对产量的直接影响就不那么重要了，而当日照偏多时，则会由于阳光

过于强烈而对葡萄果实产生灼伤，从而影响到产量。

(6)光照对开花期影响最为关键。5月日照时数越高，葡萄单产量越高。也就是说，开花期如果光照不充足，树体光合作用受到一定限制，就会使开花结实所必需的同化产物得不到满足，影响坐果，从而影响产量。花期若光照少，树体营养不良，花芽分化不良，出现小果穗，影响坐果率，造成减产。

(7)统计分析葡萄单产量与成熟期8月日照时数的关系，为负相关，8月日照时数越多，产量相应减少。原因有二：一是成熟期处于夏季，日照过多会引起根系向上输水受阻，果粒萎蔫，影响生长。第二，在成熟期的夏季，葡萄会发生日灼伤现象，尤其会发生在没有枝叶遮阴的果穗和靠近田间路的果穗。

(8)由于金坛地区葡萄种植区的大部分时段内，水分主要来自人工灌溉。从统计分析来看，金坛葡萄生长期总降水量，及各生育期间的降水量与葡萄单产量相关系数较低。但5月雨日与葡萄单产量的相关性较高，呈负相关的关系，这说明花期要求适当干燥，花期雨日过多，土壤湿度过大，空气湿度持续较大，影响了受精，进而影响了坐果率，从而影响葡萄的产量。

参考文献

[1] 黄寿波.果树气象与茶树气象研究[M].浙江：浙江大学出版社，2009：112-114.

[2] 王景红，李艳丽，刘璐，等.果树气象服务基础[M].北京：气象出版社，2010：174-185.

[3] 陈尚谟，黄寿波，温福春，等.果树气象学[M].北京：气象出版社，1988：85-90.

[4] 段若溪，姜会飞.农业气象学[M].北京：气象出版社，2000：222-226.

[5] 姚小英，王全福，朱德强，等.陇东南葡萄生态气候及种植风险决策[J].中国农业气象，2004，(01)：13-14.

[6] 张旭晖，商兆堂，蒯志敏，等.江苏特色农业气象服务初探[J].安徽农业科学，2008，(30)：22-25.

[7] 陈怀亮，余卫东，薛昌颖，等.亚洲农业气象服务支持系统发展现状[J].气象与环境科学，2010，(01)：33-34.

[8] 韩颖娟，张磊，卫建国，等.宁夏酿酒葡萄生育期气象条件及管理措施综述[J].中国农业气象，2011，(S1)：51-52.

[9] 罗国光，吴晓云，冷平.华北酿酒葡萄气候区划研究[J].中外葡萄与葡萄酒，2002，**2**：16-21.

[10] 刘效义，张亚芳，宋长冰.酿酒葡萄生态区划问题初探[J].中外葡萄与葡萄酒，1999，**1**：19-22.

[11] 李记明，吴清华，边宽江，等.陕西省酿酒葡萄气候区划初探[J].干旱地区农业研究，1999，**17**(03)：28-31.

[12] 张军翔，李玉鼎.试论酿酒葡萄优质生态区[J].中外葡萄与葡萄酒，2000，**2**：32-33.

[13] 宋于洋，王炳举，董新平.新疆石河子酿酒葡萄生态适应性的分析[J].中外葡萄与葡萄酒，1999，**3**：1-4.

[14] 尹克林.酿酒葡萄生态适应性气候图形分析[J].西南农业大学学报，1996，**18**(1)：68-72.

[15] 李宏伟，郁松林，吕新，等.新疆酿酒葡萄气候区划的研究[J].西北林学院学报，2005，**20**(1)：38-40.

[16] 刘明春，张峰，蒋菊芳，等.河西走廊沿沙漠地区酿酒葡萄生态气候特征分析[J].干旱地区农业研究，2006，**24**(1)：143-148.

[17] 张晓煜，亢艳莉，袁海燕，等.酿酒葡萄品质评价及其对气象条件的响应[J].生态学报，2007，**27**(2)：740-745.

[18] 张晓煜，刘玉兰，张磊，等.气象条件对酿酒葡萄若干品质因子的影响[J].中国农业气象，2007，**28**(3)：326-330.

实时气象服务技术应用新进展

张 斌

（民航天津空管分局，天津 300300）

摘 要：目前民航首要解决的问题是提高航班准点率，尽可能地缩短航班延误时间，空管为协助航空公司解决这一问题而不断研究方案加以改进。从民航气象角度来说，及时准确地提供机场天气发展趋势信息能有效辅助航空公司提前掌握天气变化，做好应对准备。为此，建立了互联网远程访问本机场的气象综合信息服务网站，同时开通了气象服务手机短信平台，将未来的天气变化和机场警报等信息实时发送给每位用户。在提供远程气象服务的同时，还采取了保证气象网络安全不受入侵的网络隔离与系统安全保护措施。短信服务系统设置了机房监控自动语音电话预警提示和气象自动观测数据阀值自动发告警短信提醒功能，辅助气象机务员及早发现隐患，及时排查设备故障。

关键词：气象服务；短信平台；环境监控、网络安全

引言

近年来，民航天津空管分局为加强气象服务质量，一直深入研究促进飞行安全的航空气象服务模式，力图改进气象服务模式，进一步缩短航班延误时间而努力着。经过 3 年间对气象服务新技术的应用与实践，为飞行安全和效益提供了更可靠的保障。

实时气象对外服务分两大部分：有线互联网和无线通信。如何充分利用这两种网络，为广大用户提供更及时准确的气象信息缩短航班延误时间，而又保障气象内网安全无风险，是目前首要解决的问题。

依据党的科学发展观精神，在气象十二五规划方针的指引下，我们将持续提高气象服务质量，完善气象服务功能，为用户提供更丰富的气象服务资源和产品，加固并完善气象综合信息网络，增加短信信息发布平台和各地机场警报查询，以及提供高中低空重要天气图等信息。系统平台以短信的形式给相关部门提供未来 24 h 和实时天气告警信息。让用户能够实时掌握重要天气变化，提前做好应对恶劣天气的准备。短信平台同时具有自动发送气象设备故障告警信息提醒气象机务员及时抢修设备，使得气象人能够更好地保障飞行安全，以提高气象服务的可靠性。

1 建设目的

1.1 提出问题

以前因机场天气不好影响航班起落时，预报员总要接多家航空公司打来的天气咨询电话，同样的回复内容需要重复很多遍，而且各家航空公司因同时打进电话造成占线，使气象服务效

率不高。当出现大雾或雷雨等天气时，空管气象台如何为各大航空公司的航班迅速及时提供天气变化趋势信息是需要解决的难题。目前互联网与无线通信已经很发达了，充分利用这两个网络平台为航空公司提供更及时的航空气象信息，让用户更早的知道天气变化趋势，提前做好恢复航班的准备，从而缩短航班延误的时间。

1.2　解决方法

各地的空管气象台目前基本都已经部署了对外服务的民航气象综合信息服务网站，利用这个信息平台可以将天气信息及时传达给各大航空公司。但由于为航空公司提供航空气象服务的终端一般都在各航空公司的业务运行部门，而现场工作人员不能时刻守候在终端前，为满足这一需求，提供了短信服务，实时发送最新的航空气象信息，让航空公司内场工作人员和现场管理者的手机随时掌握着当前天气变化趋势，当雷雨大风等特殊天气出现好转的时候，预报员使用短信平台及时将本机场天气信息发送给每一位工作者。

1.3　满足用户需求

随着数值预报的广泛应用、低空天气图和机场警报的制作、发布以及多普勒雷达多种参考资料的引入，将民航气象综合信息服务网站的气象资料更全面地汇集、补充完善，使航空气象用户掌握更全面的机场气象资料。

根据航空气象服务的需求，在现有的本地民航气象综合信息服务网站上添加了机场警报区域警报、低空重要天气图、数值预报产品和短信模块等。

在资料选择上，机场警报模块的资料来源于621民航气象数据库的机场警报数据。本地机场有特殊天气时，由预报员发布本地机场天气警报信息，并在本站的首页置顶，全屏显示到各终端，给予特殊天气提醒(见图1)。

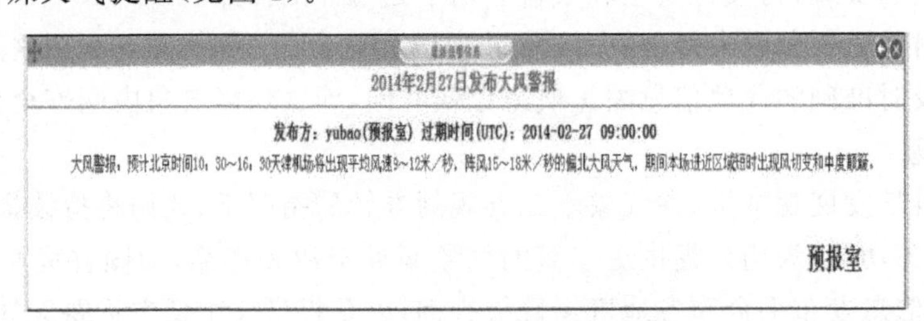

图1　预报室发布的本场天气警报

短信管理与发布模块选择了金迪短信服务软件。该模块俗称短信猫，内含工业级短信模块，性能稳定可靠，符合工业级短信应用要求，可群发短信，支持多种数据库。

2　设计与实现

按照航空气象对外服务的需求，需要建设以下部分内容：

2.1　本地民航气象综合信息服务网站功能的补充

在现有的民航气象综合信息服务网站上添加了本机场信息提示栏、机场警报信息栏以及本机场多普勒雷达信息等。

2.1.1 建立天气发布模块

按照不同天气情况，制作相应的天气发布信息模板，以提高预报员发布天气通告的效率。当需要发布天气通告时，预报员调用现成的模板补充气象要素数据，就可立即发布到本地民航气象综合信息服务网站上，发布后该信息会在本站首页置顶全屏显示，达到提醒航空公司和现场指挥中心等用户的作用。

预报员使用的信息发布板块分三个部分(图 2)：

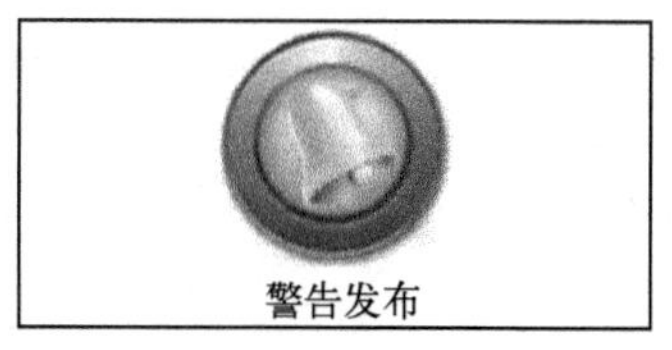

图 2 信息发布板

其中信息发布的是未来 36 h 天气预报。

例如：机场 36 h 天气预报：预计今天下午到夜间晴，偏北风 5～8 m/s。明天早晨到傍晚多云转阴，24 h 内最高温度 9℃，最低温度 0℃。明天夜间阴。

告警信息发布的是大风、雾霾、雷雨、降雪等特殊天气预警。

图 3 是近一个月发布的告警信息。

查询条件　　隐藏

开始时间：　　结束时间：　　检索关键字：　　查询

查询结果　　添加

选择	标题	发布者	发布时间	失效时间	操作
	2014年2月27日发布大风警报解除	yubao(预报室)	2014-02-27 06:08:38	2014-02-27 06:10:00	预览 删除
	2014年2月27日发布大风警报	yubao(预报室)	2014-02-27 01:10:57	2014-02-27 09:00:00	预览 删除
	2014年2月26日发布大风警报解除	yubao(预报室)	2014-02-26 13:59:35	2014-02-26 17:57:00	预览 删除
	2014年2月26日发布大风警报	yubao(预报室)	2014-02-26 10:56:26	2014-02-26 17:53:00	预览 删除
	2014年2月26日发布低能见度警报解除	yubao(预报室)	2014-02-26 01:38:00	2014-02-26 02:00:00	预览 删除
	2014年2月26日发布低能见度警报更正	yubao(预报室)	2014-02-26 00:07:10	2014-02-26 02:00:00	预览 删除
	2014年2月25日发布低能见度警报解除	yubao(预报室)	2014-02-25 02:35:24	2014-02-25 02:40:00	预览 删除
	2014年2月24日发布低能见度警报	yubao(预报室)	2014-02-24 20:35:33	2014-02-25 02:00:00	预览 删除
	2014年2月22日发布低能见度警报解除	yubao(预报室)	2014-02-22 03:51:39	2014-02-22 04:30:00	预览 删除
	2014年2月21日发布低能见度警报	yubao(预报室)	2014-02-21 22:55:20	2014-02-22 01:51:00	预览 删除
	2014年2月16日发布低能见度警报解除	yubao(预报室)	2014-02-16 01:57:46	2014-02-16 02:30:00	预览 删除
	2014年2月15日发布低能见度警报	yubao(预报室)	2014-02-15 21:52:55	2014-02-16 02:00:00	预览 删除
	2014年2月8日发布降雪警报解除	yubao(预报室)	2014-02-08 02:16:48	2014-02-08 02:30:00	预览 删除
	2014年2月7日发布降雪警报	yubao(预报室)	2014-02-07 23:38:37	2014-02-08 04:00:00	预览 删除
	2014年2月7日发布降雪警报解除	yubao(预报室)	2014-02-07 09:58:13	2014-02-07 10:30:00	预览 删除
	2014年2月7日发布降雪警报	yubao(预报室)	2014-02-07 05:49:14	2014-02-07 13:00:00	预览 删除

全选　批量删除　　第1页 | 共42页 共657条　1 2 3 4 5　转到 1 页

图 3 发布警报记录

区域预报版块给预报员提供编辑、制作并发布航路飞行报告表。图 4 为给通航当天提供的航路天气预报表，该用户可以实时接收到此信息。

2.1.2 添加机场区域警报查询服务

在本地民航气象综合信息服务网站上设置各地机场警报、多普勒雷达资料、航线站点实况、数值预报产品、高空低空风温图以及各地区重要天气图的查询功能，远程用户可以根据航班线路检索各航站的多种气象资料，为航空公司提供丰富的航空气象信息(见图 5)。

航路天气预报

<table>
<tr><td>服务客户</td><td colspan="2">塘沽通航</td><td colspan="2">预计起飞时间</td><td></td></tr>
<tr><td>预计航线</td><td colspan="2">海上—塘沽</td><td colspan="2">有效时间（北京时）</td><td>07:00-13:00</td></tr>
<tr><td rowspan="5"></td><td>能见度(KM)</td><td>天气现象</td><td colspan="2">云（米）</td><td>重要天气</td></tr>
<tr><td>5</td><td>HZ</td><td colspan="2">NSC</td><td>轻度颠簸</td></tr>
<tr><td>高度层</td><td colspan="2">高空温度（℃）</td><td colspan="2">高空风　(deg/km.h⁻¹)</td></tr>
<tr><td>900 米</td><td colspan="2">-5</td><td colspan="2">290/35</td></tr>
<tr><td>1200 米</td><td colspan="2">-7</td><td colspan="2">300/40</td></tr>
<tr><td>备降
机场
天气</td><td colspan="5">1 METAR ZBTJ 302230Z 35002MPS 3500 HZ NSC M01/M14 Q1011 NOSIG=
2 TAF ZBTJ 302235Z 310009 31004MPS 3500 HZ NSC TX07/06Z TNM02/00Z=
3 METAR ZSYT 302200Z 19004MPS 5000 HZ NSC M02/M12 Q1013 NOSIG=
4 TAF COR ZSYT 301947Z 302106 18004MPS 3200 BR SCT023 BECMG 0203 32006G 11MPS =
5 METAR ZYTL 302230Z 25003MPS CAVOK 02/M04 Q1010 NOSIG=
6 TAF ZYTL 302237Z 310009 28006G12MPS 8000 NSC TX08/05Z TN02/00Z=</td></tr>
<tr><td>值班预报员</td><td>程</td><td>服务时间（北京时）</td><td>06：40</td><td>日期</td><td>2013 年 12 月 31 日</td></tr>
</table>

图 4　航路天气资料

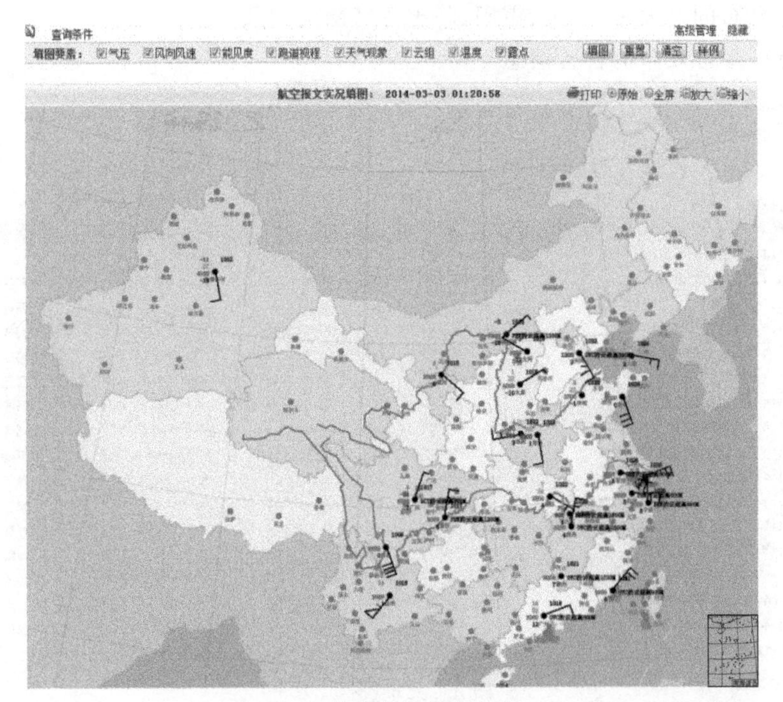

图 5　航站实况气象信息

2.2　建立短信平台

采用金迪短信服务软件建设民航气象短信服务平台。创建航空气象信息短信模板，为预报员发布天气使用。当出现影响航班起落的天气时，预报员可使用短信平台软件编辑短信模板，以群发短信的形式发送给每个用户。

用户按照不同单位分类成不同的用户组，短信内容按照不同天气制定不同的框架模板方便预报员编辑短信(图 6)。

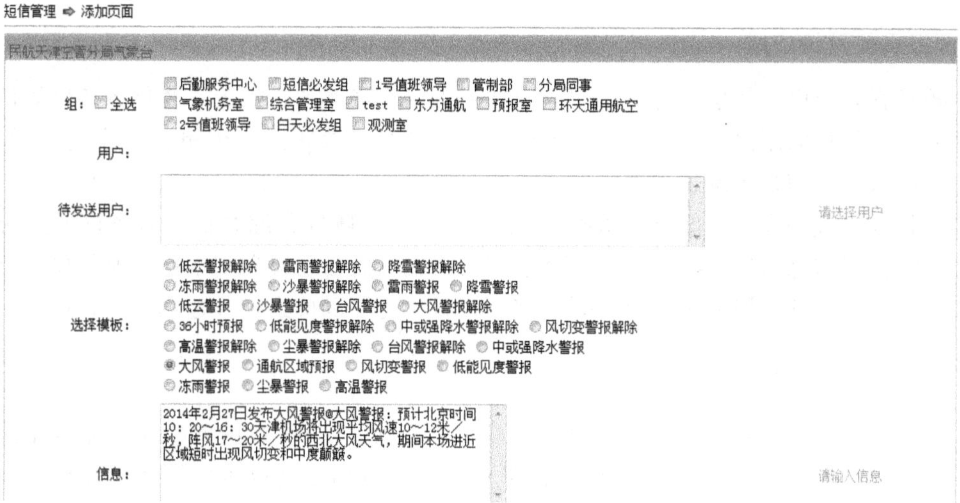

短信管理 ⇨ 添加页面
民航天津空管分局气象台
组： 全选
后勤服务中心 短信必发组 1号值班领导 管制部 分局同事
气象机务室 综合管理室 test 东方通航 预报室 环天通用航空
2号值班领导 白天必发组 观测室
用户：
待发送用户：
请选择用户
选择模板：
低云警报解除 雷雨警报解除 降雪警报解除
冻雨警报解除 沙暴警报解除 雷雨警报 降雪警报
低云警报 沙暴警报 台风警报 大风警报解除
36小时预报 低能见度警报解除 中或强降水警报解除 风切变警报解除
高温警报解除 尘暴警报解除 台风警报解除 中或强降水警报
大风警报 通航区域预报 风切变警报 低能见度警报
冻雨警报 尘暴警报 高温警报
信息：
2014年2月27日发布大风警报@大风警报：预计北京时间10：20～16：30天津机场将出现平均风速10～12米／秒，阵风17～20米／秒的西北大风天气，期间本场进近区域短时出现风切变和中度颠簸。
请输入信息

图 6　短信模板

短信服务软件存储数据采用的数据库与民航气象数据库一样，都使用 oralce10g 数据库。短信猫硬件使用 COM 口连接服务器，因信号强度低于 15 时，会影响短信猫发送速度和成功率，所以将其放于机房靠窗户的机柜顶部。

短信服务系统包括事件监控告警、短信发送日志、短信群组设置、自观要素配置、系统配置 5 个子系统，逻辑架构如图 7 所示。

表示层
实况自观配置
要素配置
系统短信配置
短信接收配置
短信群组设置
短信日志查看
应用层
机场区域警告
自观监控
实况监控
接收处理
日志信息
短信发送
短信模板
数据层
数据库映射及资料访问接口
数据库
气象综合信息网络系统网络
气象短信服务系统数据库

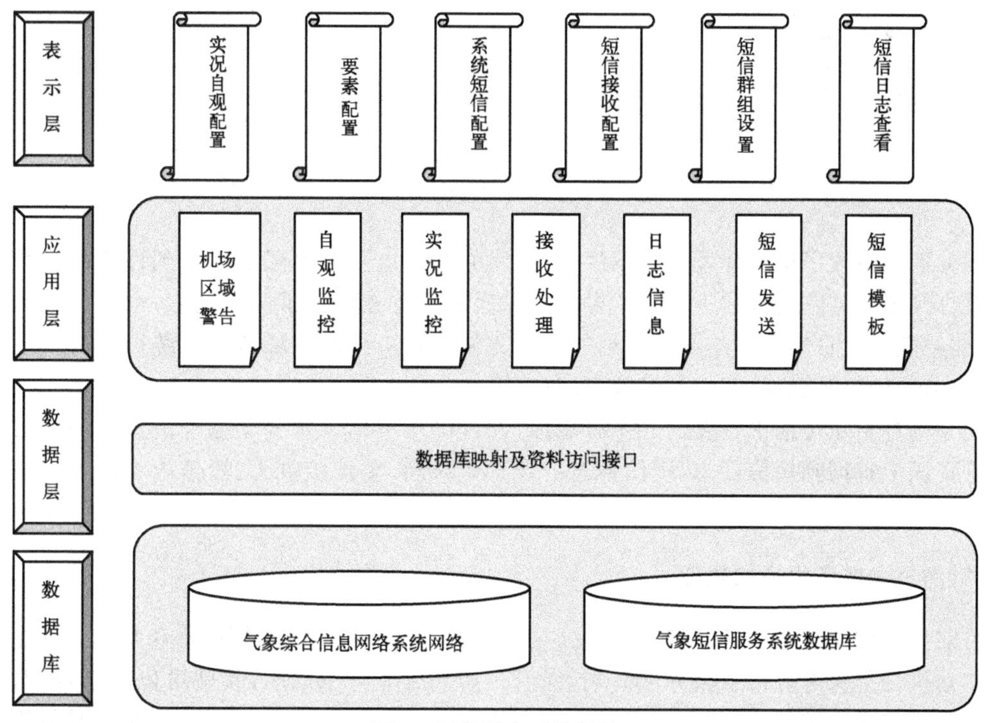

图 7　短信服务系统结构

3 功能介绍

3.1 预报员使用的功能

预报员在本地民航气象综合信息服务网站上可以将当前和未来天气变化趋势以短信群发的形式发送给需求的用户。在发布平台上调用现成的各类模板进行编辑就可发送，在管理页面可以随时查看短信是否发送成功。

当本机场天气将会影响航班起落时，预报员在本地民航气象综合信息服务网站上可以立即发布机场警报信息，机场警报也预留了警报模板，编辑后自动发送到本地民航气象综合信息服务网站的主页置顶全屏显示，以提醒航空公司用户，也可以检索到各地机场警报信息。

3.2 气象机务员使用的功能

短信平台服务器配置了气象自动观测设备的告警阈值，当自观设备出现问题数据达到告警阈值时，(如风速过大或能见度特低)短信平台会立即自动编辑成短信发送给每位气象机务员，根据需求还可发送需要的管理人员(图 8)。

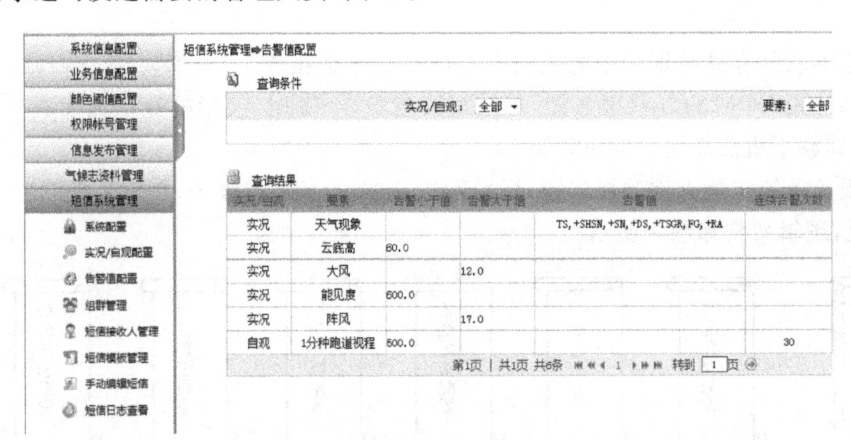

图 8　告警值配置

服务器还设置了机房环境监控软件，当机房的环境监测的温湿度等达到设定的告警值会自动拨打气象机务室的电话进行语音提醒。机房环境监控设置了门禁提醒，当有外来人员闯入时，监控软件会自动拨打语音电话给气象机务值班室。机房环境监控系统可以在线远程查看机房 UPS 的机箱温度、电压和电量等信息(图 9)。

气象机务员从短信平台发送的所有短信，都可以从本地民航气象综合信息服务网站的短信管理页面上查询到短信日志，短信日志记录发送时间、短信接收人、短信内容以及短信是否发送成功。

3.3 针对气象服务用户的功能

目前提供航空气象服务的各家航空公司、飞行区管理部、机场指挥中心和空客 320 基地等都有本地机场气象综合信息服务网终端，他们只需开启 VPN 认证连接就可以登录，随时可以查看最新的实时民航气象资料，即可以查看本地机场的气象资料，也可以查询全国其他机场的

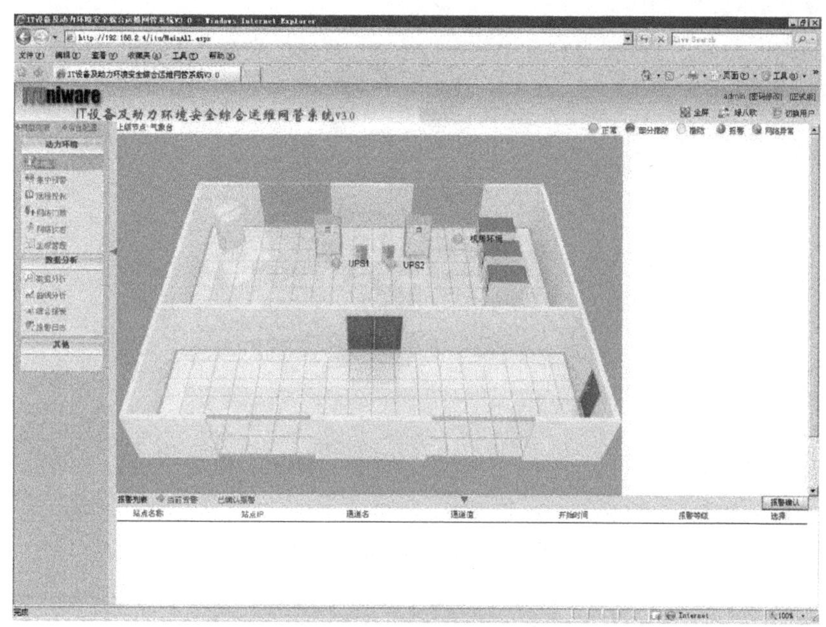

图 9 机房环境监控页面

气象资料。针对航空公司部门的现场工作人员设置了短信服务，他们可以实时收到本地机场的天气变化趋势短信。

短信平台和气象综合信息服务网针对需求的用户不同，划分了多个用户组，便于管理和维护。

4 安全分析与安全措施

航空气象服务得到了提升，但空管气象内网的安全也需要考虑。去年 21 届气象交流会上就提出短信安全分析报告，报告总结出：物理隔离是最有效的安全措施。

按照最安全的物理隔离标准，采用了网闸隔离器，将短信平台和本地民航气象综合信息服务网站都隔离在网闸分割的外部网络，与气象内网完全隔开。这样就保证了气象内网不受入侵和攻击（图 10）。

气象内网安全有网闸隔离器和 IPS 入侵防御系统保护，可短信平台服务器还暴露在外网上，本身还是很危险，有潜在的风险隐患。所以在短信平台上安装杀毒软件进行实时保护，为了避免类似棱镜门事件潜入监控，只能使用国产杀毒软件，经过比对和评测，选择了新升级后备受好评的金山安全防护 V8.0 系统。仅安装一个安全防护软件还是不够的话，可以在短信平台配置模块上设置短信单向发送功能，关闭接收短信的功能，同时在短信猫绑定的 SIM 手机卡关闭 GPRS 届接收功能，这样病毒短信和垃圾短信都不能入库，从根源上避免了病毒木马的入侵。

为了更好的监控本地民航气象综合信息服务网的资料是否及时发送，建立了民航气象资料传输服务器，并配置了资料传输监控页面，当线路出现问题时会显出红色标记，以便气象机务员及时发现线路故障（图 11）。

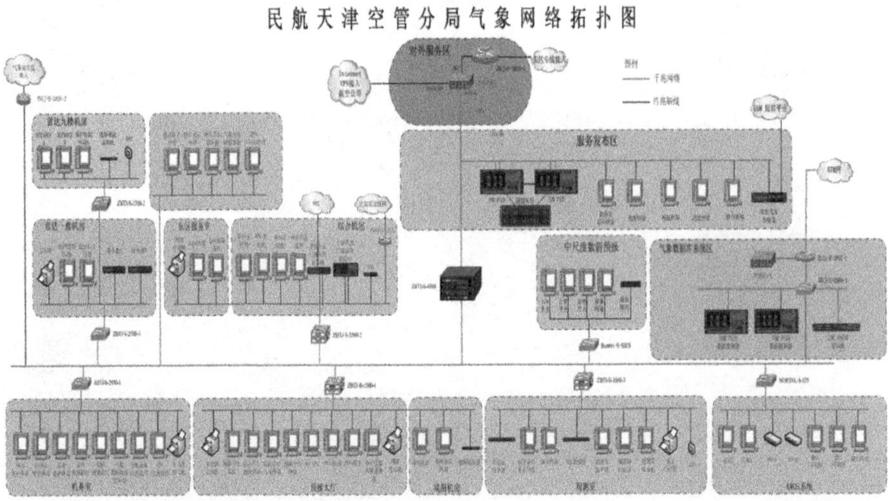

民航天津空管分局气象网络拓扑图

图 10　气象网络拓扑结构

管理员　修改密码　退出登录
线路管理　资料规则　日志管理　系统管理
FTP线路管理
线路管理 >> FTP线路管理
添加
线路名称　查询　重置
查询结果

线路号	服务器IP	端口号	用户名	编码	检测间隔	连接状态	操作
awos	192.168.8.11	21	administrator	UTF-8	30（秒）	已连接	查看 修改 删除
star	192.9.200.223	21	mhdbs	UTF-8	30（秒）	已连接	查看 修改 删除
micaps	192.168.6.171	21	micaps	UTF-8	30（秒）	已连接	查看 修改 删除
starjapan	192.9.200.222	21	mhdbs	UTF-8	30（秒）	已连接	查看 修改 删除
radar	192.9.200.22	21	zbtj	UTF-8	30（秒）	已连接	查看 修改 删除
192.168.6.31	192.168.6.31	21	nwp	UTF-8	60（秒）	已连接	查看 修改 删除
nwp	192.168.6.85	21	unfr	UTF-8	30（秒）	已连接	查看 修改 删除
172.21.50.10	172.21.50.10	21	tomcat	UTF-8	60（秒）	已连接	查看 修改 删除
zbaa	172.21.11.1	21	comm	UTF-8	60（秒）	未连接	查看 修改 删除
web	192.168.2.1	21	tomcat	UTF-8	30（秒）	已连接	查看 修改 删除
FY2E_backup	172.21.50.2	21	comm	UTF-8	60（秒）	已连接	查看 修改 删除
621data	172.21.50.2	21	mhdbs	UTF-8	60（秒）	已连接	查看 修改 删除

共12条　首页　1　末页　第1页/共1页

图 11　线路实时监控

5　应用成果

经过近 3 年的使用，本地机场天气告警信息和短信平台的短信服务都很好地给用户提醒本机场天气变化趋势，使航空公司用户对未来天气变化有了全面掌握，为保障航班安全和提高效益做出了贡献。

2013 年为用户提供大风、大雾、降雪、雷暴、霾等天气提醒信息次数的统计如表 1 所示。

表 1　大风、大雾、降雪、雷暴、霾天气提醒次数统计表

	大风	大雾	降雪	雷暴	霾
次数	24	77	1	33	62

根据2013年一年的统计，对飞行受影响较大的天气提供了及时发布(表2)。

表2 2013年对飞行影响大天气统计表

日期	天气现象	影响的航班
1月30—31日	因大雾和冻雨，大雾持续48 h 31 min	共造成15架航班外出备降、9架延误、433架取消航班，2架返航，21架补班。
3月9日	因大风天气，03:21—08:43，持续5 h，最大风速29 m/s	造成多架航班延误。
8月11日	因出现雷雨	造成15个备降，67个取消航班。
12月7—8日	因本机场大雾，大雾持续25 h 31 min	5架航班备降外站，1架中止进近，89架航班延误。
12月17—18日	因为中雪和大雾	共造成36架航班备降外站，98架航班延误。

随着未来信息时代的发展，可以实现候机楼大厅实时动态显示机场天气信息，以方便旅客了解当前本机场天气情况和未来天气变化趋势。

实时气象服务技术的应用可以推广到其他气象服务行业，促进、提高应对气象防灾减灾水平，推动气象服务社会化发展。

参考文献

[1] 格贝奈，孙贤和. 面向服务的通信体系结构[M]. 北京：清华大学出版社，2007.
[2] 周建华，张中锋，庄卫方，等. 航空气象业务手册[M]. 北京：气象出版社，2013.
[3] 刘远生. 网络安全技术与应用[M]. 北京：清华大学出版社，2013..

松江区农业气象服务效益评估分析

王 超[1] 信 飞[2] 戴蔚明[1] 马 琳[1]

（1. 上海市松江区气象局，上海 201620；2. 上海市气候中心，上海 200030）

摘 要：为了进一步提升为农气象服务能力，提高气象为农服务的水平，上海市松江区气象局于2012—2013年开展了松江气象为农服务效益评估工作。先后调查了松江区25名农业技术专家，涉及果蔬、花卉、养殖等行业，通过专家评估法，得到以下主要结论：(1)松江农业气象服务贡献率为1.824%，气象服务效益明显。(2)影响松江农业的重要敏感气象要素和天气现象为：台风、高温、连阴雨、降雨、降雪。(3)对影响农业生产的主要气象要素的临界值条件、有效预报时段和主要影响及措施进行了认真的分析。(4)分析了农业气象服务的现状及需求，为下一步工作的改进提出建议。

关键词： 农业气象服务；敏感气象要素；松江农业

引言

近年来，党中央、国务院、各级政府高度重视“三农”问题，如何为农业生产提供有针对性的气象服务产品，使气象更好的为农业服务，提高农村防灾减灾的能力，是气象部门需要关注的问题。

农业气象服务效益评估旨通过定量评估气象信息和服务在松江农业生产中的贡献率和效益值，调查摸清农业生产者对气象服务的依赖程度和需求，为部门合作和联动提供基础，也为气象部门合理配置服务资源、更好地服务农业提供依据。气象为农服务效益不仅是各级党政领导和农业生产者所关注的问题，也是衡量气象部门及相关部门的业务、管理工作水平的重要标准之一。通过为农气象服务效益评估，对于进一步提高农业气象服务水平，提升为农气象服务能力，更好地为农业生产和社会发展服务，具有十分重要的意义。

1 松江气象为农业服务工作概况

1.1 松江区农业现状

松江区地处上海市西南方，是江南著名的鱼米之乡，自古以来，松江的农业就是松江经济的重要组成部分。近年来，松江区在进一步加强农业设施建设基础上，围绕“科学、生态、高效”的现代化农业发展目标，在农业生产布局、农业生产方式、农业服务体系、生态农业、农业功能拓展等方面开展了全新的探索和实践。通过努力，形成了以黄浦江南片为重点的农业区域化布局，建立了以家庭农场为主体的农业适度规模经营模式，促进了农业生产经营向专业化、规模化的转变，但与家庭农场相配套的农业服务体系不断健全，种养结合生态循环农业建设和旅游休

基金项目：上海市气象局项目(MS201216)资助。

闲农业发展使农业功能逐步向生态和生活功能延伸，这些新的农业发展目标和农业生产道路都为气象服务工作提出了新的要求，也为新形势下提升为农气象服务能力提供了新的机遇。

1.2 松江农业气象服务现状

松江区气象局作为上海地区唯一有农业气象观测的气象局，历来高度重视农业气象服务工作。目前不仅通过报纸、电视、广播、传真、电话、网站、手机短信等传统手段发布天气预报，随着科技进步，充分利用新媒体的传播力量，先后开发了松江户外显示屏集中控制发布系统和松江农业气象灾害早期预警系统等平台，大大提高了为农天气预报预警信息的发布能力。

为农业气象服务产品包括天气预报预警、农业气象情报（周、月、季、年）、“三夏”、“三秋”等重要农时季节7天滚动天气预报和农业气象专题分析报告等。

松江气象局根据近年来松江区农业产业结构的调整和松江现代农业的需求，先后为全区千余户家庭农场主提供直通式的气象服务，通过手机短信将气象信息直接发送到农业管理者和农业生产者手中，在松江区农业防灾减灾及农业生产中发挥了重要的作用。

2 评估方法和流程

2.1 确定松江农业部门评估专家，进行全面调查

与松江农业系统沟通，选取了松江农业有代表性的花卉、养殖、粮食及果园等专家25名组成农业气象服务效益评估专家组。

通过专家座谈，对25名专家关于气象要素在农业生产中的敏感度、气象服务现状、对气象服务需求等方面进行了调查，分析气象服务在农业生产中产生的效益，并填写相关调查表。

2.2 计算松江农业气象服务贡献率 E

本文使用专家评估法（德尔菲法），将25名农业评估专家意见进行汇总分析。依据公式 $E=\sum_{K=1}^{10}\overline{e}_k w_k$，其中 w_k 为选取的第 k 等级的专家比例，即 w_k = 选择的第 k 等级的专家数/总专家数；$\overline{e}_k$ 是第 k 等级的中值，计算得出贡献率 E。

2.3 计算松江区农业气象服务效益 P

根据公式 $P=EG$ 计算得出农业的气象服务效益值 P。其中，E 是农业气象服务效益贡献率，G 是松江农业生产总值。

3 调查结果分析

3.1 松江农业气象敏感度分析

3.1.1 松江农业气象敏感度调查概述

本次松江农业气象敏感度调查内容包括农业高敏感度气象要素，影响农业生产的气象要

素临界条件、有效预报时段、敏感气象要素的影响和防御措施等。

在气象敏感度调查中，充分发挥农业专家实际工作经验丰富的优势，获取了第一手气象敏感要素的影响及应对措施的具体数据和资料。深入调查了解和掌握气象服务过程中，主要气象要素对农业生产的具体影响，对相关气象要素预报、预警标准的设计和服务信息的及时发布具有重要的参考价值。

3.1.2 松江农业敏感气象要素

行业气象敏感度是指，某一气象要素或天气现象对行业生产影响的程度。对行业气象敏感度的调查，有利于气象部门合理安排监测预报工作的基本内容和提高服务的针对性。下面就参考松江农业气象服务效益评估的专家选择的要素进行分析。

3.1.2.1 松江农业主要敏感气象要素

评估专家选择的前5位农业敏感气象要素和天气现象敏感度频次分析表明(图1)，影响松江农业的重要敏感气象要素和天气现象为：台风、高温、连阴雨、降雨、降雪。

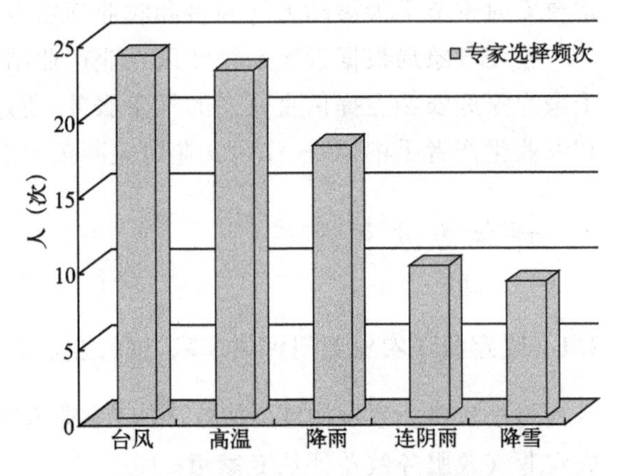

图1　松江农业敏感气象要素排序

3.1.2.2 不同类型农业生产者的重要敏感气象要素

花卉：

如图2所示，花卉专家选择的敏感气象要素依次是：台风、高温、低温、降雨、降雪。

养殖：

如图3所示，养殖专家选择的敏感气象要素依次是：高温、低温、台风、积雪深厚、气温变化。

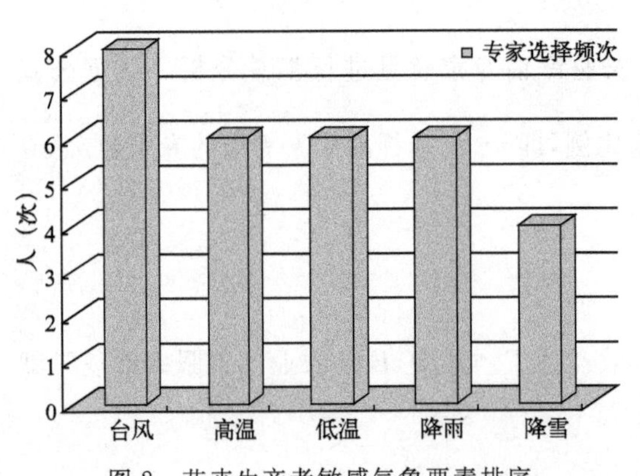

图2　花卉生产者敏感气象要素排序

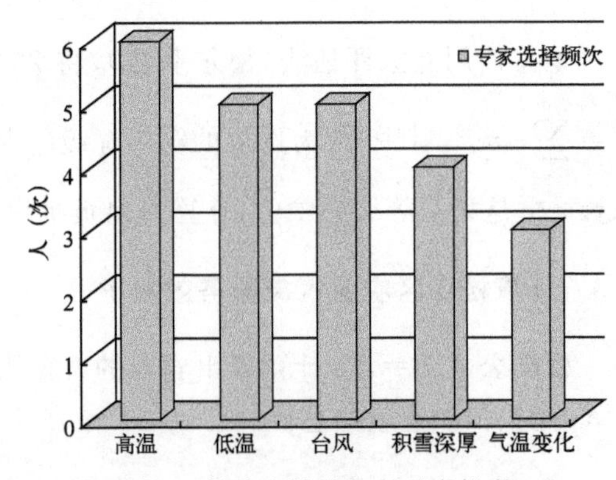

图3　养殖户敏感气象要素排序

果农：

如图4所示，果树专家选择的敏感气象要素依次是：台风、高温、降雨、连阴雨、风力。

3.1.3 松江农业敏感气象要素的临界值、影响与防御措施

临界值是物体由一种物理状态向另一种物理状态转化所需的基本物理量。此处的气象要素临界值是指某一气象要素影响农业生产的临界条件。

3.1.3.1 农业生产敏感气象要素临界值

分析前5位影响松江农业的重要敏感气象要素和天气现象。

台风临界值：

台风影响包括风、雨的影响，临界值不易确定，综合专家意见，认为只要台风对本区有明显影响，均会对农业产生影响。

高温临界值：

如图5所示，农业专家选择的最高气温临界条件频次最高的是36～37℃。

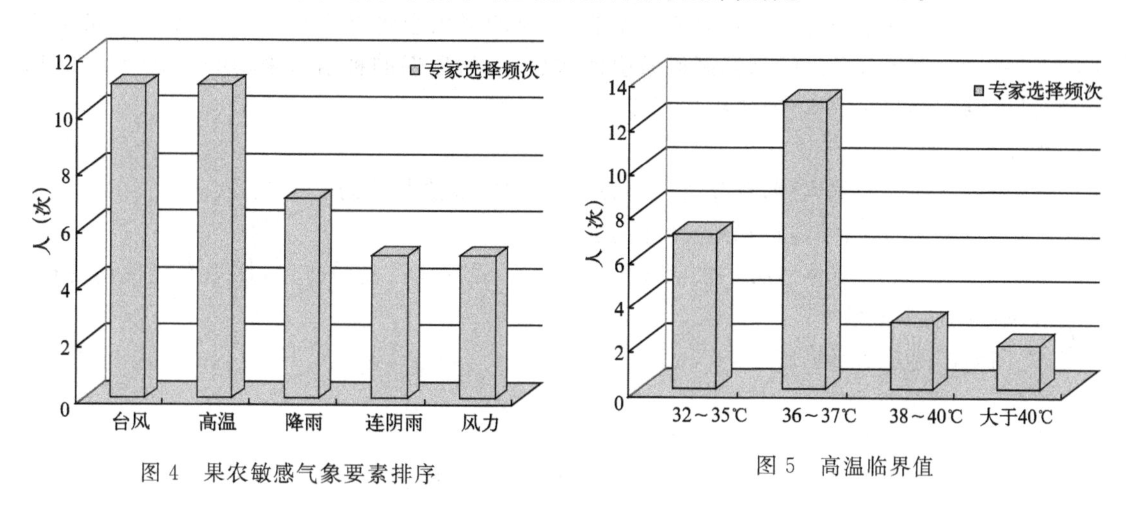

图4 果农敏感气象要素排序

图5 高温临界值

连阴雨临界值：

连阴雨尚无明确的定义，临界值不易确定，综合专家意见，认为连续5 d以上降水且无日照，会对农业产生影响。

降雨临界值：

如图6所示，农业专家选择的频次最高的降雨临界条件是暴雨。

降雪临界值：

如图7所示，农业专家选择的频次最高的降雪临界条件是大雪。

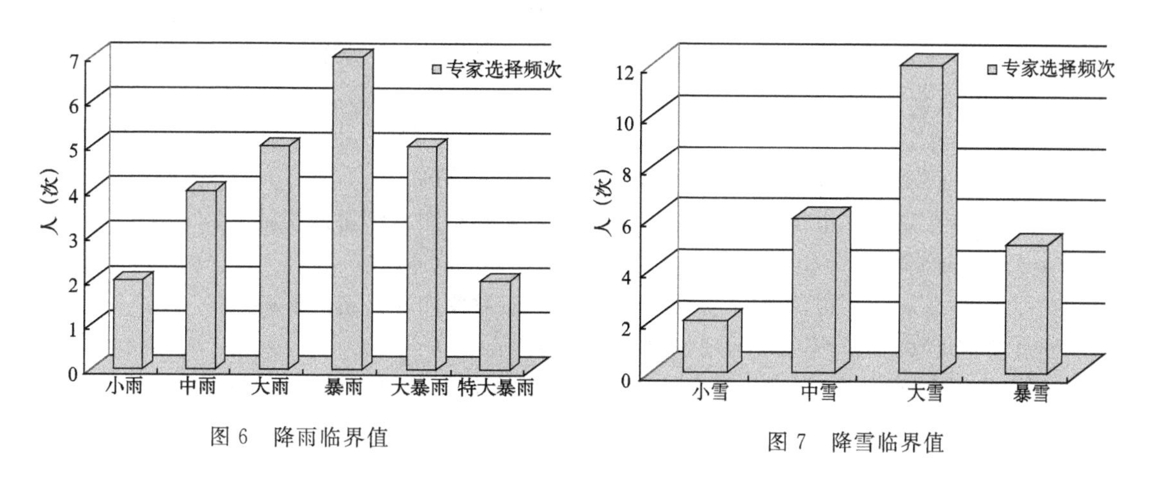

图6 降雨临界值

图7 降雪临界值

3.1.3.2 农业主要敏感气象要素的影响及措施

(1)台风影响及防御措施

影响：

花卉基地：大棚易被台风(7级以上)吹坏，对棚内花卉造成严重损失，大棚的损坏也为农户带来严重损失。由于受台风影响时东风风力大，导致南北走向的大棚易受损。另外，台风带来的强降水对花卉基地的排水造成较大压力，长时间强降水会造成涝灾。

种猪场：因种猪场为室内养殖，所以台风的风雨影响不是非常明显。

果农：台风影响本地时多为水果成熟季节，台风的强风会将果实吹落，直接给果农带来严重的经济损失，而且台风后的高温高湿易引发病虫害，为后期的种植带来影响。据统计，2012年受台风“海葵”影响，中桃，晚桃损失近50%。

措施：

花卉基地：通过加固大棚，预先排水，清理沟道等方式进行预防。

种猪场：关好门窗，加强对场地、猪舍的巡查。

果农：提前用木桩支撑等方法加固树木，减少强风的影响；提前排水，加强农药使用管理，减少台风后的病虫害发生。

(2)高温影响及防御措施

影响：

花卉基地：高温不利于花卉的生长。

种猪场：因为猪主要靠皮肤散热，对高温比较敏感，温度太高不利于猪的生长。

果农：高温会导致植物生长速度过慢，高温期间易发生虫害。

措施：

花卉基地：开启大棚，加强自然通风；开启风机，促进空气流动。

种猪场：高温天气要做好及时开关降温设施，注意通风。

果农：加强对果树的灌溉，加强虫害的预防。

(3)连阴雨影响及防御措施

影响：

花卉基地：连阴雨期间基本无日照，会对植物的生长带来一定影响。

种猪场：饲料易发生霉变，连阴雨期间相对湿度大，猪易发生呼吸道疾病和皮肤病。

果农：连续阴雨不利于果树的生长，连续高湿易造成树木发生病害。

措施：

花卉基地：加强抽湿，通风。

种猪场：加强对猪易发病的监测，加强对饲料卫生的管理。

果农：在连阴雨的间歇期做好病虫害防治工作，尤其是树木病害的防治工作。

(4)降雨影响及防御措施

花卉基地：长时间的强降水会造成基地短时涝灾，对棚内花卉造成影响。

种猪场：对猪的生长影响较小，主要对猪舍的影响。

果农：果实成熟期的降水，会造成果实的脱落，大雨以上的降水使树木易产生病虫害。

措施：

花卉基地：提前清理沟道，预降水位。

种猪场：场区加强排水，猪舍门窗关好，防止进水，预防猪的传染病。

果农：采取预降水位，为果树增加支撑物；加强病虫害的防治，适时增施肥料。

(5)降雪影响及防御措施

影响：

花卉基地：积雪压倒大棚，由于构造原因，单栋大棚可人工除雪，但连栋大棚无法人工除雪。

种猪场：母猪、仔猪抵抗力差，易生病。

果农：降雪可减少病虫害的发生，对果树生长产生积极的影响。

措施：

花卉基地：及时采取棚内加温，一方面提升棚内温度，利于植物的生长；另一方面可以加速积雪融化，减少大棚压力，防治大棚倒塌。

种猪场：做好猪舍的保温工作和饲料的管理工作，做好猪的保暖，尤其是母猪、仔猪的保温，防治发生腹泻等疾病。

果农：做好田间管理。

3.1.4 农业敏感气象要素的有效预报时段

有效预报时段是指某一具体生产环节对气象预报提前时间的基本要求。有效预报时段的调查对于掌握气象服务及时性的基本要求具有一定的参考价值。以下是松江农业专家选择的最关心的前 5 位气象要素或者天气现象的有效预报时段。

台风：

如图 8 所示，农业专家选择频次最高的台风有效预报时段 24～48 h。

高温：

如图 9 所示，农业专家选择频次最高的高温有效预报时段是 24～48 h。

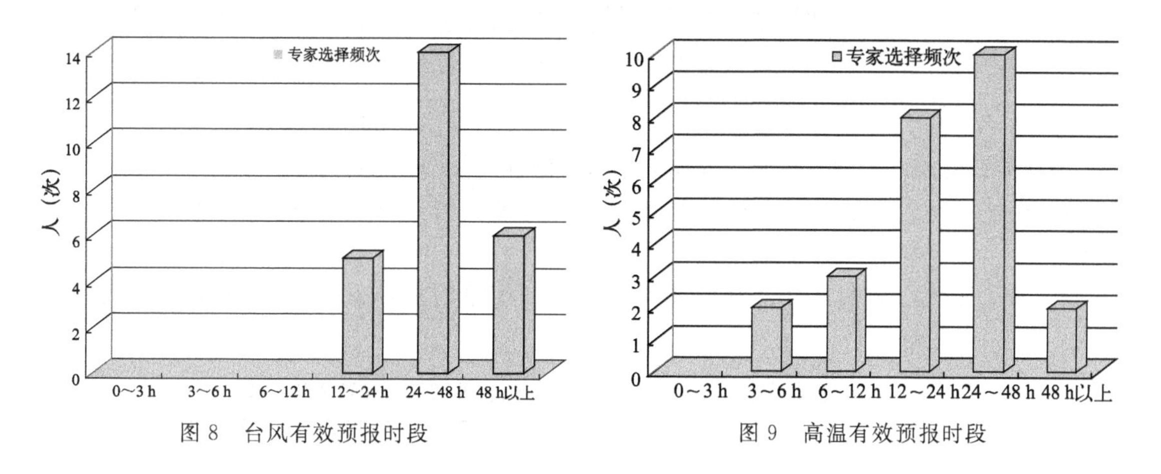

图 8 台风有效预报时段　　图 9 高温有效预报时段

连阴雨：

如图 10 所示，农业专家选择频次最高的连阴雨有效预报时段是 48 h 以上。

降雨：

如图 11 所示，农业专家选择频次最高的降雨有效预报时段是 12～24 h。

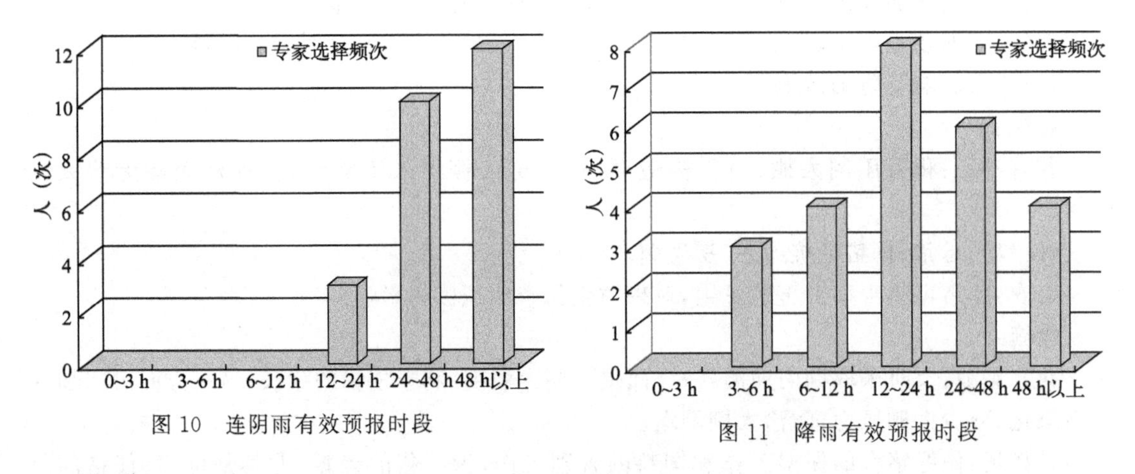

图 10　连阴雨有效预报时段

图 11　降雨有效预报时段

降雪：

如图 12 所示，农业专家选择频次最高的降雪有效预报时段是 12～24 h。

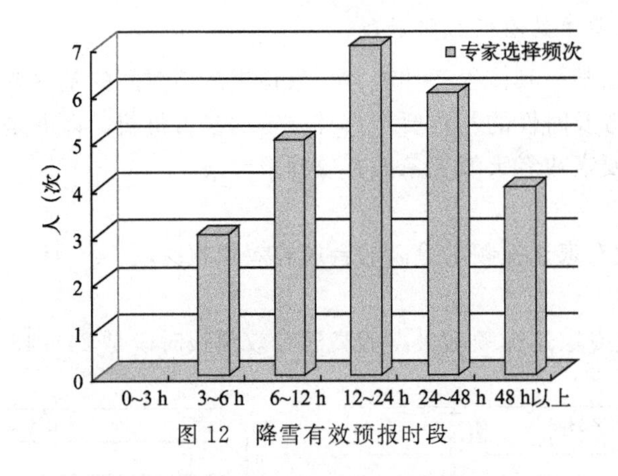

图 12　降雪有效预报时段

小结：

通过对松江农业专家气象敏感度评估数据分析，得出以下结论：

(1)影响松江农业的重要敏感气象要素和天气现象为：台风、夏季高温、连阴雨、降雨、降雪。

(2)对农业生产影响最大的气象要素或者天气现象的临界条件、有效预报时段及影响如表 1 所示。

表 1　松江农业主要敏感气象要素临界值、有效预报时段及主要影响

气象要素	临界值	有效预报时段(h)	主要影响
台风	未设置相关选项	24～48	花卉基地：大棚易被吹坏，对棚内花卉造成严重损失；台风带来的强降水对花卉基地的排水造成较大压力，长时间强降水会造成涝灾。种猪场：因种猪场为室内养殖，所以台风的风雨影响不是非常明显。果农：台风影响本地时多为水果成熟季节，台风的强风会将果实吹落，直接给果农带来严重的经济损失，台风后的高温高湿易引发病虫害，为后期种植带来影响。

续表

气象要素	临界值	有效预报时段(h)	主要影响
高温	36～37℃	24～48	花卉基地：高温不利于花卉的生长。种猪场：因为猪主要靠皮肤散热，对高温比较敏感，温度太高不利于猪的生长。果农：高温会导致植物生长速度过慢，高温期间易发生虫害。
连阴雨	未设置相关选项	48 h以上	花卉基地：连阴雨期间基本无日照，会对植物的生长带来一定影响。种猪场：饲料易发生霉变，连阴雨期间湿度大，猪易发生呼吸道疾病和皮肤病。果农：连续阴雨不利于果树的生长，连续高湿易造成树木发生病害。
降雨	暴雨	12～24	花卉基地：长时间的强降水会造成基地短时涝灾，对棚内花卉造成影响。 种猪场：对猪的生长影响较小，主要对猪舍的影响。 果农：果实成熟期的降水，会造成果实的脱落，大雨以上的降水使树木易产生病虫害。
降雪	大雪	12～24	花卉基地：积雪压倒大棚，由于构造原因，单栋大棚可人工除雪，但连栋大棚无法人工除雪。种猪场：母猪、仔猪抵抗力差，易生病。果农：降雪可减少病虫害的发生，对果树生长产生积极的影响。

(3)通过分析，不同类型的种植户对气象要素的敏感性不同，如降雪对花卉基地和养猪场都会有严重影响，但是对果农来说却产生积极的影响，台风对花卉和果农有严重的影响，对养猪场影响却不大，所以气象服务的开展一定要有准确的针对性，才能使为农服务落到实处，产生效益。

3.2 松江农业气象服务现状分析

松江气象局现有的农业气象服务产品中，常规的产品(基本天气预报、灾害性天气预报等)比重较大，达到80%左右，专业气象预报产品(“三秋”、“三夏”、病虫害预报等)所占比重较小，仅占20%左右，还未形成对各类农产品的专业预报产品(如花卉、养殖、果树等)，农业气象服务专业能力需进一步提升。

农业气象服务产品的形式主要是文字类产品，这与服务产品主要是常规类产品相对应，反映出农业气象服务产品在加工制作方面仍然维持着常规的气象服务产品的基本形式。

农业气象服务产品的发布渠道主要是气象网站、手机短信、广播电视等传统的大众媒体，呈多元传播的格局，但与现代信息传播发布技术的迅速发展存在一定差距。

3.3 松江农业气象服务需求分析

通过对《松江区为农气象服务需求调查表》分析得到以下结论：从希望提供的产品分析，灾害性天气预报和5～7 d趋势预报的需求程度最高，其次是今明天气预报和旬预报；从希望产品的表现形式来分析，主要以文字为主；从希望获取的渠道来看，最希望能够从手机短信获取，其次是广播和网站。

与现状对比表明，要增强灾害性天气的预报和5～7 d的为农气象服务天气预报产品的发布，及时通过手机短信等形式及时发到农业生产者。

3.4 松江农业气象服务贡献率和效益值计算结果

根据25位农业气象服务效益评估专家对贡献率的评分结果(见表2)分析,40%的专家认为气象服务对松江农业生产总值的贡献率为1.5%~1.8%,根据贡献率E公式计算,松江农业气象服务贡献率E为:$E=\sum_{K=1}^{10}\overline{e}_k w_k=1.824\%$,根据农业部门提供的数据,松江近3年的农业生产总值的平均值为:20.17亿元,根据公式,$P=EG$,计算出松江农业气象服务效益值约为0.368亿元。

表2 松江农业服务效益贡献率档次、相应范围及专家选择情况

等级	1	2	3	4	5	6	7	8	9	10
贡献率范围	0~0.3%	0.3%~0.6%	0.6%~0.9%	0.9%~1.2%	1.2%~1.5%	1.5%~1.8%	1.8%~2.1%	2.1%~2.4%	2.4%~2.7%	2.7%~3.0%
专家选择人数	0	1	1	2	3	10	4	2	1	1

4 结论与建议

4.1 结论

通过对松江农业气象服务效益评估,深入了解了气象服务在农业生产中的作用,进一步明确了农业生产的气象服务需求,主要得出以下结论:

(1)农业生产在松江经济生产中占有重要的地位,是气象敏感行业,对气象预报服务有着巨大的需求。

(2)松江气象服务工作对农业生产总值的贡献率达到1.824%,效益明显。

(3)不同的农业生产者的敏感气象要素、临界值、有效预报时段及主要影响都有所不同,这些都对气象部门的工作提出了高的要求,需要在日常工作中为农业生产提供更有针对性的产品。

(4)松江农业对灾害性天气的预报和5~7 d的为农气象服务天气预报产品的有着较强的需求,农业部门希望通过手机短信等形式及时接收气象信息。

4.2 建议

(1)加强预报能力建设,提高预报准确率。准确的预报、及时的服务是做好一切气象服务工作的根本,要加强与农业生产有关的气象灾害预警信息的发布,增强5~7 d和延伸期预报能力,提供农业生产者最关心的预报服务产品。

(2)加强部门合作,提高服务水平。要加大与农业部门在科研、业务等方面的合作,进一步研究气象要素与农业生产的关系,为农业生产提供更有针对性的服务产品。加强对农业用户需求的规律性和针对性的研究,提高气象服务的有效性。

(3)拓展气象为农服务发布渠道,提高气象信息的覆盖面。进一步拓展为农服务的渠道,扩大气象信息和气象服务的覆盖面。加强与媒体合作,充分发挥媒体作用,及时准确的发布气

象信息。加强对新技术的应用，建设适合松江实际的气象信息综合发布系统。

(4)加强气象服务评估，提高气象服务效益。本次为农气象服务效益评估，得到了农业部门的充分肯定，也将指导气象服务工作进一步的完善。充分认识气象服务效益评估的重要性，常态化与农业部门开展效益评估工作，根据评估结果，调整气象服务内容，改进气象服务方式，满足不同用户需求，提高气象服务效益，为农业防灾减灾能力的提高，农业增产，农民增收做出新的贡献。

参考文献

[1] 许小峰. 气象服务效益评估方法与分析研究[M]. 北京：气象出版社，2009.
[2] 罗慧，李良序. 气象服务效益评估方法与应用[M]. 北京：气象出版社，2009.
[3] 陈振林，孙健. 高速公路气象服务效益评估(2009)[M]. 北京：气象出版社，2010.
[4] 陈振林，孙健. 旅游行业气象服务效益评估(2010)[M]. 北京：气象出版社，2011.
[5] 陈振林，孙健. 电力行业气象服务效益评估(2010)[M]. 北京：气象出版社，2011.
[6] 章国材. 2008年行业气象服务效益评估的进展和问题[J]//中国气象局预测减灾司，国家气象中心. 2008年气象服务效益评估文集. 北京：气象出版社，2009.
[7] 罗艳. 江苏省公众和农业气象服务效益研究[D]. 南京：南京信息工程大学，2011.
[8] 姚小芹. 沪宁高速气象服务效益评估研究[D]. 南京：南京信息工程大学，2011.
[9] 邹竹芹，等. 江西省2003—2007年行业气象服务效益评估研究报告[J]//中国气象局预测减灾司，国家气象中心. 2008年气象服务效益评估文集. 北京：气象出版社，2009.
[10] 郭瑞鸽. 江西气象为农业服务作用及效益分析评估[J]//中国气象局预测减灾司，国家气象中心. 2008年气象服务效益评估文集. 北京：气象出版社，2009.
[11] 陈玉珍，等. 福建省农业行业气象服务效益评估分析[J]//中国气象局预测减灾司，国家气象中心. 2008年气象服务效益评估文集. 北京：气象出版社，2009.

张家口作物生长季气候资源变化及特色农业

孙跃飞　吴伟光　顾润香　刘星燕
王新宁　段雯瑜　孙晓霞

（河北省张家口市气象局，张家口　075000）

摘　要：找出张家口作物生长季气候资源的分布规律和变化特征，为农业生产合理利用气候资源提供一定理论依据，利用1962—2013年张家口13个气象站逐日气象资料，运用一元线性回归方程等统计方法分析该地区作物生长季（5—9月）气候资源变化特征，并结合地形分析其空间分布规律。结果表明，张家口作物生长季平均气温随着海拔高度递减而递增，近52年来呈上升趋势；≥10℃积温随海拔高度的递减而递增，近52年来呈上升趋势；降水量受地形影响较大，近52年来呈下降趋势；日照时数受地形影响比较明显，坝头一带最少，近52年来呈减少趋势。根据气候资源的空间分布规律和近52年来的变化特征，坝上适合发展绿色错季蔬菜；坝下河谷盆地适合种植葡萄；坝下半山半川丘陵区是杏仁的理想产地。

关键词：张家口；作物生长季；热量资源；水资源；光资源；特色农业

引言

IPCC第4次评估报告[1]指出，气候变化呈现出全球增暖的特点。在全球增暖[2~4]的背景下，中国的气候也在增暖[5~7]，而气候变暖必然导致其他气候条件的改变[8]。农业对气候变化非常敏感，气候始终是影响农业生产的首要因子[9~10]，赵俊芳等[11]研究表明，气候变化对农作物的产量、品质以及种植结构都有很大影响。刘星燕等[12]研究发现，张家口气候变暖的特点与全球变暖的趋向一致。张家口位于河北省西北部，地处蒙古高原和华北平原的过渡地带，地势西北高，东南低，阴山山脉横贯中部。复杂的地形特征使张家口市兼有高原、山地、丘陵、河谷、盆地等多种地形气候特征。区域性的降水资源匮乏、热量资源不足制约农作物品种的发展，而坝上及坝下高寒区的霜冻早、无霜期短更是影响农业生产的重要因素。以往对于张家口气候资源的研究，主要集中在全年气象要素的变化[13~15]，本文旨在分析气候变暖背景下，张家口作物生长季的气候资源变化特征，为该地区充分利用农业资源、依据不同地形气候特征合理安排农业种植提供科学依据。

1　资料与方法

1.1　数据来源与选取

考虑气象站数据的时间序列长度以及代表性，选取张家口区域内13个代表站1962—2013年的气候资料，康保、沽源、尚义、张北代表坝上，张家口、怀安、崇礼、赤城、宣化、涿鹿、怀来、阳原、蔚县代表坝下。时间序列为 1962—2013 年,作物生长季为 5—9 月,以 1962—2013 年 52 年平均值作为气候要素平均值。

1.2 统计方法

(1)做出张家口年际气温和降水曲线,以及 3 年滑动平均曲线;(2)使用线性回归方程 $y(t)=a_0+a_1t$ 拟合气象要素序列,(y 为气象要素拟和值,t 是年序列,$t=1,2,3,\cdots,52(\text{a})$),其线性趋势倾向系数由最小二乘法求得。$\mathrm{d}y(t)/\mathrm{d}t=a_1$,$a_1\times 10\text{a}$ 为气象要素倾向率,气温倾向率单位为℃/10a,积温倾向率单位为℃·d/10a,降水量倾向率单位为 mm/10a,日照时数倾向率单位为 h/10a;(3)在统计气温和降水时,采用的异常等级标准[16]见表 1,其中气温栏中,T 为作物生长季平均气温,Tp 为作物生长季多年气温平均值,St 为作物生长季平均气温标准差,单位均为℃;降水栏中,R 为作物生长季降水量,Rp 为作物生长季多年平均降水量,Sr 为作物生长季降水量标准差,单位均为 mm。

表 1 气温和降水异常的等级标准

等级	气温	降水
3 级	$T\geqslant Tp+2.0St$ 异常偏暖	$R\geqslant Rp+2.0Sr$ 异常偏多
2 级	$Tp+2.0St>T\geqslant Tp+1.5St$ 显著偏暖	$Rp+2.0Sr>R\geqslant Rp+1.5Sr$ 显著偏多
1 级	$Tp+1.5St>T\geqslant Tp+1.0St$ 偏暖(1 级)	$Rp+1.5Sr>R\geqslant Rp+1.0Sr$ 偏多
0 级	$Tp+1.0St>T\geqslant Tp-1.0St$ 正常	$Rp+1.0Sr>R\geqslant Rp-1.0Sr$ 正常
−1 级	$Tp-1.0St>T\geqslant Tp-1.5St$ 偏冷	$Rp-1.0Sr>R\geqslant Rp-1.5Sr$ 偏少
−2 级	$Tp-1.5St>T\geqslant Tp-2.0St$ 显著偏冷	$Rp-1.5Sr>R\geqslant Rp-2.0Sr$ 显著偏少
−3 级	$Tp-2.0St\geqslant T$ 异常偏冷	$Rp-2.0Sr\geqslant R$ 异常偏少

2 作物生长季气候资源变化分析

2.1 热量资源变化

2.1.1 作物生长季平均气温

(1)作物生长季平均气温的空间分布特征。由图 1 可知,张家口作物生长季平均气温随着海拔高度递减而递增,北部的康保和沽源海拔高度在 1400 m 左右,作物生长季平均气温为 14.7℃,全市最低;涿鹿和怀来海拔高度约 500 m 左右,怀来平均气温为 21.3℃,全市最高。

从坝上北部往南,坝上南部海拔高度从 1400 m 下降到 1300 m 左右,作物生长季平均气温递增了约 1℃;坝头一带地形坡度大,海拔高度从 1300 m 降落到 700～800 m,气温也随之递增了约 4℃,等温线比较密集,气温梯度较大;坝下东南部,是桑洋河谷盆地,地势较低,海拔高度递减到 500 m 左右,是一个暖舌;坝下西南部,海拔高度又有所递增,气温也有所递减,蔚县山区地势较高,是一个冷中心,小五台最高处高达 2882 m,是河北省海拔最高的地方,背阴坡积雪可终年不化。

(2)作物生长季平均气温的时间序列分析。近 52 年来张家口作物生长季全市平均气温为 18.1℃,2007 年最暖为 19.7℃,1976 年最冷为 16.6℃。按表 1 的标准,异常偏暖年份有

1999 年、2001 年和 2007 年；显著偏暖年份有 2000 年；偏暖年份有 2009 年、2010 年和 2013 年；异常偏冷年份有 1979 年；显著偏冷年份有 1979 年；偏冷年份有 1969 年、1970 年、1974 年和 1995 年。其中，$Tp=18.1$℃，$St=0.7$℃。1997—2013 年期间，除了 2004 年，其他 16 年作物生长季平均气温均为正距平。异常偏暖年份均出现在 1997 年以后，偏冷年份均出现在 1997 年以前。

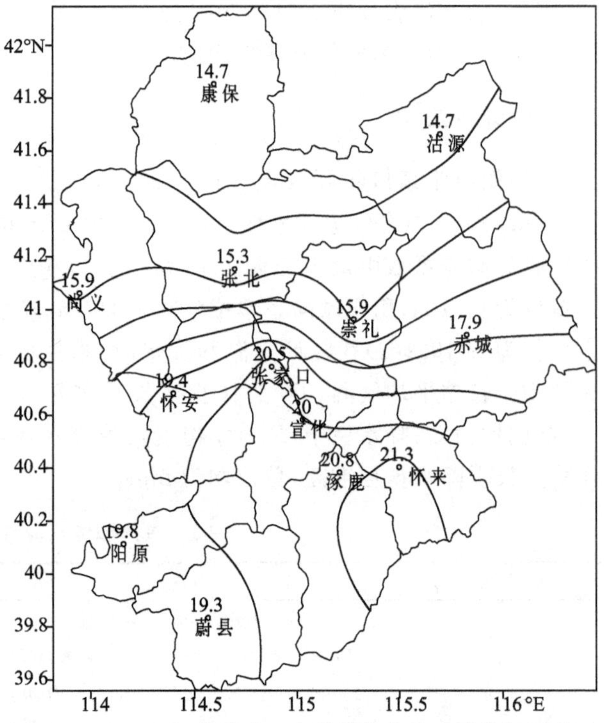

图 1　1962—2013 年张家口各县作物生长季平均气温(℃)

将作物生长季平均气温序列，用线性回归方程 $y(t)=a_0+a_1t$ 做趋势线，由图 2 得知，1962—2013 年，作物生长季平均气温呈上升趋势，倾向率为 0.28℃/10a，相关系数 $r=0.61$，远远超过了信度为 0.01 显著水平检验。最大增温时段为 1976—2001 年，倾向率为 0.67℃/10a，相关系数 $r=0.70$，也超过了信度为 0.01 显著水平检验。另外，1962—1976 年，作物生长季平均气温呈下降趋势，倾向率为－0.49℃/10a。

2.1.2　≥10℃积温变化

≥10℃积温的多寡可以反映作物完成全生育期对热量要求的满足程度，是研究温度与生物有机体发育速度之间关系的一种指标，也是地区间作物选种和引种的理论依据。近 52 年来，张家口作物生长季≥10℃积温随海拔高度的递减而递增。怀来最大为 3251.3℃·d，沽源最小为 1913.2℃·d。坝头一带等值线密集，积温梯度较大。

将张家口市作物生长季≥10℃积温序列，用线性回归方程 $y(t)=a_0+a_1t$ 做趋势线，计算得知，1962—2013 年，作物生长季≥10℃积温呈上升趋势，倾向率为 51.0℃·d/10a，相关系数 $r=0.57$，超过了信度为 0.01 显著水平检验。

2.2　水资源变化

2.2.1　作物生长季降水量的空间分布特征

一般来说，形成降水必须具备 2 个条件：一是有冷空气活动，二是有足够的水汽输送。影响张家口市降水的冷空气主要有：东北冷涡、西风槽、西北路径冷空气。水汽来源一是来自太平洋，靠东南季风输送；二是来自渤海，多由倒槽回流的偏东风输送；三是河流、池塘、土壤和植物将水汽输送到空中。地面水汽资源有限，海洋水汽资源比较丰富，而渤海是内海，水汽资源又小于太平洋。

张家口市属半干旱地区，水资源严重不足，作物生长季的降水量主要取决于地形。山脉对气流的抬升制雨作用，及气流越山后的下沉增温少雨作用，在张家口市比较明显。从图 3 可知，崇礼降水量最多为 387 mm，康保最少为 293.5 mm。坝头一带东部的崇礼和赤城降水量

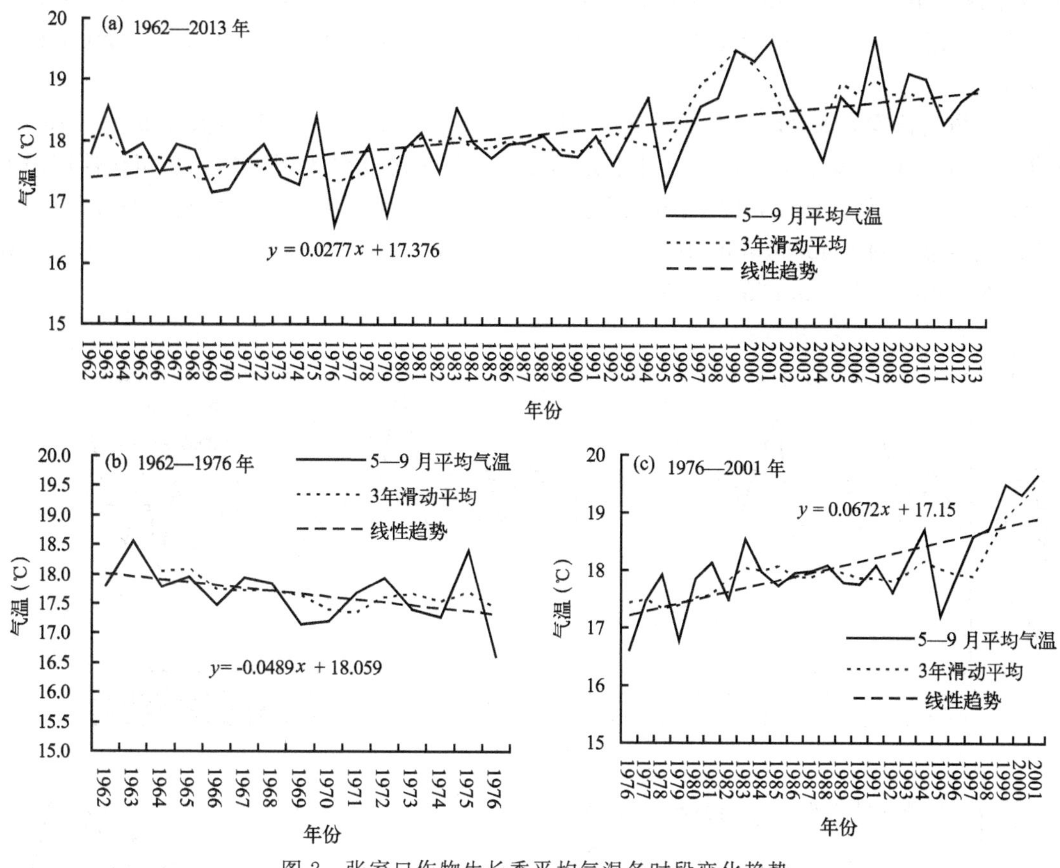

图 2　张家口作物生长季平均气温各时段变化趋势

较多，这个大值中心一是和山地地形的辐合作用有关；二是受东北冷涡后部系统影响更加明显；三是因为渤海水汽资源相对有利。坝上因地势高，暖湿空气经军都山和坝头的两次阻挡，水汽来源不丰富，降水量较少，康保是最少降水中心。另外，阳原由于东南部有恒山余支阻挡水汽输送，也是一个少雨中心。

2.2.2　作物生长季降水量的时间序列分析

近 52 年来张家口作物生长季降水量全市平均为 331.3 mm，1995 年降水量最多为493.2 mm，1965 年最少为 192.0 mm。按照表 1 的标准，降水异常偏多年份为 1995 年；显著偏多年份有 1967 年、1973 年和 1978 年；偏多年份有 1979 年和 2013

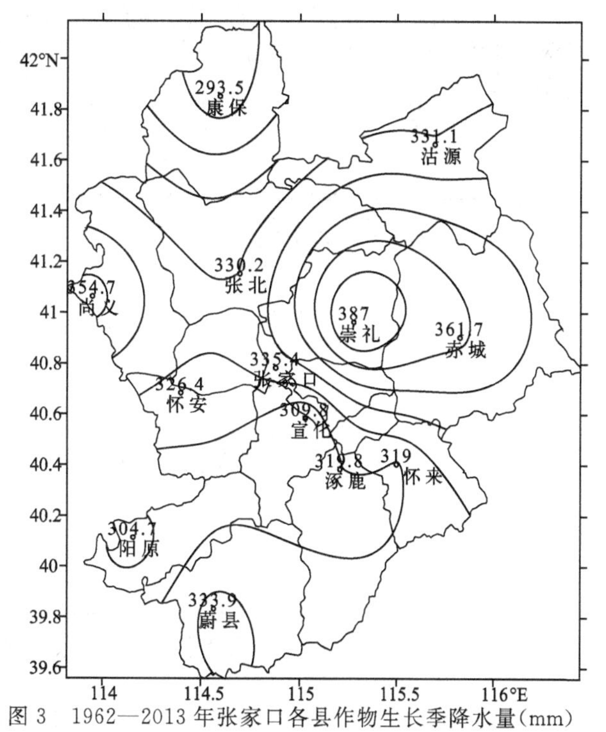

图 3　1962—2013 年张家口各县作物生长季降水量(mm)

年;异常偏少年份为1965年;显著偏少年份有2001年和2009年;偏少年份有1980年、1984年、1993年、1997年、1999年、2002年、2007年和2011年。其中,$Rp=331.3$ mm,$Sr=61.4$ mm。

将作物生长季降水量序列分为三段:1962—1979年、1980—1996年以及1997—2013年。由图4可知,三段内降水趋势均为上升趋势,但近52年来总趋势为下降趋势。用线性回归方程 $y(t)=a_0+a_1t$ 做趋势线,并计算年与各生长季降水量的倾向率。由计算及回归方程可知,三段的倾向率分别为43.50 mm/10a、70.71 mm/10a和37.28 mm/10a,三段的降水平均值分别为346.6 mm、337.6 mm和308.8 mm。

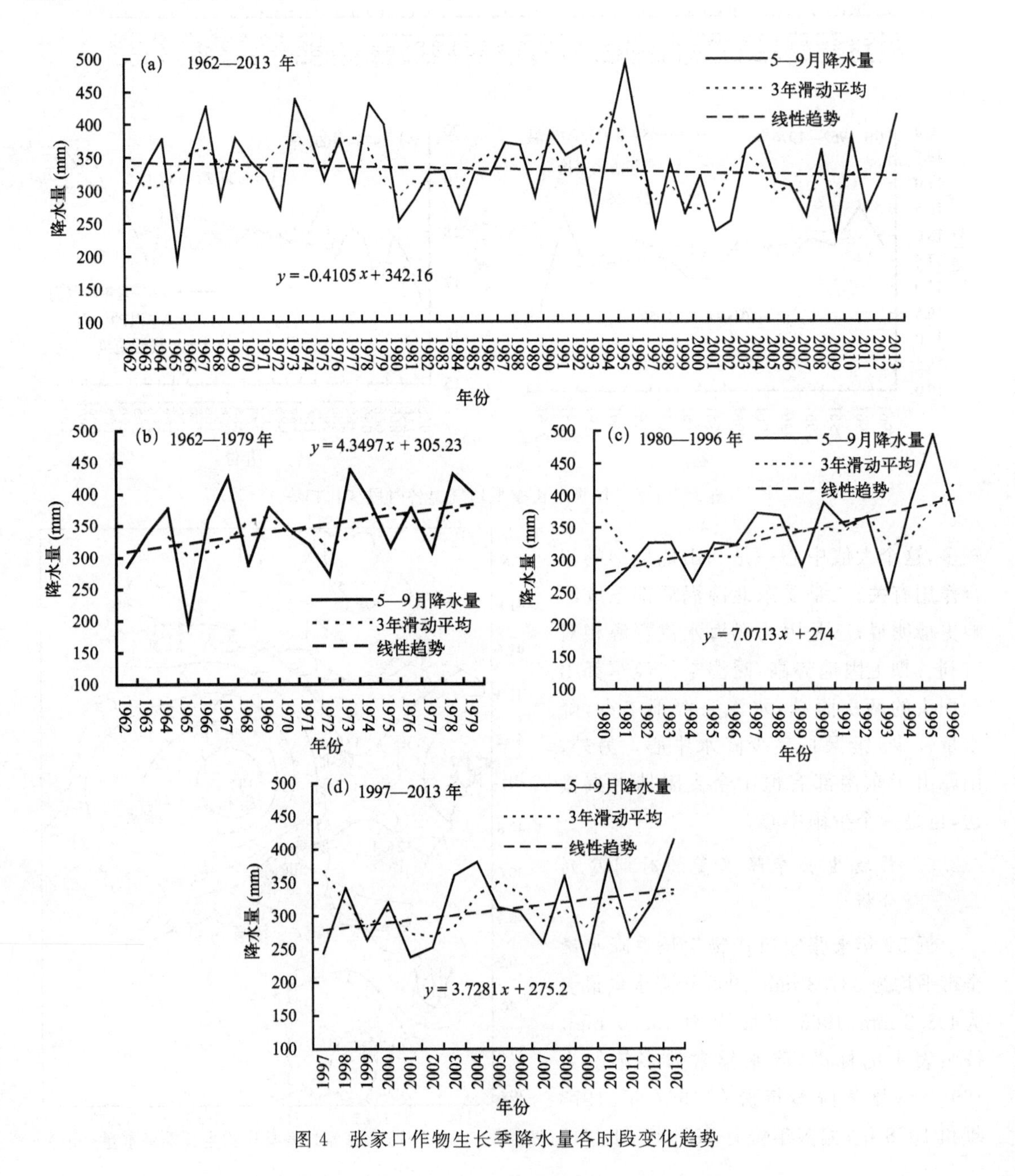

图4 张家口作物生长季降水量各时段变化趋势

2.3 光资源变化

张家口市日照时数的分布受地形影响比较明显，坝头一带由于坡地对阳光的阻挡作用，日照相对较少，赤城最少为 1232 h，崇礼、怀安也在 1300 h 以下；坝上草原地势开阔，日照时数相对较多，康保最多为 1391 h，东南部的怀来为 1376 h，也是一个大值中心。

近 52 年来，张家口作物生长季日照时数平均值为 1303 h，1980 年最大为 1436 h，2003 年最小为 1126 h。将日照时数序列用线性回归方程 $y(t)=a_0+a_1t$ 做趋势线，近 52 年来张家口作物生长季日照时数呈减少趋势，倾向率为 −25.7 h/10a，相关系数 $r=0.45$，通过了信度为 0.05 显著水平检验。

3 特色农业

3.1 坝上是发展绿色错季蔬菜的天然产地

"坝上"是一地理名词，特指由草原陡然升高而形成的地带，是河北省向蒙古高原过渡的地带。张家口坝上高原区属蒙古高原的南缘，地势平坦开阔，日照资源丰富，但无霜期较短。主要农业气候特点是：光资源丰富、昼夜温差大、雨热同季、生长季气候爽凉、高温高湿炎热天气少。特殊的气候资源为发展绿色错季蔬菜创造了如下有利条件：(1)蔬菜品质优良。光照充足，气候冷凉，昼夜温差大，有利于作物碳水化合物的形成和干物质积累，蔬菜产品干物质含量高，具有较高的品质。(2)蔬菜绿色无公害。坝上气候干爽冷凉，在作物生长期很大程度降低了病虫害的发生，用药率和用药量也会相应减少。另外，坝上基本没有污染性的企业，水质、土壤、空气质量优质，也是蔬菜绿色无公害的很大原因。(3)蔬菜错季销往外地，赢得销售市场。依据特殊的气候条件及市场需求，可适当调整蔬菜的播种期，在京、津及东南沿海蔬菜淡季时，坝上绿色无公害蔬菜大量上市，赢得销售市场。

3.2 坝下河谷盆地，华北最大的优质葡萄种植基地

桑干河和洋河径流形成了坝下河谷盆地，分布在张家口市中部地区，地势较低。主要包括宣化、怀来和涿鹿县。主要农业气候特点是光资源比较丰富、昼夜温差大、无霜期较长、≥10℃积温较大(热量充足)、雨热同季。另外，这里的土质多为沙土或沙壤土，非常适宜葡萄生长。特殊的气候条件及土质，使这里生产的葡萄个大、粒饱，含糖量高(达 16°以上)，是理想的酿酒佳品。目前，在桑干河、洋河河谷已建成华北最大的优质葡萄种植基地。

3.3 坝下半山半川丘陵区，成为中国最大的仁用杏产区

在山地和河谷盆地之间，为阴山余脉和恒山余支所组成的丘陵地带。分布在蔚县、涿鹿、怀安、阳原一带。这里的农业气候特点是：光资源丰富、气候差异大、年月日温差大、热资源适中。而杏扁的特点是喜光抗旱、抗寒、耐贫瘠，此地正是适宜的种植区。目前，大杏扁是这里的特色产品，尤其蔚县、涿鹿生产的大杏扁闻名全国，已成为中国最大的仁用杏产区。

4　结论

(1)张家口作物生长季平均气温随着海拔高度递减而递增,坝上北部海拔高度最高,作物生长季平均气温最低,坝下东南部海拔高度最低,作物生长季平均气温最高,坝头一带地形坡度大,海拔高度梯度大,作物生长季平均气温梯度也大;近52年来,张家口作物生长季平均气温呈上升趋势,倾向率为0.28℃/10a,最大增温时段出现在1976—2001年,倾向率为0.67℃/10a;1997—2013年,有16年作物生长季平均气温均为正距平。

(2)≥10℃积温随海拔高度的递减而递增,海拔最高的沽源≥10℃积温最小为1913.2℃·d,海拔最低的怀来≥10℃积温最大为3251.3℃·d。坝头一带等值线密集,积温梯度较大。近52年来呈上升趋势,倾向率为51.0℃/10a。

(3)作物生长季降水量受地形影响较大,崇礼受地形辐合作用和东北冷涡后部系统影响降水量最多,康保和阳原是两个少雨中心,前者是因为水汽来源受军都山和坝头的两次阻挡,后者是因为恒山余支阻挡了水汽输送;作物生长季降水量近52年来总趋势为下降趋势。

(4)作物生长季日照时数的分布受地形影响比较明显,坝头一带由于坡地对阳光的阻挡作用,日照较少;坝上草原地势开阔,日照时数相对较多,东南部也是一个大值中心。近52年来,作物生长季日照时数呈减少趋势,倾向率为−25.7 h/10a。

(5)根据气候资源的空间分布规律和近52年来的变化特征,坝上适合发展绿色错季蔬菜;坝下河谷盆地适合种植葡萄;坝下半山半川丘陵区是杏仁的理想产地。

5　讨论

(1)近52年来,张家口作物生长季平均气温和≥10℃积温显著增加,作物生长发育所需的热量条件更加充分。热量资源的增加使更多品种农作物的种植成为可能,各地还可以根据具体情况适时早播,充分利用热量资源的同时,受霜冻或冷害的机会也会减少或减轻。

(2)自然降水对农业生产具有重要意义[17],近52年来,张家口作物生长季降水总量呈减少趋势,这与中国北方干旱有增加趋势一致[18]。水资源的减少不利于农业生产的发展,作物品种的选择需优先考虑耐旱的品种。

(3)近52年来,张家口作物生长季日照时数的减少趋势,与全国日照时数下降的大趋势一致[19],这可能与经济快速发展过程中污染物排放增加有关[8]。日照不足,既可影响干物质积累量,又会削弱部分器官的分化发育,对农作物的生长发育不利。

(4)低温冷害是影响张家口特色农业发展的主要灾害之一。虽然坝上的气候冷凉、昼夜温差大有利于干物质积累和减少病虫害发生,但低温天气有时会给蔬菜生产带来不同程度的低温冷害,蔬菜的产量和品质也会降低。另外,虽然杏扁抗旱耐寒,但花期及幼果期对低温敏感,花期遇−3～−2℃低温、未脱蕾幼果期遇−0.6℃低温,即能造成花果冻害。预防低温冷害或冻害的有效措施,除了选择合适种植地和耐寒品种,气象部门可以为种植地做霜冻和冷空气入侵预报,为冷害或冻害预防工作提供一定的理论依据。

参考文献

[1] IPCC, Climate Change 2007: The Physical Science Basic. Contribution of working Group 1 to the Fourth Assessment Report of the intergovernmental Panel on Climate Change[R]. Cambridge, United Kingdom and New York, NY USA: Cambridge University Press,2007:996.

[2] 林学椿,于淑秋,唐国利. 中国近百年温度序列[J]. 大气科学,1995,**19**(5):525-534.

[3] 任国玉,初子莹,周雅清. 中国气温变化研究最新进展[J]. 气候与环境研究,2005,**10**(4):701-706.

[4] 王绍武,蔡静宁,朱锦红,等. 中国气候变化的研究[J]. 气候与环境研究,2002,**7**(2):137-145.

[5] 秦大河. 气候变化的事实、影响及对策. 中国气象年鉴[M]. 北京:气象出版社,2004:119.

[6] 秦大河,陈振林,罗勇,等. 气候变化科学的最新认知[J]. 气候变化研究进展,2007,**3**(2):63-73.

[7] 赵宗慈,王绍武,罗勇. IPCC 成立以来对气温升高的评估与预估[J]. 气候变化研究进展,2007,**3**(3):183-184.

[8] 方丽娟,陈莉,覃雪,等. 近 50 年黑龙江省作物生长季农业气候资源的变化分析[J]. 中国农业气象,2012,**33**(3):340-347.

[9] 周义,覃志豪,包刚. 气候变化对农业的影响及应对[J]. 中国农学通报,2011,**27**(32):299-303.

[10] 周曙东,周文魁,朱红根,等. 气候变化对农业的影响及应对措施[J]. 南京农业大学学报:社会科学版,2010,**10**(1):34-39.

[11] 赵俊芳,郭建平,张艳红,等. 气候变化对农业影响研究综述[J]. 中国农业气象,2010,**31**(2):200-205.

[12] 刘星燕,黄山江,孙跃飞,等. 张家口近 48 年气温变化特征分析[J]. 中国农学通报,2012,**28**(32):288-292.

[13] 张云娉,刘爱梅,苗志成,等. 张家口近 47 年气候变化及其对水资源的影响[J]. 中国农业气象,2008,**29**(3):277-280.

[14] 刘爱梅,李景宇,杨晓武. 张家口气候变化及其对种植业的影响[J]. 气象科技,2007,**35**(2):236-239.

[15] 刘爱梅,苗志成,刘星燕,等. 张家口气候资源与特色农业 [J]. 河北气象,2004,**23**(4):26-27.

[16] 林培松,李森,李保生. 近 50 年来海南岛西部气候变化初步研究[J]. 气象,2005,**31**(2):54.

[17] 冯秀藻,陶炳炎. 农业气象学原理[M]. 北京:气象出版社,1994.

[18] 刘德祥,董安祥,邓振镛. 中国西北地区气候变暖对农业的影响[J]. 自然资源学报,2005,**20**(1):119-125.

[19] 赵东,罗勇,高歌,等. 1961—2007 年中国日照的演变及其关键气候特征[J]. 资源科学,2010, **32**(4):701-711.

气象灾害风险预警服务评估及减灾对策

陈　浩　刘颖杰　王丽娟

（中国气象局公共气象服务中心，北京　100081）

摘　要：2013年全国暴雨诱发的中小河流洪水、山洪和地质灾害共计3103次，其中中小河流洪水341次，山洪354次，地质灾害2408次。从不同等级来看，暴雨诱发的特大型灾害共发生9次，大型灾害87次，中型灾害231次，小型灾害660次，小型以下灾害2116次。灾害共造成732人死亡、441人失踪、经济损失超过814亿元。2013年全国气象部门共发布中小河流洪水和山洪地质灾害气象风险预警信息9722次，电视、广播电台发布次数均超过8000次，手机短信和彩信发送8.8亿人次。全国气象灾害风险预警信息的平均预警时效为13.5 h，平均预警提前时间为7.4 h。

关键词：气象灾害；预警服务；效益评估

引言

为了提高气象预警服务的针对性、实用性，将气象防灾减灾工作关口前移，实现从灾害性天气预报向气象灾害风险管理的延伸，切实提高防灾减灾气象服务能力，2013年中国气象局在全国31个省（区、市）开展暴雨诱发中小河流洪水和山洪地质灾害气象风险预警服务业务（简称"气象灾害风险预警服务业务"）①。该项工作是全国山洪地质灾害防治气象保障工程建设的重要内容，也是灾害性天气预报向灾害风险评估延伸的有益探索。气象灾害风险预警服务效益评估是该业务工作的重要环节，科学合理地评价气象灾害风险预警服务所产生的综合效益，既可以体现气象灾害风险预警服务的意义和价值，也可以为进一步改进气象灾害风险预警服务工作提供合理的建议，推动气象灾害风险预警服务效益评估工作向科学化和业务化不断发展②。

本文疏理分析了2013年全国气象灾害风险预警服务情况，介绍了全国暴雨诱发的中小河流洪水、山洪和地质灾害的发生情况，不同灾害的灾情状况，重点统计了全国灾害开展的气象服务情况，包括预警提前时间、预警时效和不同渠道预警信息发布情况。

1　灾害及灾情

1.1　灾害发生情况

2013年全国发生暴雨诱发的中小河流洪水、山洪和地质灾害共计3103次，其中发生中小河流洪水341次，山洪354次，地质灾害2408次，这三类灾害比重分别为11.0%、11.4%和77.6%。

从灾害的不同等级来看，2013年全国暴雨诱发的中小河流洪水、山洪和地质灾害中，小型以下灾害最多，为2116次（占比为68.2%），其他等级的灾害发生情况为：特大型灾害9次（占

① 中国气象局：《暴雨诱发中小河流洪水和山洪地质灾害气象风险预警服务业务规范（试行）》。

② 中国气象局公共气象服务中心：《2013年全国暴雨诱发中小河流洪水和山洪地质灾害气象风险预警服务业效益评估报告》。

比为 0.3%)、大型灾害 87 次(占比为 2.8%),中型灾害 231 次(占比为 7.4%),小型灾害 660 次(占比为 21.3%)。

1.2 灾情情况

2013 年全国因暴雨诱发中小河流洪水、山洪和地质灾害共死亡 732 人,其中地质灾害造成的人员死亡最多,共计 359 人,中小河流洪水造成的人员死亡相对较少,为 114 人,因山洪而死亡的人口数为 259 人。从灾害的不同等级来看,暴雨诱发的特大型灾害造成的死亡人数最多,为 296 人,其次是因暴雨诱发的中型灾害造成死亡的人员,为 222 人。在暴雨诱发的大型、小型和小型以下灾害中死亡的人数分别为 99 人、94 人和 21 人。

2013 年所发生的因暴雨诱发中小河流洪水、山洪和地质灾害共造成 441 人失踪。从不同灾害类型来看,因暴雨诱发中小河流洪水失踪 29 人,因暴雨诱发山洪失踪 118 人,因暴雨诱发地质灾害失踪 288 人。从不同灾害等级来看,因暴雨诱发特大型灾害造成 372 人失踪,大型灾害造成 28 人失踪,中型灾害造成 28 人失踪,小型灾害造成 9 人失踪,小型以下灾害造成 4 人失踪。

2013 年全国暴雨诱发的中小河流洪水、山洪和地质灾害造成的经济损失总和超过 814 亿元。从不同灾害类型来看,暴雨诱发的中小河流洪水造成的灾害损失最大,为 403.1 亿元,接近总经济损失的 50%。其次是暴雨诱发的地质灾害,造成的经济损失为 290.3 亿元,占总经济损失的 35.7%。此外,暴雨诱发的山洪造成 120.5 亿元的经济损失,占总经济损失的 14.8%。从灾害等级来看,虽然全国暴雨诱发的特大型灾害发生次数不多,但其所造成的经济损失最大,为 385.6 亿元,占总经济损失的 57.4%,大型灾害造成 261.8 亿元的经济损失,占总经济损失 32.2%。此外,中型、小型和小型以下灾害造成的经济损失分别为 106.3 亿元、41.7 亿元和 18.5 亿元。

2 气象服务及评估

2.1 预警发布时效及提前时间

2013 年全国预警信息共计发布 9722 次,其中全国Ⅰ级预警信息共发布 1305 次,Ⅱ级共发布 2814 次,Ⅲ级共发布 3508 次,Ⅳ级共发布 2095 次。由此可知,全国Ⅲ级预警信息发布的次数最多,占总发布信息的 36.1%,Ⅰ级预警信息发布数较少。按照暴雨诱发灾害的类型划分,全国山洪预警发布次数最多,共计 4009 次,地质灾害预警发布次数 3941 次,中小河流洪水预警发布 1772 次。

全国预警信息发布的平均时效为 13.5 h,平均时效最大是江苏,达到 54 h,最小为河北,预警平均时效为 0.5 h。2013 年暴雨诱发的中小河流洪水、山洪和地质灾害预警提前时间全国平均为 7.4 h。从暴雨诱发的不同类型的灾害预警提前时间来看,中小河流洪水和地质灾害预警提前时间均在 7 h 以上,分别为 7.42 h 和 7.37 h,而山洪预警提前时间为 5.21 h。从全国不同等级和类型灾害预警信息预警平均时效来看,随灾害等级增加,平均预警时效呈现先增加后减少的趋势。其中中型灾害的平均预警时效最长,为 15.6 h,而特大型灾害的平均预警时效最短,为 6.7 h。

2.2 不同渠道预警信息发布情况

2013 年全国电视渠道发布预警信息 8080 次,广东次数最多,为 1855 次,电视发布预警信息次数超过 1000 次的还有广西和贵州，分别是 1281 次和 1208 次。从暴雨诱发的不同灾害类型来看，预警信息的电视发布情况也有一定差别。全国中小河流洪水、山洪、地质灾害的预警信息电视发布总数分别为 1049 次、2541 次和 4490 次，可以看出，地质灾害的预警电视发布最多。对于不同等级灾害来说，预警信息电视发布总和与灾害等级呈反向变化的关系，即灾害级别越大，预警电视发布总和越小，这主要是因为等级越高的灾害在全国发生的次数较少。

2013 年全国广播电台预警信息发布总数共计为 8403 次。从不同灾害类型来看，全国因暴雨诱发的中小河流洪水、山洪、地质灾害的预警信息广播电台发布总数分别为 1278 次、2221 次和 4904 次，很明显，地质灾害的预警信息电视发布最多。从不同灾害等级来看，特大型、大型、中型、小型和小型以下的广播电台预警信息发布总数分别为 729 次、1054 次、1603 次、2526 次和 2491 次。

2013 年全国气象灾害风险预警信息手机发送共计 8.8 亿人次，其中手机发送中小河流洪水预警信息共 3.6 亿人次，手机发送山洪预警信息共 6187.8 万人次，手机发送地质灾害预警信息共 4.5 亿人次。从不同等级的灾害预警手机发送情况来看，由于小型以下灾害发生次数最多，因而预警信息手机发送人次最多。小型地质灾害的预警信息手机发送人次最多，达到 2.67 亿人次，而手机发送人次总和最小的是特大型山洪，共计 45 万人次。

3　讨论与建议

本文对 2013 年全国暴雨诱发中小河流洪水和山洪地质灾害发生情况、灾情情况以及气象预警服务情况进行介绍，为更好地开展防灾减灾，建议如下：

(1)增强灾害认识，提高气象灾害风险预警信息发布的提前时间和预警时效。分析表明，部分省份预警信息发布的平均时效和预警提前时间较小，仅为 0.5 h，不利于防灾减灾的开展。建议不断加强灾害认识，尤其是突发性灾害，提高预警信息的提前时间和预警时效，为相关部门开展及时减灾创造充分的条件。

(2)风险普查是气象灾害风险预警服务的基础，临界致灾雨量的确定尤为关键。分析表明，全国 31 个省(区、市)诱发中小河流洪水、山洪和地质灾害的累积降雨量有较大的区域差异。建议做好风险普查工作，用科学的方法确定临界致灾雨量，仔细了解灾害隐患点，做到及时防范、尽早准备。

(3)随着新兴的上网方式的出现，预警信息的发布渠道应更多样化。据最新《中国互联网络发展状况统计报告》[①]显示中国手机网民已达到 4.64 亿，手机正成为越来越多人首选的上网终端。分析显示，气象灾害风险预警信息发布的主要渠道较为传统。建议不断拓宽预警信息的发布渠道和发布形式，使预警信息的发布更加多元化，微博、微信、QQ、网络电视、移动电视等都能在信息传递中发挥一定的作用。

(4)加强各部门合作、资源共享、优势互补、强化部门联防。气象灾害较为复杂，由一种灾害可能引发其他相关的次生或衍生灾害，仅凭气象部门无法较好完成防灾减灾工作，因此需加强气象部门上下联动、区域联防和各相关部门密切配合的应急联动机制。

(5)加强科学研究，进一步提高各类型灾害预警信息的准确率。灾害预警的准确率是防灾减灾的关键和核心，建议加强中小河流洪水、山洪和地质灾害等灾害的科学研究，提高预警发布的准确率。

---

① 中国互联网信息中心：《中国互联网络发展状况统计报告》。

自然灾害灾情调查及评估方法研究进展

李　闯

（中国气象局公共气象服务中心，北京　100081）

摘　要：自然灾害灾情调查及评估是开展自然灾害评估工作的基础。灾情调查要求采用科学方法对灾害情况进行考察了解。灾情评估是在灾情调查的基础上，采用一定的方法对将要发生或已经发生的灾害情况进行综合性或专门性评价。灾情评估按过程分为三个类型：灾前、灾中和灾后。灾情调查及评估的主要方法有历史灾情统计法、承灾体易损性评估法、现场抽样调查法、遥感监测法、基层统计上报法和经济学方法六种。灾情调查及评估是对目标全面系统地掌握灾情，为部署和实施减灾工作提供依据，评估方法上注重多种方法的综合应用，建立灾情调查及评估系统是灾情调查及评估研究与应用的主要发展方向。在中国，国内外研究和实践成果在减灾工作中的实际应用亟待加强，特别是GIS与计算机技术研究业务化脚步跟上国际化水平，迫切需要形成针对整个灾区和整个灾害过程的灾前评估、灾中评估、灾后评估，以及建立灾情综合评估的自然灾害灾情调查及评估指标体系、标准化体系和评估方法体系。

关键词：自然灾害灾情调查；灾情评估；减灾

引言

近年来，为应对自然灾害、防灾减灾，自然灾害的灾情调查及评估是关键环节之一。特别是随着现代社会经济迅速发展，自然灾害的影响越来越广泛，灾情变得越来越复杂，涉及的内容越来越广泛，简单的自然灾害评估和灾情统计工作，远不能适应社会发展的需要。在这种情况下，为了满足对灾情信息掌握的需要，许多部门（统计、民政、水利、地震、气象等）制定和实施了一些部门或者行业性的灾情统计规定，或提出了自然灾害评估的要求。这些规定或要求解释了有关灾情的概念和评估内容，规定了灾害评估方法、灾情调查统计方法和灾害等级划分标准，从而推动了灾害评估和灾情统计工作。但由于这些部门大多是从各自管理的某些单一类灾害特点出发，缺乏相互协调和对各种自然灾害灾情的总体考虑，所以存在比较严重的局限性；特别是关于灾情统计内容、建立的指标、评估方法、统计形式等都不统一，因此很难全面掌握灾情信息。

1　灾情调查及评估的历史发展

自1989年开始，原国家科委、国家计委、国家经贸委自然灾害综合研究组（以下简称自然灾害综合研究组）对中国地震、气象、洪水、海洋、地质、农、林等七大类35种自然灾害的概况、特点、规律及发展趋势进行了综合性的全面调研。1994年建立了自然灾害综合信息系统。1995年，编写并出版了《中国重大自然灾害及减灾对策（总论）》、《中国重大自然灾害及减灾对策（分论）》、《中国重大自然灾害及减灾对策（年表）》和七类灾害的全国分布图[1]。

1996年，在原国家经贸委领导下，会同20个部、局，全面调查研究了各部局、各灾类灾情调查统计的现状，在统筹兼顾的原则下制定了统一的灾情调查及评估统计标准体系和指标。编写了《我国部门灾情统计标准化现状调查》、《自然灾害灾情统计标准化调查研究报告》和专著《自然灾害灾情统计标准化研究》[2]。

基于自然灾害对社会危害的调查、分析和评价，自然灾害综合研究组于2000年出版了《灾害 社会 减灾 发展—中国百年自然灾害态势与21世纪减灾策略分析》；于2002年编制了《中国重大自然灾害与社会图集》，以图文并茂的方式反映了中国灾情及灾害对社会的影响，阐述了系统的减灾对策[3,4]。

2009年，自然灾害综合研究组提出并实施了自然灾害研究六部曲——灾情综合调查、灾害危险性分析、灾害危害性分析、灾害风险性分析、社会减灾能力分析和社会减灾需求度分析[5]。

2 灾情调查及评估方法的现状分析

目前，国内防灾减灾领域的专家广泛认可并使用的灾情调查及评估方法有六种：历史灾情统计法、承灾体易损性评估法、现场抽样调查法、遥感监测法、基层统计上报和经济学方法。根据灾种的不同，分别对每个灾种的灾害范围与强度、人口受灾、农作物损失、基础设施损毁四个灾情要素进行评估，不同灾种的灾害类型、评估内容和评估方法之间有着相互关系。

2.1 历史灾情统计法

该方法主要是把各种基础性历史灾情信息进行系统的整理，为自然灾害评估提供完整的灾情资料。灾情统计的类型很多，可以是对一次灾害事件或一种灾害的灾情统计，亦可以是对一个地区一种或多种灾害、一年或多年的灾情统计；从受灾体或破坏损失情况看，可以是对某一种受灾体或受灾对象的专项灾情统计，亦可以是对多种受灾体以及灾害整体破坏损失情况的综合性灾情统计。

2.2 承灾体易损性评估法

该方法基于承灾体的易损性特征，计算承灾体的易损性参数并模拟某一致灾因子超过既定灾害概率或设定在某一灾害场景中，产生灾害的情况。通过承灾体易损性参数在一定程度上能揭示出灾害与承灾体之间的内在作用规律。承灾体的易损性指数，取决于社会、物质、经济等方面的脆弱性及易损性特征，这是解决问题的关键。把影响承灾体易损性指数的各种因素按性质分层次排列，可建立评价承灾体脆弱性及易损性系统的层次分析模型。

2.3 现场抽样调查法

该方法主要是在灾害发生过程中，对灾害的直接损失情况进行现场抽样调查。抽样调查指从研究对象的全部单位中抽取一部分单位进行考察和分析，并用这部分单位的数量特征去推断总体的数量特征的一种调查方法。在抽样调查中，样本数的确定是一个关键问题。抽样方式，有随机抽样和非随机抽样两大类。

2.4 遥感监测法

遥感监测法是近年来越来越多的应用于灾害评估的一种新方法。遥感监测手段能够覆盖受灾地区的绝大范围，具有高时空分辨率的特点，监测评估的内容集中在两个方面：一是监测评估灾害发生的范围，对旱灾[6]、洪涝[7]、雪灾[8]、沙尘暴[9,10]、森林草原火灾[11]、海洋灾害[12]、病虫害[13]等受灾范围广、受灾区域地理环境具有一定限制的灾害灾情的调查及评估，发挥了重要的作用；二是评估重点地区受灾对象的损失情况，如地震灾害倒房评估、滑坡泥石流等重特大地质灾害监测以及次生灾害监测评估等，对于地震灾害，一般是利用高分辨率图像对地震灾害造成房屋倒损、基础设施破坏进行监测评估[14]。2008 年 5 月 12 日四川汶川发生 8.0 级特大地震，由于震区范围大、情况复杂，有关部门就利用现场调查抽样统计方法和遥感图像或航片识别法，对灾情开展了快速评估，为及时开展应急救援工作争取了宝贵时间[15]。

2.5 基层统计上报法

在中国，政府管理部门主要是利用基层统计上报灾情的方法，掌握自然灾害详细的损失情况。统计上报具有来源可靠、回收率高、方式灵活等显著优势。“5.12”汶川特大地震之后，中国政府对灾害造成的损失进行了全面评估，评估方法主要是利用基层统计上报的方法确定因灾损失，统计评估项目包括住宅损失、非住宅用房损失、农业损失、工业损失、服务业损失、基础设施损失、社会事业损失、居民财产损失、土地资源损失、自然保护区损失、文化遗产损失、矿山资源损失以及其他 13 大类，这也是新中国成立以来中国对巨灾最全面的一次损失评估[15]。

2.6 经济学方法

关于灾害对经济的影响，评估的主要内容已经从计算直接的经济损失，慢慢转变到灾害风险损失通过交互式传递而产生的区域影响，目前主要评估方法有成本核算法、影子价格法、边际成本法等等。

3 灾情调查及评估趋势预测

随着灾情调查及评估研究的逐渐深入，灾情调查及评估从对灾情的评估延伸到对灾情等级和标准的研究，评估内容从自然影响延伸到社会经济评估，评估方法上从单一延伸到综合方法应用，最终以建立灾情调查及评估系统平台为灾情调查及评估研究的发展趋势。

3.1 灾情调查及评估从对灾情的评估延伸到对灾情等级和标准的研究

灾情调查及评估的首要任务是通过一定的方法得出一次灾害过程或者阶段性区域灾情的大小。现今，在此基础上，对灾情进行等级划分，制定灾情等级标准，确定灾情的等级水平，是开展救灾工作以及一系列减灾工作的决策依据，是灾情调查及评估更高层次的目标。因此，对灾情等级和标准化研究是近年来灾情调查及评估领域的一个重要发展方向，也是政府开展灾害管理工作的重点。

3.2 评估内容从自然影响延伸到社会经济评估

灾情调查及评估的内容，最初主要是人们最为关心的人员伤亡、直接经济损失等指标，以及房屋和农作物破坏等情况，因灾死亡人口、直接经济损失也成为国际上进行灾害损失对比、对灾害损失分级的核心指标。但是，随着世界各国经济的发展、城市化水平的提高，巨灾的增多，同时巨灾对社会经济的影响是方方面面的，灾害的社会经济影响评估逐渐成为灾情调查及评估的主要内容之一。

3.3　评估方法上从单一延伸到综合方法的应用

随着计算机技术的发展，以及GIS、RS和数据库等技术在灾情调查及评估中的逐步应用，灾情调查及评估方法也逐步丰富多样。现场抽样调查和基层统计上报方法出现最早，也是各国普遍使用的方法；随着灾情资料的逐渐积累，以及对灾情与致灾因子关系的逐渐摸索，基于历史资料或承灾体的易损性分析方法逐渐出现；随着遥感技术在减灾领域的逐步应用，监测评估的优势也逐步显现；而随着灾害对社会经济影响的多元化，多种经济学方法也逐步引入灾情调查及评估中。

3.4　建立灾情调查及评估系统平台

随着灾情调查及评估方法的日益成熟，构建大型灾情调查及评估系统是国际上发达国家灾情调查及评估工作的主要发展方向之一。美国联邦紧急事务所联合国家建筑科学研究所等科研机构共同研制的HAZUS系统[16]，基于大量的联邦国家标准和有关数据库，HAZUS能够预报社区由自然和人为灾害造成的损失。

在中国，随着GIS、RS、数据库技术等在灾情调查及评估中的逐步应用，灾情调查及评估系统的研究与开发也开始出现。地震部门形成了较为系统的震害评估软件[17]，主要集中在对建筑物震害的现场评估，开发了相应的地震现场评估地理信息系统。总体来说，中国的灾情调查及评估系统建设还处于起步阶段，目前主要集中在专项评估系统的研究与开发，形成综合性的灾情调查及评估系统并进行业务化使用的需求迫在眉睫。

参考文献

[1] 国家科委全国重大自然灾害综合研究组(马宗晋主编). 中国重大自然灾害及减灾对策(总论、分论、年表、图丛)[M]. 北京：科学出版社，1994.

[2] 高庆华，张业成. 自然灾害灾情统计标准化研究[M]. 北京：海洋出版社，1997.

[3] 高庆华，张业成，刘惠敏编著. 灾害 社会 减灾 发展—中国百年自然灾害态势与21世纪减灾策略分析[M]. 北京：气象出版社，2000.

[4] 马宗晋，高庆华主编. 中国重大自然灾害与社会图集[M]. 广州：广东科技出版社，2003.

[5] 原国家科委国家计委国家经贸委自然灾害综合研究组主编. 中国自然灾害综合研究的进展[M]. 北京：气象出版社，2009.

[6] 黄铁青，张琦捐. 自然灾害遥感监测与评估的研究与应用[J]. 遥感技术与应用，1998，**13**(3)：66-70.

[7] 魏成阶，王世新，阎守邕，等. 1998年全国洪涝灾害遥感监测评估的主要成果—基于网络的洪涝灾情遥感速报系统的应用[J]. 自然灾害学报，2000，**9**(2)：16-25.

[8] 刘兴元，陈全功，梁天刚，等. 新疆阿勒泰牧区雪灾遥感监测体系与灾害评价系统研究[J]. 应用生态学报，2006，**17**(2)：215-220.

[9] 孙司衡，郑新江. 沙尘暴的卫星遥感监测与减灾服务[J]. 测绘科学，2000，**25**(2)：33-36.

[10] 范一大，史培军，李素菊. 沙尘灾害遥感监测方法研究与比较[J]. 自然灾害学报，2007，**16**(5)：160-165.

[11] 陈世荣. 草原火灾遥感监测与预警方法研究[D]. 北京：中国科学院遥感应用研究所，2006.

[12] 张文宗，王云秀，魏立涛，等. 河北省海洋灾害遥感动态监测系统分析[J]. 自然灾害学报，2007，**16**(3)：76-80.

[13] 刘青旺，武红敢，石进，等. 基于TM影响的森林病虫害遥感监测系统[J]. 遥感信息，2007，(2)：46-49，97.

[14] 张景发，谢礼立，陶夏新. 建筑物震害遥感图像的变化检测与震害评估[J]. 自然灾害学报，2002，**11**(2)：59-64.

[15] 国家减灾委员会、科学技术部抗震救灾专家组. 汶川地震灾害综合分析与评估[M]. 北京：科学出版社，2008.

[16] Schneider E J，Schauer B A. HAZUS-its development and its future[J]. *Natural Hazards Review*，2006，**7**(2)：40-44.

[17] 王晓青，丁香. 地震现场灾害损失评估地理信息系统[M]. 北京：地震出版社，2002.

气候科学素养初探

孙　楠

（中国气象报社，北京　100081）

摘　要：随着极端气候事件不断增多，气候变暖的不利影响不断出现，国家把了解气候、应对气候变化摆在重要位置，其目的就是要通过宣传和教育等方式，开展推进公民气候科学素养的行动，提高全体公众的气候科学素养，促进全社会适应及应对气候变化的能力。本文对气候科学素养的内涵进行初探，对其从知识、态度、技能等层面进行定义，同时探讨了中国公民气候科学素养的现状，列举了培养公众气候科学素养在气象服务中的实践，意图找到有效途径推动国民气候科学素养建设。

关键词：气候；科学素养；气候变化；节能减排

引言

2012年政府工作报告①中提到，要加快转变经济发展方式，推进节能减排和生态环境保护，加强适应气候变化特别是应对极端气候事件的能力建设，提高防灾减灾能力。坚持共同但有区别的责任原则和公平原则，建设性推动应对气候变化国际谈判进程。如果公众气候科学素养较低，不利于国家应对气候变化及节能减排政策的贯彻落实。

中国目前并未明确定义气候科学素养的概念，学术界也尚未开展气候素养的相关研究。而且从可查到的相关资料来看，气候素养一词在我国还没有被正式的提出过。反观欧美国家，气候素养 climate(scientific)literacy 行动在很多国家已经陆续开展并活跃起来。

1　气候科学素养的内涵

"素养"英文为 literacy，最初是指"the ability to read and write"，随后衍生出表示一个人有学问(learned)。科学素养不仅仅是对物理化学等基础性知识的了解，美国科学促进会(AAAS，1989)把社会科学也包括在科学知识中，尤其强调一个有科学素养的人所应具有的价值取向、科学态度及思维习惯。

美国国家海洋和大气管理局(NOAA)和 AAAS 以及非营利组织组成的工作组(2007)发文《气候素养：气候科学的重要规则》，正式提出气候素养一词(climate literacy)，即气候科学素养，指个人或者社会团体对气候的理解，该理解包括人类活动对气候的影响和气候对人类生活和社会发展的影响。文中给出了具有气候素养的人应当具有的四点品质：第一，了解地球气候系统的基本原则；第二，知道如何辨别和评估关于气候变化的信息是否科学和可信；第三，可以

① 温家宝：《2012年政府工作报告》。

用有效的方式传播气候和气候变化的相关信息；第四，对于有可能影响气候的问题，能够做出有效的和负责任的决定。

从中国国情来看，气候科学素养在某种意义上等同于气候素养，气候科学素养是科学素养的一部分，除了正确理解气候相关基本知识外，还需要了解气候知识在社会学中的应用：即对气候相关的基本概念和知识的正确理解，对气候影响社会的正确认识，对气候相关技能和方法的正确撑握，对适应气候及应对气候变化行为的积极实践，还要了解中国特殊的国情和气候情况，以及在气象灾害增多的背景下，具备防灾减灾的意识和保护气候资源的意识。

对其从知识、态度、技能层面进行划分，气候知识应该包括：与气候相关的基本概念和知识（什么是气候、气候的作用）；全球气候概况（全球气候划分、中国所处的气候带及其气候特点等）；气候导致人们生产生活发生变化的情况（气候所带来的不同地域特点，生活中利用气候及气候资源的状况）；气候资源管理知识（包括开发利用气候资源的现状、与气候资源相关的政策、法律、行政、经济、技术、宣教、外交等信息、气候资源管理的知识）四个主要方面。气候态度应该包括对气候情况的态度（是否热爱并愿意保护气候）；对气候资源管理的态度（是否乐于配合、参与，对气候资源管理现状的评价），如贵州开发利用凉爽的气候资源打造夏日避暑游；对气候变化的态度及应对气候变化的态度（是否积极应对气候的改变，是否愿意低碳环保）。气候技能应该包括保护气候的技能（保护生态环境等）；在生产、生活中规避恶劣气候利用有利气候的技能（防灾减灾等）；积极应对气候变化的能力（规避气候变化可能带来的不利影响，如气候变化改变江淮水稻种植期的昼夜温差，如何避免其造成的粮食产量损失；知道如何进行低碳减排缓解对气候的不利影响）。

目前，国际上对气候科学素养的研究随着科技的进步范围逐步扩大。2010 年 AAAS 年度会议做了关于气候素养的主题报告。当时，参与学者讨论了气候科学的最新研究、公众对气候变化的态度、电视媒体在谈论气候变化的挑战，努力构建适合推广气候素养的战略。到了 2012 年 11 月，美国地质学会年会上，专家们评估了推广气候素养的一些活动，农民对气候变化影响的看法，使用谷歌地图基于 web 互动性寻求促进气候素养的方法等。

2 中国公众气候科学素养的现状

中国历史上是气候素养较高的国家。如中国的农耕文明，总结发明了气候与农耕结合紧密的二十四节气，是高气候素养的例证；又比如中医上广泛采用的“伏贴”，利用夏季最炎热的季节，治疗一些疾病，是中医和气候的紧密结合。但科学发展，对于气候的研究不断深入，现代气候素养的概念明显变化，目前讨论的气候素养可能更多的涉及气候变化的影响及其适应问题。

2006 年，半月谈杂志社在 8 个省市进行了“普通中国人关心什么”的调查问卷，共收到 5000 份有效答卷。结果显示，和气候沾点边的是污染问题，在国人关注的重要性排序里，也只排第七，其排序为收入差距扩大，看病贵、上学贵、买房贵，就业难、劳动者维权难，社会保障滞后，反腐倡廉亟待加大力度，道德规范待完善，环境污染未有效遏制。这一结果在 2013 年 1 月雾霾情况严重时，也没有发生质的变化。2013 年两会之前关于公众关注话题的调查显示，社会保障、收入分配、反腐、医疗改革、住房问题、社会稳定、食物药品安全等依旧排在环境生态气候之前。由此可见，气候问题是“贵族问题”，若一个人对气候变化最为关心，那么他需要具备一些条件:他的收入不能太低,看病、上学、买房对他来说不构成负担,他在就业上不面临麻烦,不需要为一些事情去维权,他有社会保障,对腐败不特别痛恨,也不会为社会道德感到痛心疾首。至此,他才可以坦然关注环境和气候问题。因此,中国国情也是限制民众气候科学素养提升的因素之一。

2009 年,腾讯制作了名为“我们为什么不关心气候”的专题,发起了“防全球变暖,你可有过具体行动吗”的投票。15440 人进行了投票,其中 70%(10448)的人选择了没有。其中大部分网友认为:“这是国家的事,我们做什么也没用。”在技能方面,绝大多数人不能区分不同的天气灾害预警的实际意义,在接收到灾害预警后,没有相应的响应措施。例如,在北京“7.21”暴雨期间,被水围困于车辆中时,缺失逃生的基本技能。目前,在中国教育界,教科书中有关于气候的相关知识,大多在地理科学中教授,主要集中在气候与气候相关的基本概念和知识及中国气候的情况。很少涉及应对气候的知识以及气候对生产生活的影响。在中国科学界,关于气候素养的研究刚处于起步阶段。2011 年,陈涛等做了《中美两国应对气候变化政策与公众气候素养的比较》。引用了国外对气候素养的界定,认为中美两国在气候变化国策方面有较大的差距,他们为了探寻这种差距在两国民众的气候素养上是否有所体现,对中美两国公众气候素养进行综合比较。发现除了两国公众在全球气候变暖问题上的认知是一致的以外,在气候变暖的原因、支持减排政策的态度、了解本国气候政策的基本原则方面均存在显著差异,中国公众对国家政策及原则的了解程度高于美国公众,他们对减排政策的支持率也更高。一方面,这是中国政府长期以来积极持续地进行应对气候变化行动产生的必然影响,另一方面,对气候变化科学知识较为广泛的认知,使得美国公众更注重对科学家的信任。

3 在气象服务中培养公众气候科学素养的实践

随着极端气候事件的增多,自然灾害频发,人类生存环境的脆弱性也随之增加。同时,中国正处于经济发展的关键时期,气候变暖作为一个集政治、科学于一体的复杂问题,关系到国家节能减排以及经济发展。此时亟待增加国民的气候素养,这不仅关系到自身安全也关系到国家的经济发展。

实际上中国已经开展了一些提升公众气候科学素养的实践。每当遇到重大气候事件,气象部门立即组织相关专家形成气候公报,分析事件的气候背景、成因,提出应对措施,并报送国务院及各相关单位。同时,及时联系主流媒体,组织采访报道,传播气候科学知识。取得了一定的效果。但媒体的关注点往往更局限于天气实况、伤亡人数,而极少关注天气灾害背后的成因,并未积极主动的探寻如何应对。

Mark Shafer(2009)给出了另一条传播气候科学知识的途径,他认为气候变化这种复杂的问题可以有效地凝缩在为期一天的研讨会中教授,参与者对于相关概念的理解有很大提升,这或许会成为增加气候素养的基础性工作。目前,气象工作者不定期开展一些讲座,如一些政府部门间交流,意图培养社会精英阶层的气候科学素养。同时,在民间传播气候科学知识,如在重大工程建设开工之前大多会召开气候论证研讨会,这一过程中,气候知识及其技能潜移默化地传播到各个领域的专家。这也使气候可行性论证在城市建设、新能源等领域占有一席之地,例如在吐鲁番新能源示范城的建设中,专家们充分听取气象专家的意见,共同设计确定了太阳能反光板的最佳朝向。

Nosworthy(2010)认为培养气候素养的第一步需要在科学课堂上，让学生们知道气候系统运作的基本原则，第二步要了解社会与科学如何互动、如何用批判和分析处理气候问题。他指出在美国加利佛尼亚州(California)，目前大部分学校将气候变化的相关问题放在地球科学下。2005 年，只有 23.1%的高中生上过地球科学的课。中国大气科学的相关问题也设立在中学的地理课下，几乎所有的高中生都会接受不同程度的气候科学知识，但在气候重要性提升的今天，关于气候的相关知识没有进行突出和强化。

近 20 年，越来越多的中小学校开设了校园气象站，据 2011 年不完全数据统计，全国一千多所学校开设了气象站，作为传播气候科学知识的长期平台，不仅培养学生们的气候认识，还教授应对气候灾害的技能。据媒体报道，一些孩子在老师的带领下，研究学校周边农作物与气候的关系，其长年累月的小气候数据记录为当地农业专家提供了一手资料，也成为气候变化研究的数据支撑。但是建设校园气象站的学校多为农村学校，期中一些学校由于人员缺乏、维护经费缺乏，使这一平台成为摆设，并且一千多所学校对于全国中小学来说显得杯水车薪。

纵观全局，这一实践取得了一定成效，但由于局限于中国气象局及少数部门的单方努力，中国公民的整体气候科学素养并不高。

无论是政府、相关部门、媒体、公民大多数时间都是被动的接受气候科学知识和培训，不能很好地运用气候知识进行决策，趋利避害。其一，这不利于公民个人做出对自身最有利的判断，也不利于国家减缓和适应气候变化及节能减排政策的推行。陈涛等(2012)指出国民气候素养的形成一方面依赖于教育的实施，另一方面决定于政府推行的政策、态度及大众媒体的导向，并提醒我们进行气候政策的宣传和推动时应该更多的借助科学家的力量。因此，如何加强培养气候科学素养的顶层设计、加强社会精英的气候科学素养是亟待考虑的问题。

4 结论与讨论

气候科学素养要求公民不仅对气候与气候变化相关的科学知识理解，还应当具有正确的态度及应对技能。提高气候科学素养有利于公民理解并支持国家对于应对气候变化制定的相关政策，利于节能减排政策的贯彻实施。

提升公民的气候科学素养在中国仍属于新兴事物，并且鉴于中国的基本国情，在传播及实践上仍有一定局限及困难。今后，一方面应当加强顶层设计，从政策、法律法规、教育等层面开展工作。另一方面，相关部门以及媒体应当肩负责任，传播气候知识，普及应对气象变化及防灾减灾技能。此外，民间组织可以开展教育实践、社区活动等，提升公众气候科学素养，落实应对气候变化及节能减排政策。

参考文献

[1] 陈涛，张泓波. 中美两国应对气候变化政策与公众气候素养之比较研究[J]. 科技与经济，2012，**25**(1)：106-110.

[2] Nosworthy C M. Climate Literacy in California K-12 Schools[J]，2010.

[3] Shafer M A，James T E，Giuliano N. Enhancing climate literacy[C]. 18th Symposium on Education，American Meteorological Society，Phoenix，AZ，2009.

GRAPES 水文模式的一次模拟试验

王莉莉

（国家气象中心，北京 100081）

摘　要：GRAPES 水文模式是在 GRAPES_Meso 的基础上所构建的，主要是对 NOAH-LSM 陆面模式进行改进，使其能较精确地刻画陆面及浅地表水文过程，具有径流模拟的能力，并明显提高模拟精度。选取 2009 年 5 月 8—11 日的一场降水过程进行模拟试验，研究陆面水循环过程对土壤含水量及大气场的影响。结果表明：GRAPES 水文模式引起了土壤湿度、蒸发量、土壤温度以及热量分布等近地面气象要素的变化，并最终对降水量以及降水落区也产生了一定的影响，对流量的模拟精度有了很大的提高。

关键词：GRAPES_Meso；NOAH-LSM；蓄水容量曲线；Muskingum

1　概述

GRAPES 模式（Global-regional assimilation and prediction system）是由中国气象局于 2000 年开始组织研究开发的数值预报系统[1,2]，GRAPES_Meso 模式是其中区域中尺度数值预报系统版。GRAPES_Meso 模式已先后在国家气象中心、广州区域气象中心、上海台风研究所实现业务运行，表现出了较好的预报技巧[3,4]。GRAPES_Meso 中的陆面模式是 NOAH-LSM模式。但是 NOAH-LSM 陆面模式对水文过程特别是径流的描述还存在明显不足，即不能完整的描述水文循环过程[5]。GRAPES 水文模式是对陆面模式 NOAH-LSM 进行的改进，模式中对上述问题进行了较好的解决。本次试验选取半湿润地区久旱之后的一场降水，研究该模式引起土壤湿度、蒸发量、土壤温度以及热量分布等近地面气象要素的变化，并最终对降水量以及降水落区也产生了一定的影响，大大的影响了对流量的模拟精度。

2　NOAH-LSM 陆面模式的改进

2.1　NOAH-LSM 陆面模式的原产流方案的问题

流域产流是指流域中各种径流成分的生成过程，是研究降雨转化为径流的过程，其特点是产流面积和降雨的时空变化，其实质是水分在下垫面垂向运动中，在各种因素综合作用下对降雨的再分配过程[6]。在降雨过程中，流域上产生径流的部分所包围的面积称为产流面积，是变化的，在降雨开始时，流域中易产流的地区会先产流。NOAH-LSM 模型的产流方案只考虑了

资助项目：国家自然科学基金项目 41105068。

水的垂向运动，其产流方案使用的是简单水量平衡模型，没有有效地表达径流产流面积的变动情况，因此，需要进一步改进陆面模式的产流方案，提高整体模拟精度。

2.2　NOAH-LSM 陆面模式产流方案的改进

改进的陆面模式产流方案利用蓄水容量曲线描述单元网格内产流面积的变化。应用蓄水容量面积分配曲线可以确定降雨空间分布均匀情况下蓄满产流的总径流量。实践表明，对于闭合流域，流域蓄水容量面积分配曲线采用抛物线型为宜，其线型为

$$\frac{f}{F} = 1 - \left(1 - \frac{W'}{WMM}\right)^{B} \tag{1}$$

式中 f 为产流面积(km^2)；F 为全流域面积(km^2)；W'为流域单点的蓄水容量(mm)；WMM 为流域单点最大蓄水容量(mm)；B 为蓄水容量面积曲线的指数。

根据流域蓄水容量面积分配曲线及其与降雨径流的相互转换关系，改进后的产流方案为：

若 $P - E + A < WMM$，即局部产流时，

$$R = P - E - (WM - W_0) + WM \times \left(1 - \frac{P - E + A}{WMM}\right)^{(1+B)} \tag{2}$$

若 $P - E + A \geqslant WMM$，即全网格产流时，

$$R = P - E - (WM - W_0) \tag{3}$$

式中 W_0 为流域初始土壤蓄水量(mm)；WM 为流域平均最大蓄水容量(mm)；R 为总径流量(mm)。

地下产流方案与原 NOAH-LSM 方案相同。

2.3　NOAH-LSM 陆面模式增加的汇流方案

NOAH-LSM 陆面模式中增加的汇流方案选取 Muskingum 汇流方法。在 Muskingum 法中，采用逐栅格的 Muskingum 汇流方法将地表径流演算至流域出口。以地表径流 Q_s 为例(图 1)，a、b、c 三个栅格的流量分别为 Q_a、Q_b、Q_c。Q_a'、Q_b'、Q_c'可以通过 Muskingum 计算得到：

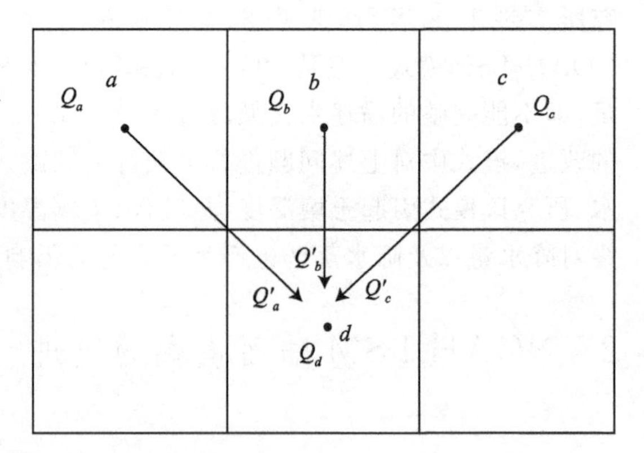

图 1　栅格流向示意图

$$Q_{i+1}^{t+1} = C_1 Q_i^t + C_2 Q_i^{t+1} + C_3 Q_{i+1}^t \tag{4}$$

式中：$C_1 = \frac{0.5\Delta t - x_e k_e}{(1 - x_e)k_e + 0.5\Delta t}$；

$C_2 = \frac{0.5\Delta t + x_e k_e}{(1 - x_e)k_e + 0.5\Delta t}$；

$C_3 = \frac{(1 - x_e)k_e - 0.5\Delta t}{(1 - x_e)k_e + 0.5\Delta t}$；

x_e 和 k_e 为 Muskingum－Cunge 法的两个参数。

在 t 时刻，栅格 d 的出流可表示为：

$$Q_d^t = Q_a^{t}{'} + Q_b^{t}{'} + Q_c^{t}{'} + Q_d^{t}{'} \tag{5}$$

关于参数 x_e 和 k_e 的具体求解推导过程请参见文献[7]中的 Muskingum 的经验求解方法，这里就不再赘述。

3 试验结果及分析

为了充分验证 GRAPES_Meso 模式和 GRAPES 水文模式的模拟效果，本研究选取 2009 年 5 月 8 日至 11 日的降水进行模拟试验，试验覆盖区域为 29°N～42°N、106°E～125°E。此次过程降水持续时间长、降水时段集中(图 2)。本次试验将分辨率为 1°×1°的美国 NCEP 全球预报场作为初始场和侧边界条件，驱动 15 km×15 km 的 GRAPES_Meso 模式和 GRAPES 水文模式，将模拟土壤温度和湿度、感热和潜热通量、地表热通量、表面温度等近地面要素进行比较。下面将详细分析各项模拟结果。

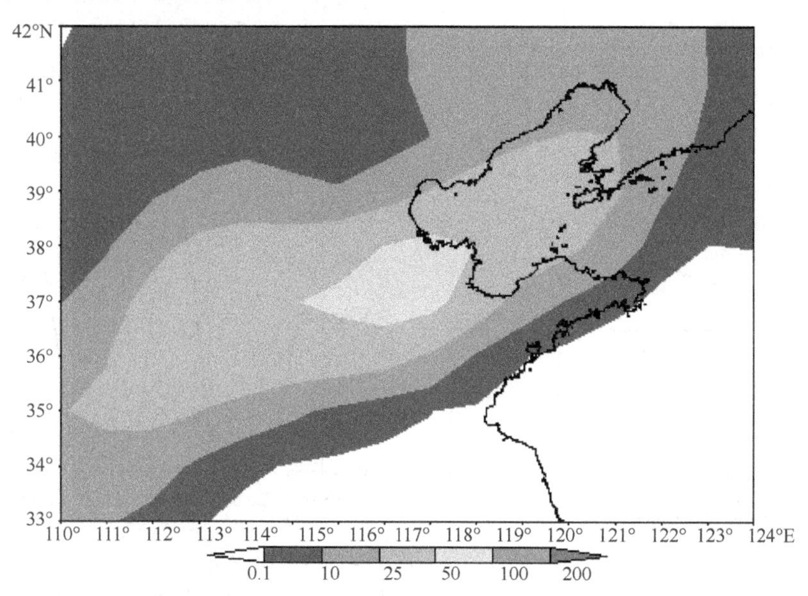

图 2 2009 年 5 月 9 日 08 时至 11 日 08 时雨量分布图(mm)

3.1 土壤含水量

和 GRAPES_Meso 模式相比，GRAPES 水文模式不仅考虑到水量垂向变化，而且考虑到了水平二维方向上的水分再分配，坡面气流改变了土壤湿度的水平梯度分布(见图 3)。陆面水循环引起了地表蒸发量以及土壤湿度的改变(图 3)。地表水的再下渗首先引起最上层土壤湿度的变化(图 3(a))，随着进一步的下渗，逐步影响深层土壤湿度(图 3(b)、图 3(c))，土壤湿度的增加促使蒸发量也增大(见图 3(d))，同时潜热通量增大(见图 4)，地面的蒸发造成低层加湿，最终对降水产生影响。

3.2 土壤温度

GRAPES 的 LSM 模式中热力学模块，对地表的温度采用了 Mahrt 和 Ek 提出一个简单线性的陆面能量平衡公式，其中地面和植被被看成一体作为陆面。从试验结果图 5 可以看出，土壤含水量的变化直接影响土壤热容量的变化，进而影响土壤温度。从模拟结果看出改进后模式的第一层至第三层的土壤温度均有所降低(见图 5(a)—(c)),第一层土壤温度降低,影响到地表温度也降低(见图 5(d))。

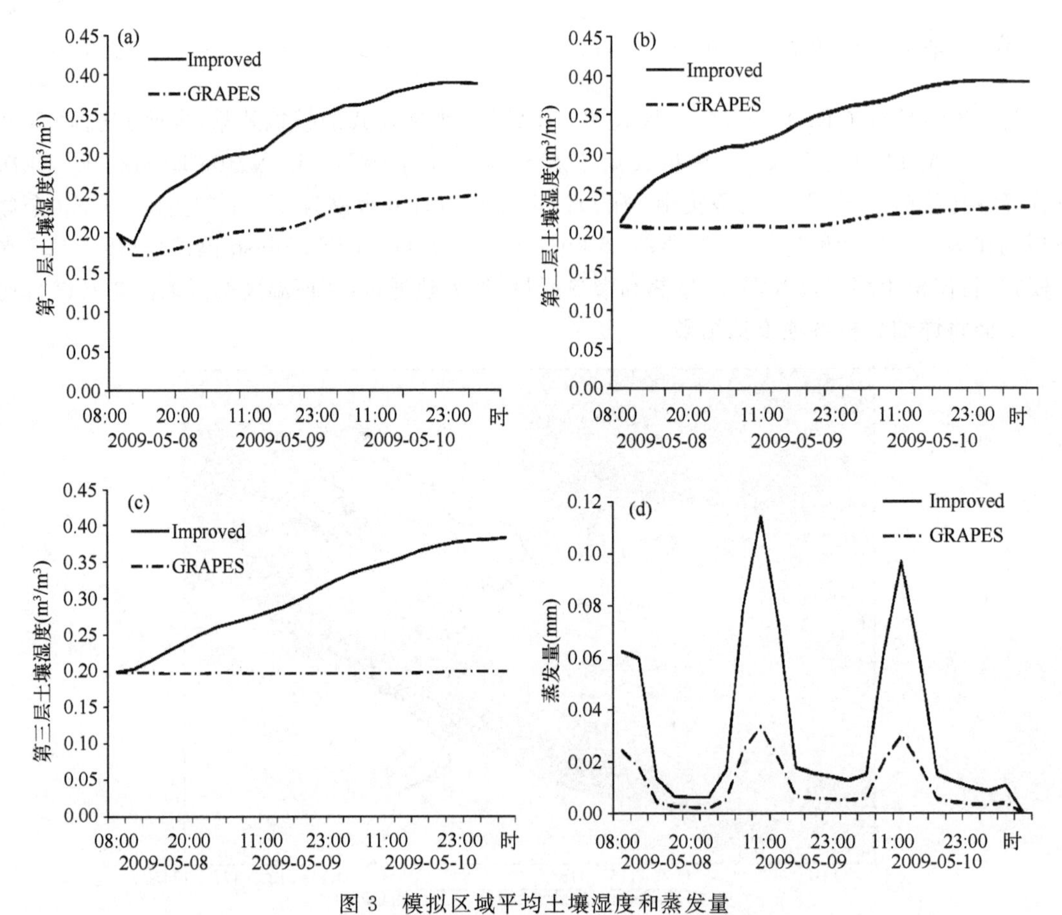

图 3 模拟区域平均土壤湿度和蒸发量

(a)第一层土壤湿度;(b)第二层土壤湿度;(c)第三层土壤湿度;(d)蒸发量

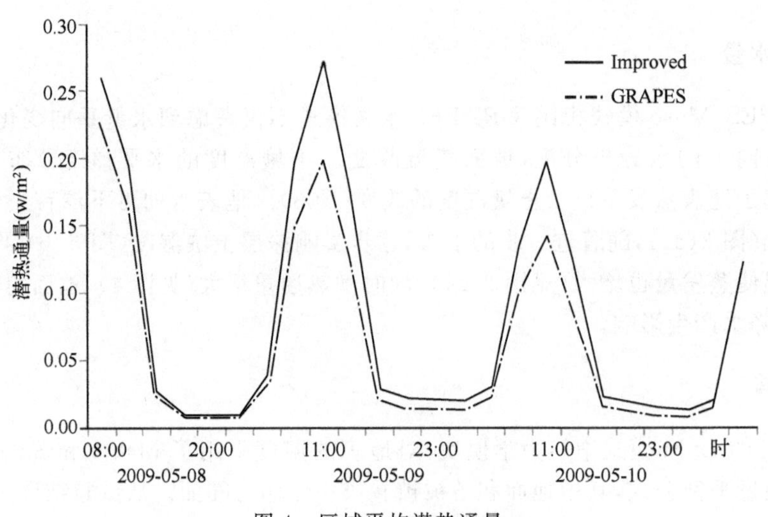

图 4 区域平均潜热通量

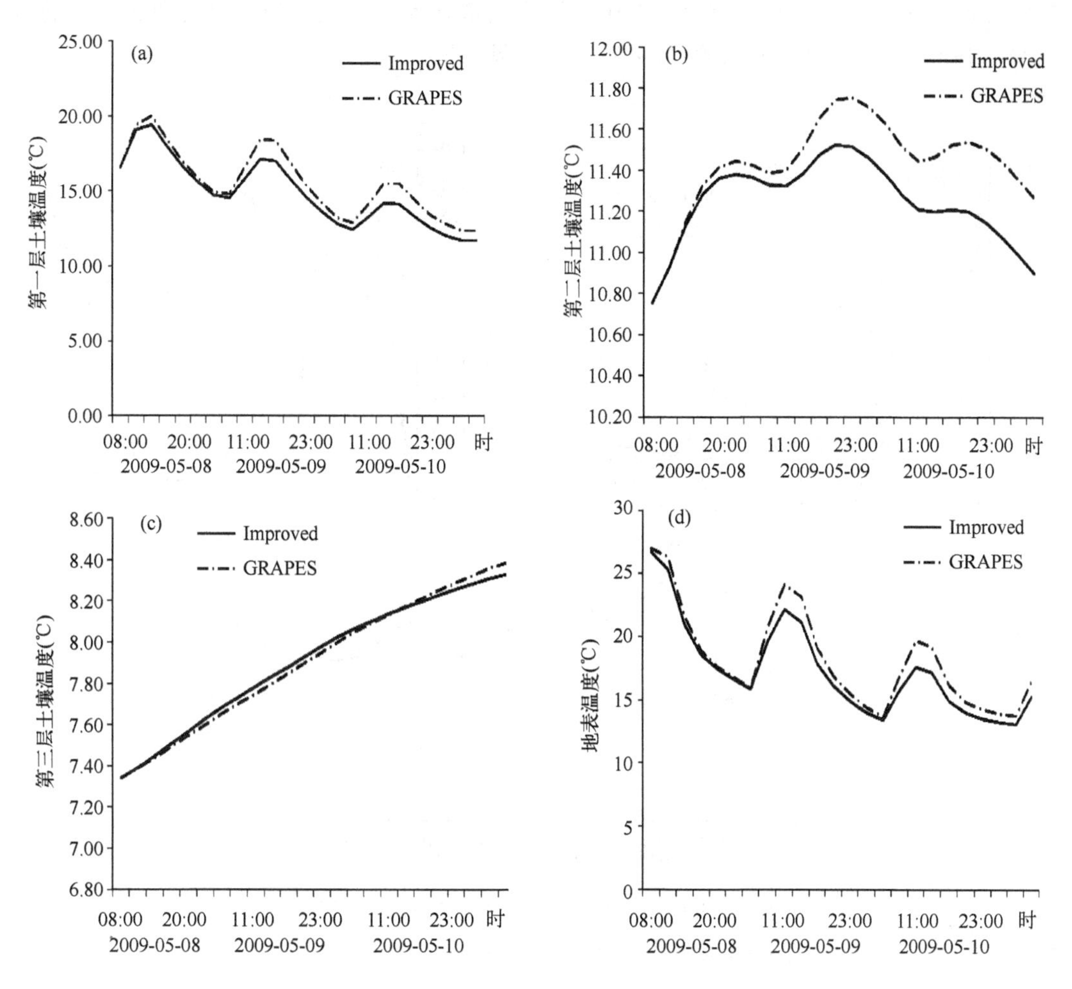

图5 模拟区域平均土壤温度及地表温度

(a)第一层土壤温度；(b)第二层土壤温度；(c)第三层土壤温度；(d)地表温度

3.4 能量要素

改进后模式与原模式模拟的感热通量的曲线和地表温度线基本一致，潜热通量也有一个和感热通量类似的波动。改进后的NOAH-LSM陆面模式使得土壤温度降低，平均地表热通量增大，地表温度降低，地面感热通量减小，促使地面2 m处气温也相应减小(如图6)。

3.5 预报降水量

根据水量平衡方程可知，降水的增大有利于土壤湿度的增加，而土壤湿度的增加(在未饱和土壤中)使得地表蒸散发增加，地表的蒸散发的增加为后期降水的增加提供了水汽，最终将影响降水量以及落区。如图7所示对48 h的累积降水分布，原模式和改进后模式的预报降水差别并不大，与实测降水分布图(图2)相比雨带分布相差不大。改进后模式与原模式的区别主要是在降水的落区。所以选取试验区域内4个观测站点：邯郸、泊头、平乡和武邑(见表1)，对降水的落区进行分析，见图8，从试验结果可以看到，对于峰现时间的模拟改进后和原模式模拟的一致，改进后的模式在峰值模式上比原模式模拟精度高，对于邯郸、泊头和武邑改进后模式模拟的降水量比原模式模拟的大，更接近观测降水量。

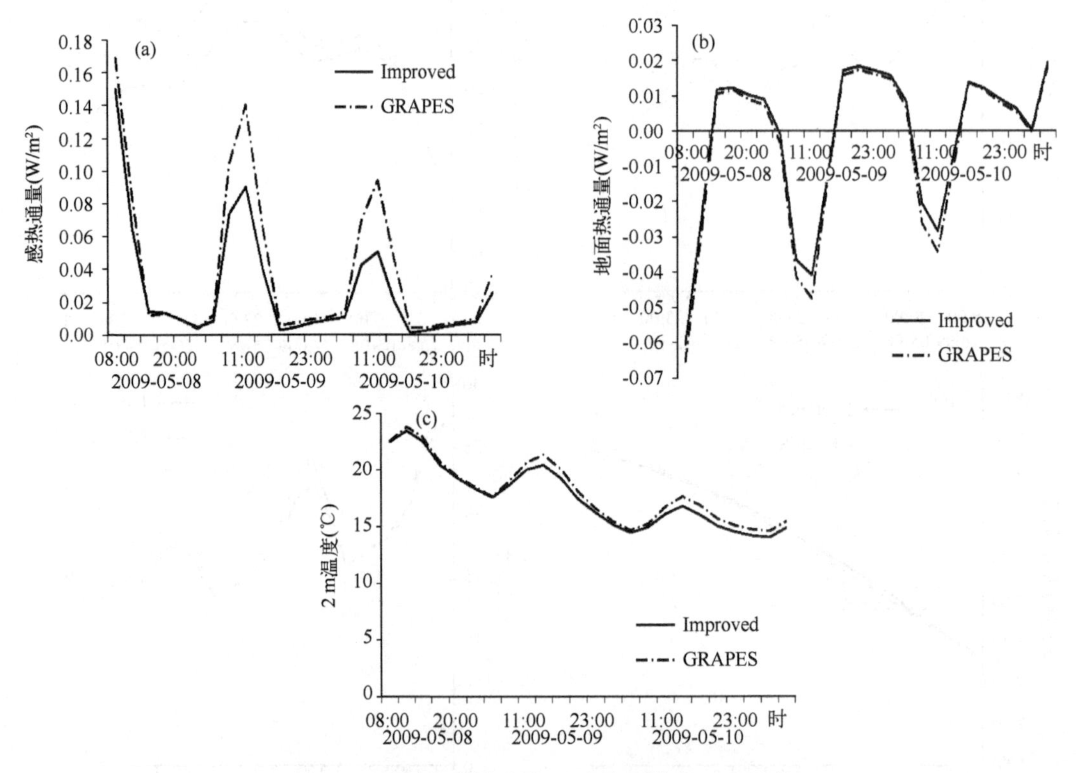

图 6　区域平均感热通量、地表热通量和 2 m 温度

(a)感热通量；(b)地面热通量；(c)2 m 温度

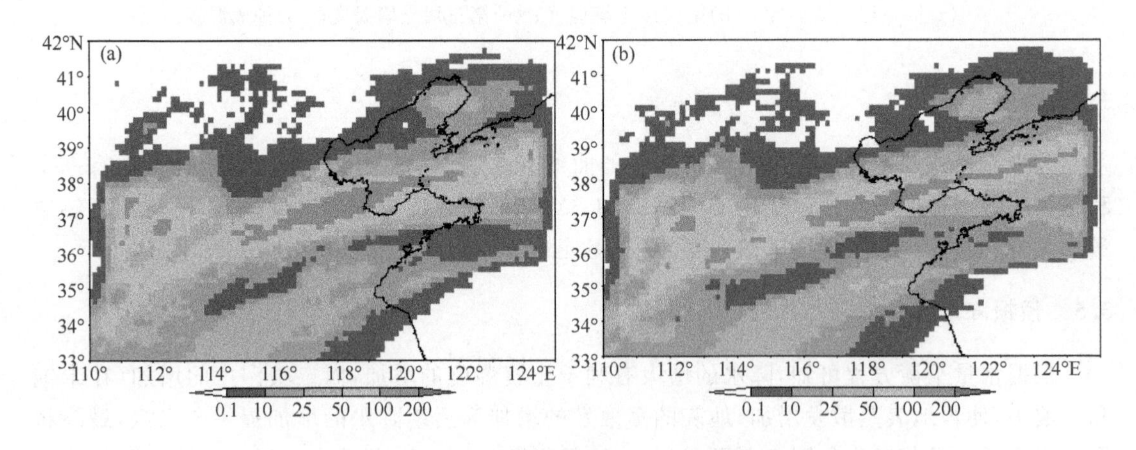

图 7　2009 年 5 月 9 日 08 时至 11 日 08 时模拟累积降水量分布图，

起始时间：2009 年 5 月 8 日 08 时(mm)

(a)改进后模式累积降水；(b)原模式累积降水图

表 1　站名经纬度

站名	纬度(°N)	经度(°E)
邯郸	36.60	114.50
泊头	38.08	116.55
平乡	37.06	115.03
武邑	37.80	115.88

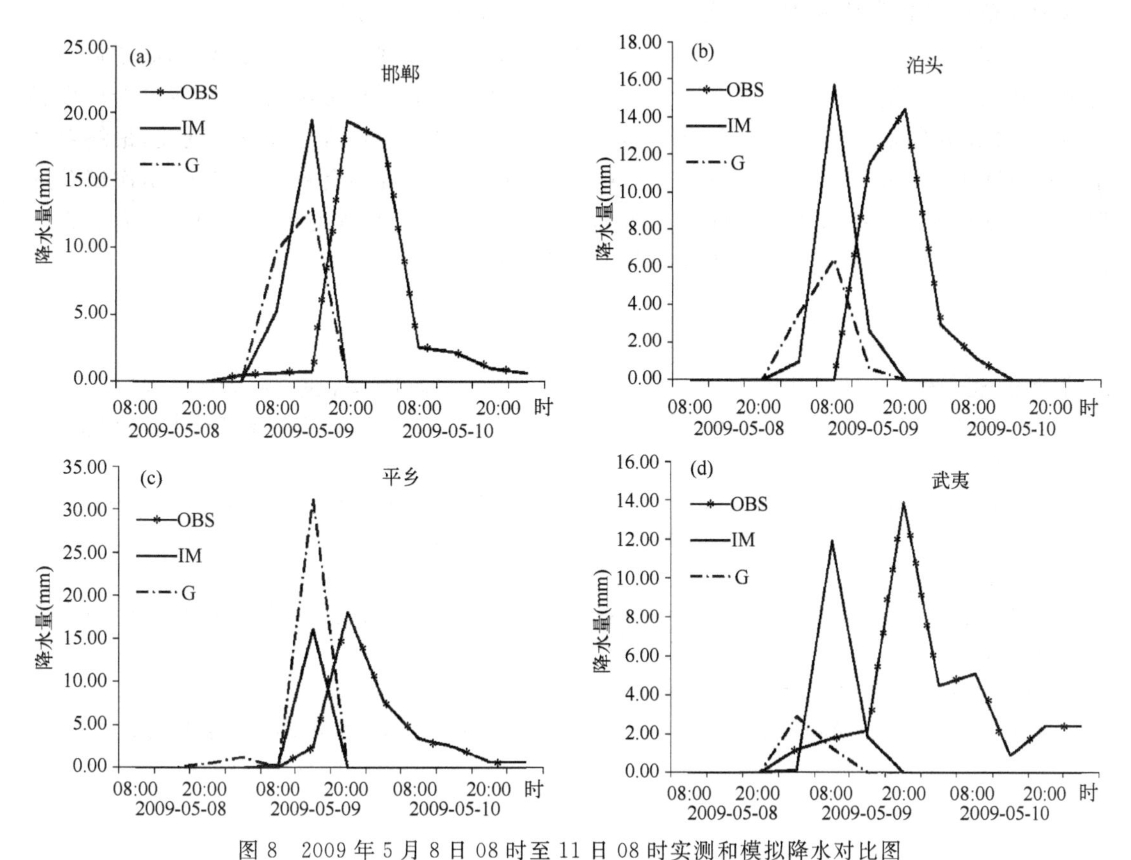

图 8　2009 年 5 月 8 日 08 时至 11 日 08 时实测和模拟降水对比图

3.6　流量预报

由于径流深无法得到其观测资料，所以将径流深转化为流量进行对比。试验时间选取的是 5 月份，试验区域内未进入汛期，流量站模拟的流量较小，由于资料限制只选了观测台站的观测流量进行对比。从图 9 上可以看出，GRAPES 水文模式模拟的流量过程与原模式模拟的精度有了很大提高。

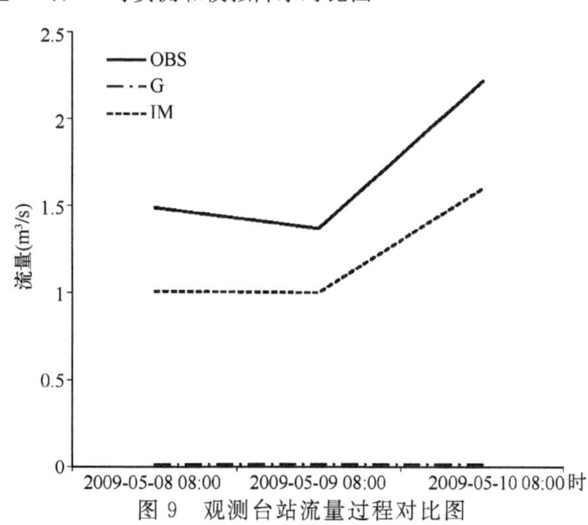

图 9　观测台站流量过程对比图

4　小结

本次试验介绍了 GRAPES 水文模式的原理，是基于 NOAH-LSM 陆面模型产流方案，针对原 NOAH-LSM 陆面模型建模型时，考虑产流机制比较简单的问题，对其产流模块，进行了必要改进，加入了蓄水容量曲线。改进的 NOAH-LSM 采用蓄水容量曲线来考虑网格内土壤含水量分布不均的情况，并加入了汇流模块对地表二维水流的描述。

选取 2009 年 5 月 8 日至 11 日降水进行模拟试验，结果表明改进后的模式，引起了近地面气象要素的变化，首先影响了土壤湿度以及蒸发量的变化，进而对土壤温度、地表温度产生影响，进而对云结构有很大影响，云量、水汽含量均有变化，也促使热量分布发生变化，最终对降水量以及降水落区也产生了一定的影响。由于径流深无法用观测资料进行对比，本次试验选取了流量站对模式模拟流量进行对比，结果证明，GRAPE 水文模式对流量模拟精度有了很大提高。GRAPES 水文模式还需要在不同的流域进行试验。

参考文献

[1] 陈德辉，沈学顺. 新一代数值预报系统 GRAPES 研究进展[J]. 应用气象学报，2006，**17**(6)：773-777.

[2] 陈德辉，薛纪善，杨学胜，等. GRAPES 新一代全球/区域多尺度统一数值预报模式总体设计研究[J]. 科学通报，2008，**53**(20)：2396-2407.

[3] 薛纪善，陈德辉. 数值预报系统 GRAPES 的科学设计与应用[M]. 北京：科学出版社，2008：334-335.

[4] 王莉莉，陈德辉. GRAPES 气象—水文模式在一次洪水预报中的应用[J]. 应用气象学报，2012，**23**(3)：274-284.

[5] 王莉莉，陈德辉. GRAPES NOAH-LSM 陆面模式水文过程的改进及试验研究[J]. 大气科学，2013，**37**(6)：1179-1186.

[6] 文康，金管生，李蝶娟，等. 流域产流计算的数学模型[J]. 水利学报，1982.

[7] 王莉莉，李致家. 基于 DEM 栅格的水文模型在沂河流域的应用[J]. 水利学报，2007，**37**：417-422.

国家级中小河流洪水气象风险预警客观模型及业务应用

包红军[1,2]

（1. 国家气象中心，北京 100081；2. 中国气象局公共气象服务中心，北京 100081）

摘　要：针对国内外中小河流洪水风险预警技术研究进展，与国内气象部门对水文资料缺乏的现状，本文提出国家级中小河流洪水气象风险预警技术，并以此建立国家级中小河流洪水气象风险预警服务客观预报模型。将全国中小流域分为有完整气象水文资料流域、无水文资料有气象资料流域、无资料流域进行推求流域中小河流致洪降水动态临界阈值。针对有完整水文资料流域，采用流域水文模型技术反演流域致洪降水临界动态阈值；针对无水文资料有气象资料流域，依据防洪标准采用水文频率分析技术推求致洪降水临界阈值；针对无资料流域，通过流域水文移植技术，移植有资料流域的致洪临界阈值。采用 ECMWF 细网格预报推求全国中小河流流域面雨量，依据全国中小河流流域致洪降水动态临界阈值，建立国家级全国中小河流洪水气象风险预警客观模式。选取受 2014 年第 9 号台风"威马逊"（超强台风级）影响的中国华南西南的南部中小河流为试验流域，进行国家级中小河流洪水风险预警客观模式的检验。结果表明，国家级中小河流洪水气象风险预警服务客观预报模型风险预警效果良好，可为风险预警业务预报员提供重要的参考。

关键词：中小河流洪水风险预警技术；动态临界阈值；面雨量预报；客观预警模型；威马逊

引言

暴雨洪涝灾害是对中国影响范围最广、持续时间最长、造成损失最大的一类自然灾害，其中中小河流由于防洪标准普遍偏低，其洪灾损失占总洪灾损失的 70%～80%，近年来呈现多发重发态势。随着经济发展、社会进步和人民生活水平的提高，对准确精细化的暴雨洪涝灾害气象服务提出了更高的要求，尤其是更加先进的定时、定点、定量的由暴雨诱发的中小河流洪水气象风险预警服务需求。中国气象局于 2012 年开始在全国开展暴雨诱发中小河流洪水和山洪地质灾害气象风险预警服务（以下简称"气象风险预警服务"）业务，国家级中小河流洪水风险预警业务的具体服务主要由国家气象中心承担。2013 年中国气象局正式启动气象风险预警服务业务。

虽然，从 2013 年汛期开始，气象部门的气象风险业务已经正式启动，但是全国中小河流的风险普查率还是处于相对较低的阶段，大部分中小河流风险预警服务仍无流域致洪降水临界面雨量阈值。已经开展风险预警服务的部分省份风险临界面雨量阈值采用基于统计分析法和水文模型法的定值确定方法，对于缺资料和无资料地区的中小河流气象风险临界阈值，也很难

基金项目：中国气象局气象关键技术集成与应用项目（CMAGJ2014M72），国家自然科学基金项目（41105068），中国气象局首批青年英才计划（2014—2017），中国气象局青年英才计划项目"流域洪涝临界面雨量阈值确定技术研究"。

有好的解决方法。

而就目前研究状况而言，西方发达国家基于高精度 GIS 和 DEM 数据，提取中小河流流域信息，并以动态临界雨量理念为基础，发展面向中小河流山洪的暴雨洪水预警指导业务系统(Flash Flood Guidance，FFG)；面向流域的多源降水集成预报技术已经应用于流域面雨量预报和水文预报中。中国基于动态临界面雨量和集成面雨量预报的中小河流洪水预警仍处于研究和起步阶段。

因此，本次研究针对国内外中小河流洪水风险预警技术研究进展，与国内气象部门对水文资料的缺乏现状，本文基于前期科研成果[1~3]，提出国家级中小河流洪水气象风险预警技术，并以此建立国家级中小河流洪水气象风险预警服务客观预报模式与服务产品。并选取受 2014 年第 9 号台风"威马逊"(超强台风级)影响的中国华南西南的南部中小河流为试验流域，进行国家级中小河流洪水风险预警客观模式的检验。

1　国家级中小河流洪水气象风险预警客观模型

中小河流洪水气象风险预警服务是以中小河流洪水预警指标为基础，结合流域雨水、墒情监测和预报，做出中小河流域洪水潜在的气象风险等级(红、橙、黄、蓝)预警服务，是提升气象部门气象风险预警服务水平，增强中小河流洪水灾害防御能力，最大程度避免和减轻灾害可能造成的损失，也是各级政府和有关部门组织中小河流防汛和灾害预警防治等决策的重要依据。然而，由于中小河流洪水气象风险预警服务是一项涉及多学科且技术难度较大的技术，其精度很大程度上取决于风险预警指标的科学性和准确性，以及中小河流域降水预报的精确性，因此，风险预警指标的确定和流域面雨量是中小河流洪水气象风险预警服务业务工作的基础。

1.1　中小河流致洪降水临界阈值确定技术

1.1.1　有完整气象、水文资料的中小河流致洪降水临界阈值确定技术

中小河流洪水的大小除了与降雨总量、降雨强度有关外，还和流域初始状态(土壤含水量)密切相关。当土壤较干(湿)时，降水下渗大(小)，产生地表径流则小(大)。因此，在建立中小河流洪水气象风险预警阈值时，应该考虑中小河流防治区中土壤含水量情况。土壤含水量指标可采用土壤含水量饱和度，由水文模型输出。随着流域土壤饱和度的变化，中小河流洪水气象风险预警阈值也会随之发生变化，故称之为动态临界阈值(面雨量)。

这里以安徽南部屯溪流域为例，利用屯溪流域雨量站降雨资料以及屯溪水文站流量资料，采用分布式新安江模型[4~9]计算流域土壤含水量饱和度，根据土壤含水量饱和度和中小河流洪水发生前时间尺度 24 h(国家级中小河流风险预警时效为 24 h)的最大降雨量，应用基于幂函数的最小均方差准则的 W-H (Widrow-Hoff) 算法，建立中小河流洪水预警非线性判别函数，得出在不同土壤含水量饱和度下的 24 h 预报时效的中小河流洪水气象风险预警临界阈值。

根据流域的土壤含水量饱和度和降雨量绘制 X-Y 散点图，X 轴为土壤含水量饱和度，Y 轴为降雨量。以 24 h 雨量为例，针对历史资料系列中流域发生过的洪水(不分大小)，分别在其前 24 h 降水量以及发生之前的土壤饱和度。

将土壤饱和度和最大 24 h 雨量绘制成 X-Y 散点图，并根据其对应的洪水过程是否超过警

戒流量分为 2 类，用中小河流洪水临界雨量阈值线(非线性)作为判别函数，将土壤含水量饱和度和最大降雨量组成的状态空间分为 2 个部分，作为系统模式识别进行研究。本文应用基于幂函数的最小均方差准则算法[1]，建立不同土壤含水量饱和度下的三个时间尺度中小河流洪水气象风险预警判别函数。

定义幂函数判别函数：

$$d(x)=w_1x_1^{a1}+w_2x_2^{a2}+w_3=wx^A \tag{1}$$

这里 $x=(x_1^{a1},x_2^{a2},1)'$ 称为增广特征矢量，$w=(w_1,w_2,w_3)$ 称为增广权矢量。此时增广特征矢量的全体称为增广特征空间。根据判别函数 $d(x)$ 的值来判断 x 的类别(即是否超洪水风险指标)。一般情况下，由于洪水的形成高度非线性，很难有完全一致的判别结果。因此，所求得的权矢量应该让尽可能使被错分的训练模式最少。

屯溪流域 1980 年至 2003 的气象、水文资料进行分布式新安江模型参数化方案优选。根据水利部水情预报规范[10]，达到预报甲等方案。

选出在洪峰出现之前的最大 24 h 降雨量，统计对应降雨发生之前的不同土壤饱和度，得到不同时间尺度雨量与土壤含水量饱和度分类图(图 1)。

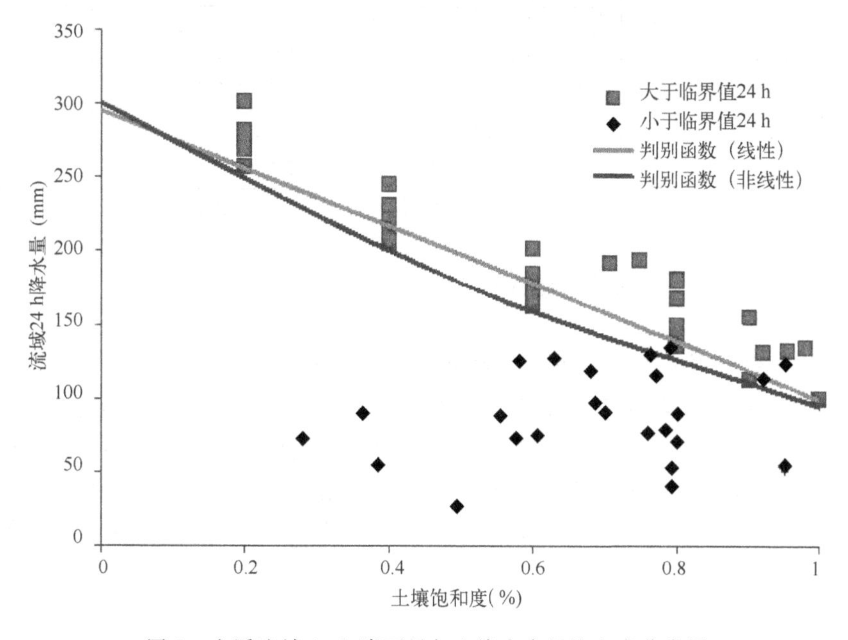

图 1　屯溪流域 24 h 降雨量与土壤含水量饱和度分类图

利用在洪峰出现之前的最大 24 h 降雨量和不同土壤含水量饱和度，应用基于幂函数的最小均方差准则的 W-H (Widrow-Hoff) 算法(简称幂函数法)，得出在不同土壤含水量饱和度下的动态临界雨量预警指标线。

对 1980 年至 2003 年的屯溪流域洪水进行验证，9 场超警洪水，对于幂函数法 24 h 时效均预警成功；而 24 场未超警洪水中，24 h 时效分别空报 2 次。

1.1.2　缺水文资料、有完整气象资料的中小河流致洪降水临界阈值确定技术

推求中小河流洪水临界阈值需要有较长序列降水资料的流域，一般指具有 20 年以上降水资料的流域。在气象部门中，往往有的是多年降水资料，但缺乏流量、水位资料。可以根据长

序列降水资料来推求中小河流域的致洪暴雨临界面雨量。本次研究中是依据防洪标准,基于流域水文模拟与水文频率分析方法,推求发生中小河流超警洪水对应的警戒雨量。图 2 为根据屯溪流域 1980—2003 年降水资料推求的降水频率曲线。根据频率曲线推求五年一遇洪水的临界面雨量为 129.2 mm。应用频率曲线法得到屯溪流域致洪暴雨 24 h 临界面雨量,对 33 场洪水进行检验,其中 9 场超警洪水,成功预警 7 场;未超警洪水 24 场,空报只有 2 场。取得不错的预警效果,只比动态临界面雨量法稍差一点。

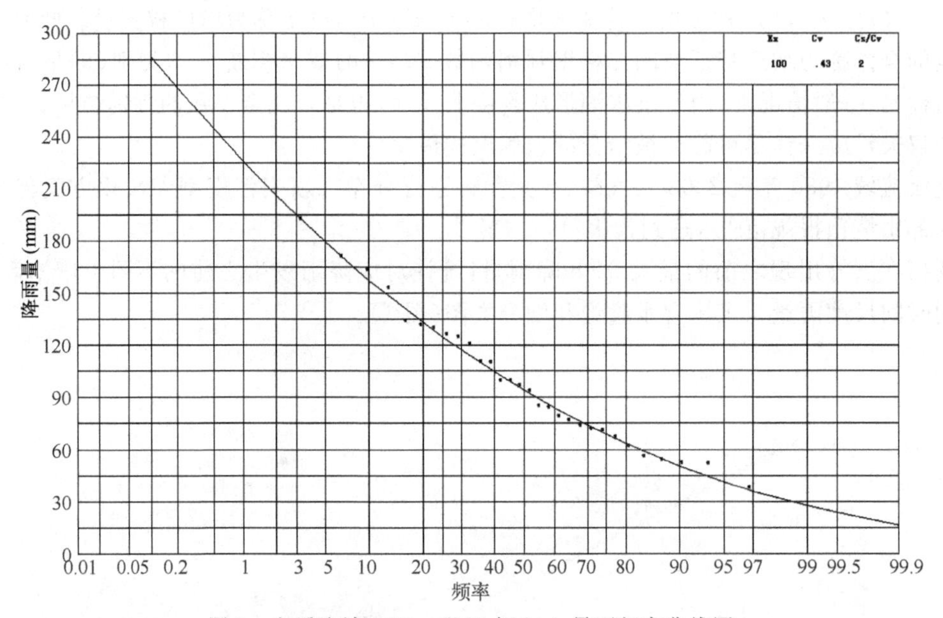

图 2　屯溪流域 1980—2003 年 24 h 暴雨频率曲线图

1.1.3　*无资料流域的中小河流致洪降水临界阈值确定技术*

对于中国西部的中小河流常常既无水文资料,也无气象资料,这对中小河流致洪降水阈值推求往往难以使用上述方法实现。无资料流域的中小河流洪水风险预警临界阈值,可以基于对有资料流域的研究获得。本次研究基于流域水文移植技术,利用有资料地区推求的动态临界阈值,依据流域相似性原理,建立洪水与流域地貌特征及降水的关系,移植有资料流域的临界阈值。

1.2　中小河流流域面雨量预报技术

中小河流流域面雨量预报,即面向流域的定量降水预报现在很大程度上还是依靠数值天气预报技术。在以芝加哥学派为主导的气象科研工作者的推动下,数值预报技术得到了突飞猛进的发展,多个国家数值预报模式的定量降水技术得到开发和业务化应用[30],最为突出的是 1979 年投入业务运行的欧洲中期天气预报中心(ECMWF)的定量降水模式,标志着数值天气预报走向成熟。在国家级中小河流流域面雨量预报上,本次研究基于 ECMWF 细网格预报进行全国中小河流域面雨量预报。

1.3　国家级中小河流洪水风险预警客观模式构建

基于上述技术,本次研究建立国家级中小河流洪水风险预警客观模式:根据全国气候与流域产汇流特性分区，分别选取松花江、辽河、海河、黄河、淮河、长江、珠江、浙闽境内流域中的有水文、气象资料的典型流域进行有资料的中小河流致洪降水动态阈值推求，对于有降水资料缺水文资料流域采用流域水文模拟和水文频率分析方法进行推求临界阈值，无资料流域采用基于有资料流域进行移植，建立全国中小河流致洪降水动态临界阈值；基于 ECMWF 细网格降水建立全国中小河流流域面雨量预报模型；结合致洪临界阈值和面雨量预报，根据《暴雨诱发的中小河流洪水风险预警服务业务规范》推求全国中小河流洪水风险预警等级。

2 个例验证——受2014年第9号台风“威马逊”(超强台风级)影响的中小河流洪水风险预警客观模式的检验

2.1 2014年7月18—21日台风强降水过程

2014年第9号台风“威马逊”(超强台风级)先后登陆华南三省(区)，造成了较强量级的降水。7月17—21日，海南、广西沿海、云南南部等地累计降雨量有200～500 mm，海南海口、昌江、白沙等地局地降水量达500～712 mm(见图3)，其中18日海南海口、琼山、澄迈、昌江、白沙等地日降雨量在400 mm以上，多地小时雨强达100～139 mm/h。

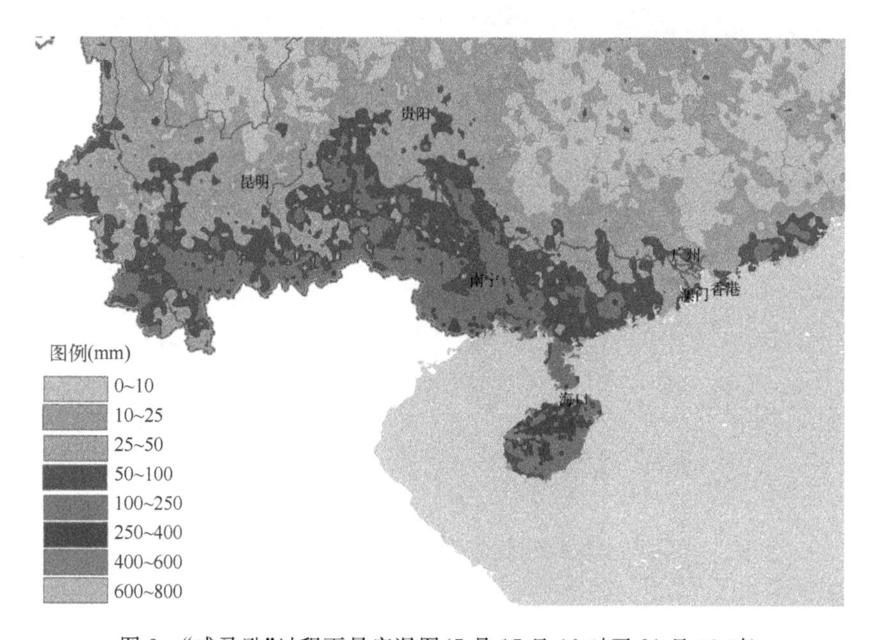

图3 “威马逊”过程雨量实况图(7月17日12时至21日08时)

受“威马逊”影响，中国华南地区海南境内南渡江、昌化江发生超警以上洪水，超警幅度0.21～7.48 m，其中南渡江上游发生超历史实测记录洪水；广西左江、郁江、明江、防城河发生超警洪水，甚至保证洪水。海南、广东西南部、广西及云南南部多地出现洪涝灾害，造成较为严重的经济损失。

2.2 客观模型的风险预警验证

根据《暴雨诱发的中小河流洪水风险预警服务业务》规范，客观模型每日8 h和20 h两次发布 24 h 时效的中小河流洪水风险预警产品。图 4 为 7 月 18—21 日客观预报产品图,图 4 为本次台风影响的中小河流发生洪水过程图。

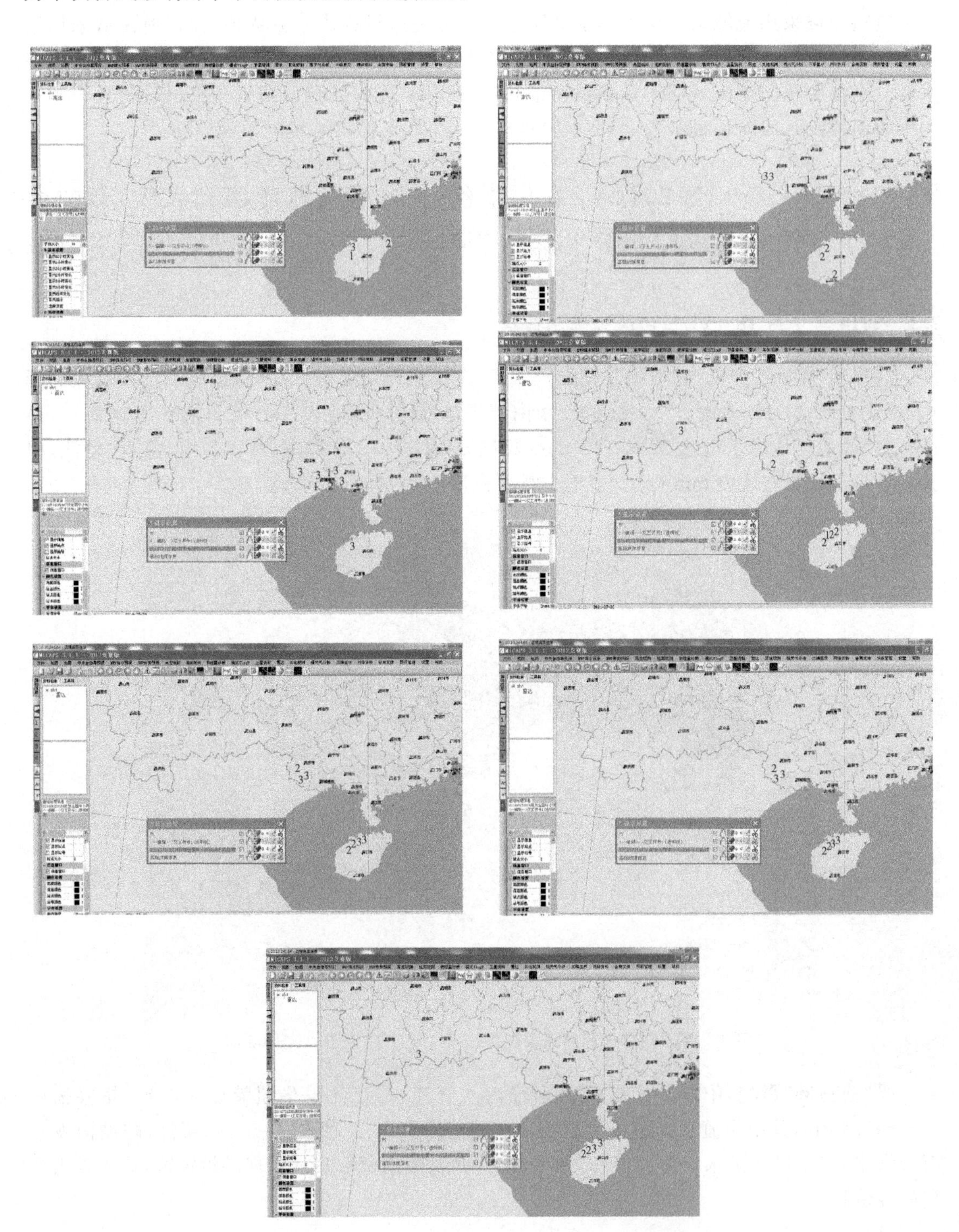

图 4　2014 年 7 月 18 日至 21 日客观模型的预报结果

从客观模型实际业务应用，并与洪水实况对比来看，客观模型的中小河流风险预警效果良好，基本都可预警出洪水，为国家级中小河流洪水风险预警服务能力提供重要的支撑。

3 结论

中国气象局于 2012 年开始在全国开展暴雨诱发的中小河流洪水、山洪与地质灾害气象风险预警服务业务中的国家级中小河流洪水风险预警业务的具体服务主要由中国气象局公共气象服务中心承担。本次研究提出了国家级中小河流洪水气象风险预警技术，并以此建立国家级中小河流洪水气象风险预警服务客观预报模式。并在 2014 年第 9 号台风“威马逊”(超强台风级)影响的中小河流洪水气象风险预警中进行实例验证，取得较好的业务应用的效果。对提高国家级中小河流洪水气象风险预警服务能力和发挥对下指导与推广应用起到了重要的推动作用。

参考文献

[1] 包红军. 中小河流洪水气象风险预警阈值指标确定技术研究[J]//第三届气象服务论坛论文集. 北京：气象出版社，2014.

[2] 包红军，赵琳娜，梁莉. 基于水文集合预报模式的洪涝预报技术[J]//第十四届中国科协年会——极端天气事件与公共气象服务发展论坛论文集. 北京：气象出版社，2013：303-308.

[3] 包红军. 基于集合预报的淮河流域洪水预报研究[J]. 水利学报，2012，**43**(2)：216-224.

[4] 包红军. 沂沭泗流域洪水预报调度模型应用研究[D]. 南京：河海大学，2006.

[5] 王莉莉，李致家，包红军. 基于 DEM 栅格的水文模型在沂河流域的应用[J]. 水利学报，2007，**37**(S1)：417-422.

[6] 姚成. 基于栅格的分布式新安江模型构建与分析[J]. 河海大学学报(自然科学版)，2007，**35**(2)：131-134.

[7] 李致家. 水文模型的应用与研究[M]. 南京：河海大学出版社，2008.

[8] Yao Cheng, Li Zhijia, Bao Hongjun, et al. Application of a developed Grid−Xinanjiang model to Chinese watersheds for flood forecasting purpose[J]. *Journal of Hydrologic Engineering*, 2009, **14**(9): 923-934.

[9] Bao H J, Zhao L N, He Y, et al. Coupling Ensemble weather predictions based on TIGGE database with Grid-Xinanjiang model for flood forecast[J]. *Advances in Geosciences*, 2011, **29**: 61-67.

[10] 中国国家标准化管理委员会. 水文情报预报规范[M]. 北京：中国标准出版社，2008.

极端强降水对公路交通的影响分析以及思考

田 华 王 志 陈 辉 李蔼恂

（中国气象局公共气象服务中心，北京 100081）

摘 要：以2012年台风和暴雨极端强降水为例，总结分析了强降水造成的公路交通灾情特点，并且从监测、预报预警技术、部门合作、信息发布等方面提出应对和防范极端强降水，做好公路交通气象服务的工作思路。

关键词：极端；强降水；公路交通

引言

公路作为现代交通运输的主要工具，在国民经济增长和人民生活中发挥着越来越重要的作用。现代公路运输体系所追求的快速、高效和安全，在很大程度上受气象因素的影响和制约。雨、雪、雾等不利气象条件会导致公路设施损毁、交通延误、交通事故、环境污染等，增加了出行与物流成本。近年来在气候变化的影响下，极端强降水事件发生的频率呈增多态势[1]，相关统计表明，中国31.2%的道路交通事故发生在阴、雨、雪、雾天气条件下①。本文以2012年台风和暴雨极端强降水为例，通过总结分析强降水造成的公路交通灾情特点，提出应对和防范极端强降水对公路交通的不利影响的工作思路。

1 2012年极端强降水个例实况

7月21日至22日晨，北京、天津、河北北部及山西北部出现大范围强降雨过程，北京、天津及河北出现区域性大暴雨到特大暴雨，其中北京暴雨为近61年来最强，天津为近34年来最强；北京全市平均降雨190.3 mm（大暴雨），为1951年以来最大，全市最大降雨出现在房山区河北镇，为460 mm（见图1a）。

8月2日08时至5日06时，受2012年第9号台风“苏拉”和第10号台风“达维”影响，福建中北部、浙江东部、江西南部及山东中北部、河北东北部、辽宁南部和东部、吉林东部等地累计雨量100 mm以上，其中福建北部沿海、闽赣交界处、浙江南部沿海及山东北部、河北秦皇岛、辽宁南部等地累计雨量达到200～350 mm；福建武夷山局地为457 mm、辽宁岫岩局地为405 mm（见图1b）。

8月6日20时至11日06时，受2012年第11号台风“海葵”影响，安徽中南部、江苏东北部和南部、江西东北部、浙江中北部、福建西北部降雨150～400 mm，江苏响水、安徽九华山和黄山、江西景德镇和万年、浙江宁海和临安等局地降雨500～600 mm，最大降雨出现在安徽黄

① 公安部交通管理局：《2010年上半年交通事故情况通报》。

山为 678 mm(见图 1c)。

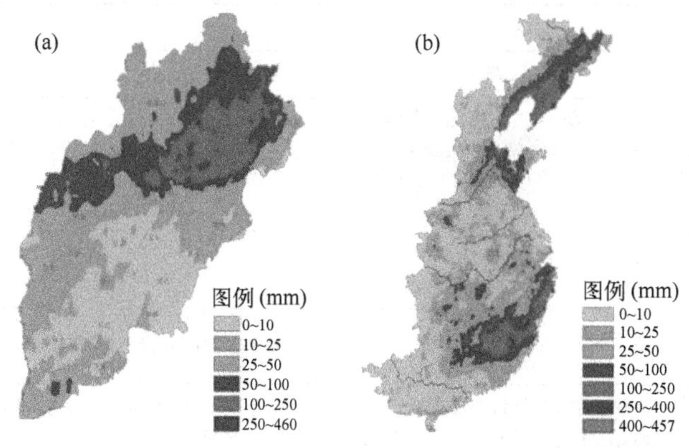

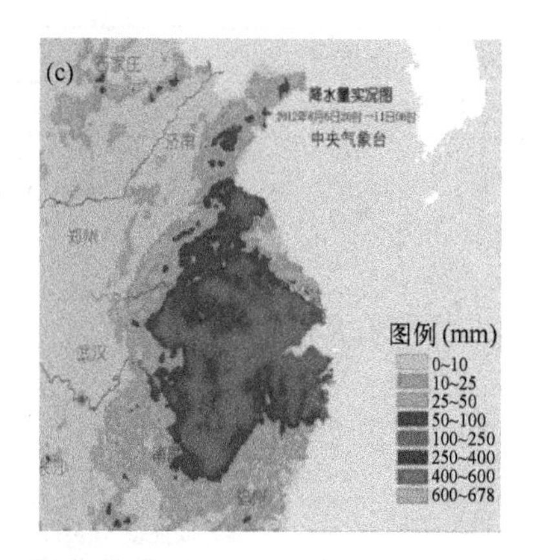

图 1　过程极端强降水示意图

((a) 7.21 暴雨;(b)双台风;(c)台风海葵)

2　极端强降水引发的交通受阻情况

“7·21”特大暴雨使得北京市全市道路、桥梁、水利工程多处受损,几百辆汽车损失严重。全市主要积水道路有 63 处,积水 30 cm 以上路段 30 处;路面塌方 31 处;5 条运行地铁线路的 12 个站口因漏雨或进水临时封闭,机场线东直门至 T3 航站楼段停运;降雨还造成京原等铁路线路临时停运 8 条(图 2)。台风“苏拉”、“达维”和“海葵”也对东部沿海各省市公路、铁路和航空等造成了很大的影响,导致多地一度交通瘫痪(详见表 1)。

表 1　极端强降水引发的交通受阻情况(信息来源于网络)

降水个例	受影响省(市)	交通受阻情况		
		公路	铁路	航班
“7.21”特大暴雨	北京	城市道路积水 95 处;郊区 12 个乡镇道路中断;地面 60 多条公交受阻	地铁部分停运;京原、丰沙、京承等列车停运	取消 229 趟航班;延误 246 趟航班;八万旅客滞留
双台风“苏拉”“达维”	湖北	14 县遭暴雨 56 条公路中断		
	福建		多趟动车受阻	取消 9 趟航班
	上海			延误 70 余趟航班;取消 7 趟航班
	浙江		温州 30 余趟动车停运;宁波 21 趟动车停运	取消 10 趟航班
	河北	秦皇岛部分道路交通中断	京哈线 70 余列车停运,近百列晚点,7 万旅客通行受阻;北京 27 列停运,21 列晚点	
	辽宁	236 条国省干线、乡村公路中断,其中普通干线公路 24 条,先级公路 36 条,乡村两级公路 176 条。	8 月 4—5 日早 6 h 以前大连火车站所有车次全部停运;8 月 5 日大连一满洲里 2623 次停运	
	江苏	G15、G25、G30、S29 相关路段的高速公路特急管制		南方航空飞广州、深圳航空飞深圳的航班取消
	山东		多趟列车晚点	青岛国际机场 29 架次航班取消

（续表）

降水个例	受影响省（市）	交通受阻情况		
		公路	铁路	航班
台风“海葵”	浙江	宁波市公路中断 131 条次；104 处严重积水	高铁和动车全部停运；铁路杭州站、杭州南站始发、途径、终到沿海铁路（甬台温）31 趟列出停运	宁波机场 30 多个航班取消
	江西		途经景德镇的列车临时停站等待通行车辆 12 列	
	江苏	多条高速公路限速 60～80 km/h 不等	取消高铁、动车 40 余次	九成航班取消，大批旅客滞留
	山东	青岛、潍坊部分地区临时封闭了济青高速多个入口	京沪高铁取消 41 趟；途经济南西站 24 趟动车停运；7 趟晚点	济南、青岛机场取消 7 趟航班，170 余个航班延误
	安徽	高速管制，G3 京台高速铜汤段、黄塔桃段；G56 杭瑞高速徽杭段三级管制，限速 60 km/h	10 趟列车停运	7 个航班取消；3 个延误
	上海	公路长途客运发往华东的班次全线瘫痪，取消 1000 个以上的班次	地铁 2 号线延伸段、磁悬浮示范线、沪杭高铁等临时停运；运行以来首次因台风停运	708 架航班取消；2000 多名旅客滞留
	湖南			34 个航班取消
	福建		78 列车组停开	

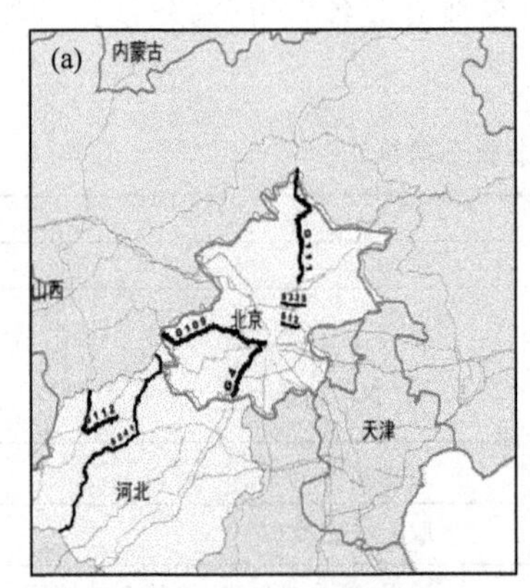

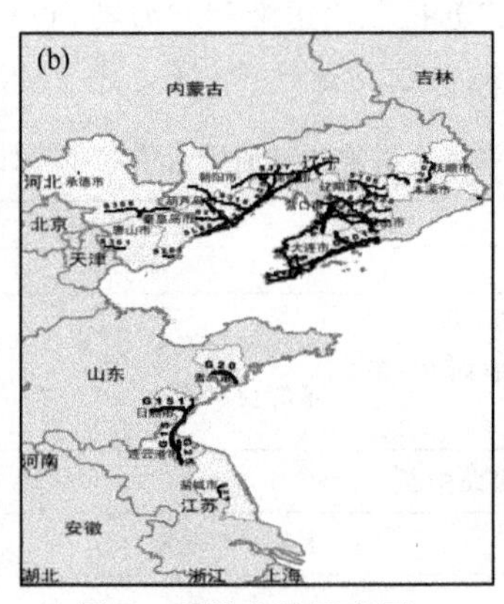

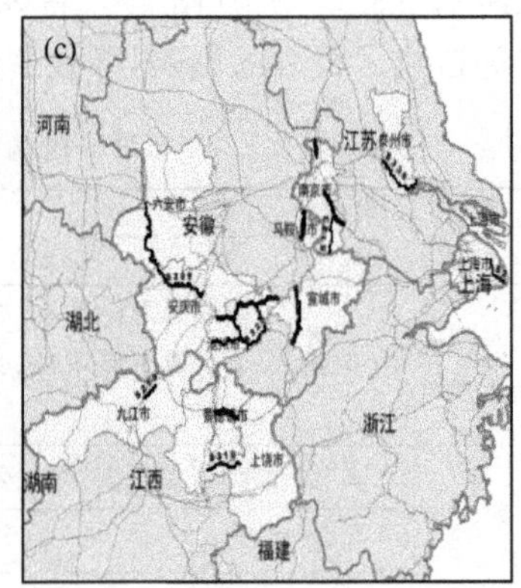

图 2　受阻公路示意图

（(a)7.21 暴雨；(b)双台风；(c)台风“海葵”；粗黑线为受阻公路）

3　极端强降水对公路交通影响分析

分析三次极端强降水过程实况发现，北京“7.21”强降水过程具有雨量大（过程最大雨量 460 mm）、雨强强（小时最强 100.3 mm）的特点，而双台风“苏拉”、“达维”以及台风“海葵”强降水，则具有雨量大（过程最大雨量 450～670 mm 左右）、影响时间长（影响时间 3～5 d 左右）、影响范围广（影响 8 个省市）的特点。从三次极端强降水导致的公路阻断情况来看（公路阻断资料来源于交通运输部公路信息服务网，共 100 个）（图 3），主要为公路路面积水、洪水、地质灾害以及交通事故 4 种阻断原因。其中，公路路面积水阻断次数最多，占总阻断的 53%；洪水阻断次之，占 38%；地质灾害阻断再次，交通事故最少，仅占 1%。由此可见，三次极端强降水对公路产生的影响，主要表现为两个方面，一、强降水直接造成严重的公路路面积水影响公路通行。二、强降水诱发的洪水、泥石流、滑坡等次生灾害致使公路路基受损、水淹路面等造成交通中断。

4 针对极端强降水做好公路交通气象服务的思路和建议

随着全球气候变暖，水循环发生变化，大气不稳定性增加，强降水等灾害的强度、频次都在增多。为有效防范和应对极端强降水事件对公路交通的不利影响，须做好以下几个方面工作。

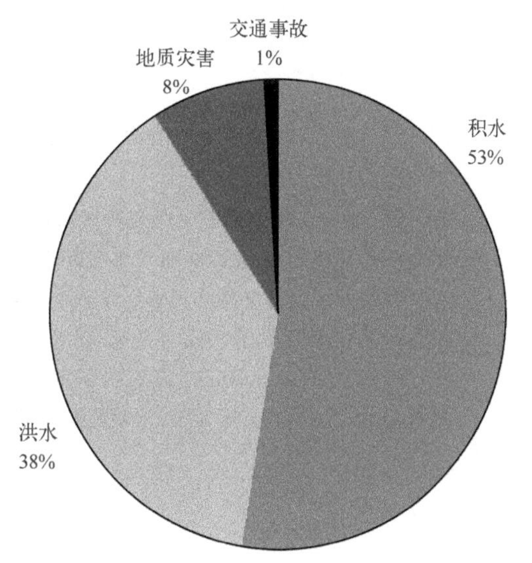

图 3 极端强降水导致公路阻断的原因

（1）做好专业的公路交通气象监测工作。监测是开展公路交通气象预报服务的基础。针对强降水造成的能见度低下，低洼路段路面积水等严重影响公路通行的问题，加强低能见度和不良路面状况（积水）的监测，合理布设监测站点和配置监测要素如能见度、地温、降水、积水等，形成高密度、精细化的监测网络，为及时开展公路交通气象监测预警预报服务提供数据基础。

（2）强化公路交通气象预报关键技术支撑。通过准确找到路面上能量平衡关系，包括太阳和红外辐射、表面感热和潜热通量、降水（它的冰点和熔点）、地面热传导以及其他热源等，开展专业的路面天气模型或模式研究；针对降雨引发的路面积水的复杂性，将强降雨、地形环境和排水能力、公路有效结合，研究降水引发的公路路面积水的科学内涵和预报方法探讨；研究降雨及次生灾害（泥石流、滑坡、洪水）等引发的公路损毁的科学内涵和预报方法；分析公路沿线环境因子、气象致灾因子等，开展公路交通气象灾害风险评估技术和方法研究等一系列的关键技术研究。将公路交通气象服务由道路沿线的天气预报进一步向行业防灾减灾和指导工作的需求上转变。开发出适应道路使用者、交通运营管理者、规划建设者、养护作业者、应急救援者等需求的高时空分辨率的预报服务产品，提供更具有针对性和专业性的服务。

（3）加强部门合作和信息共享。加强部门间了解需求，实时公路交通、气象观测数据信息互换和共享。加强项目合作，充分发挥双方人才和技术优势，共同研究解决关键技术问题。

（4）拓展信息发布渠道。利用气象和交通部门各自的预警信息发布资源，积极推动公路交通气象预警预报信息发布工作，建立多渠道、多手段的公路交通气象监测预警预报信息发布流程；充分利用广播、电视、网站、短信、手机终端、电子显示牌、微博等载体及时发布气象预警信息，使公众和交通管理部门等及时获取道路气象监测预警预报信息，做好灾害防范和应对工作。

参考文献

[1] 秦大河，董文杰，罗勇，等. 中国气候与环境：2012，第一卷[M]. 北京：气象出版社，2012，432.

基于数字地球的公路交通气象灾害监测预警服务系统及应用

杨　静　段　丽　吴　昊

(中国气象局公共气象服务中心,北京　100081)

摘　要:本文主要介绍了利用交通气象地面观测资料、基础地理信息数据和预报预警信息基于数字地球开发的“全国公路交通气象灾害监测预警服务系统”。该系统实现了全国主要高速公路、国道等道路沿线交通气象监测信息在三维场景下的实时调用、分类分级预警显示、时间演变显示、数据查询、预报预警信息调用等功能,为交通气象服务人员提供直观、快捷的交通气象监测服务信息,以达到提前做出相应对策,最大限度减少公路交通事故的目的。

关键词:数字地球;交通气象;监测预警;系统;应用

引言

据统计,近年来中国公安交通管理部门受理的道路交通事故案件中,因雨、雪、大雾、大风等高影响天气导致的交通事故每年约占30%[1]。公路交通运输属于对气象高度敏感的行业,其所追求的快速、高效、安全的目标,在很大程度上要受到气象因素的制约,提供准确及时的高速公路气象与路况信息对道路交通安全保障具有至关重要的作用[2,3]。所以,高密度的公路沿线交通气象观测站网和先进的公路交通气象信息系统成为提升中国交通气象服务能力的基础。

美国、欧洲、日本等发达国家,有完善的高速公路网和先进的道路气象信息系统(Road Weather Information System,RWIS),同时具备加密的多要素自动气象监测网,公路气象的研究也较深入,许多研究成果已投入运行[4]。美国各州还建立了自己的道路气象监测与预报系统。2001年美国佛罗里达州开始发展道路气象信息系统;弗吉尼亚州于1997年,在整个州建立了40个道路气象监测站,每个监测站主要观测气象信息,路面和路面下的状况;爱荷华州到1999年,整个州建立了50个道路气象监测站,主要是利用道路气象站的观测资料并结合卫星资料进行道路气象研究[3]。

中国的公路交通监测网建设和交通气象信息系统的研究起步较晚。自20世纪末,中国气象、交通等部门先后开展了公路交通气象观测站的试点建设,江苏、安徽、上海等省份先后在华东区域高速公路沿线建成带有能见度传感器的监测站。从2006年开始,北京、天津、辽宁、河北、陕西、山西等省份也陆续开始安装公路沿线气象观测站,中国公路交通气象观测站的布设进入了高速发展阶段。截至2013年底,仅全国气象部门建成的公路沿线交通气象观测站已达到800多套[5]。

随着交通观测站网布设规模的不断扩大,关于道路交通气象信息系统的研究与开发也在不断开展。2006年,吴赞平等[6]设计建成了由江苏26套自动气象监测站组成的沪宁高速公路实时气象监测网络系统和公路气象灾害预警及临近预报业务系统。王景红等[4]建立了由西安至汉中高速公路沿线以 15 个自动气象站为基础的气象保障服务系统，为该公路的运营与养护提供服务。河北针对安置在境内的 6 条高速公路沿线的 43 套气象观测站，开发了交通气象监测及信息服务系统，开展常规气象监测及预报服务[7]。

随着计算机技术和地理信息系统(GIS) 的发展，GIS 软件应用日益广泛[8]。2009 年，房国良等[9]用 B/S 开发方式将 GIS 技术与交通气象信息相结合开发了上海市高等级公路气象信息服务系统，主要对沪宁高速公路路段进行服务。王莹等[10,11]利用 MapObjects 组件技术，设计开发了陕西省高速公路气象预报服务系统，改变了过去单一的文字预报形式，以其快速高效的收集、存储、整理、输出、查询等功能提高了专业气象服务效率。2011 年，辽宁、河北也陆续建设了基于 GIS 技术的高速公路交通气象信息服务系统[12]。

但是随着社会经济的快速发展，传统的气象服务已不能满足用户多层次的需求，张朝林等对高速公路气象服务系统的现状和未来发展趋势作了分析，提出要结合精细的地理信息，将道路气象信息产品进行集成与可视化开发[2]。目前，全国道路沿线交通气象观测站已达 800 多套，距全国高速公路和国道 1000 m 内的国家气象站及区域气象站点近万个。如何将全国交通观测站网数据以一种更直观、更立体、信息更集成的方式展示，且在交通气象服务中发挥作用，是本文要介绍的内容。本文通过 3D-GIS(三维地理信息系统)技术，将全国交通观测站网数据集成，开发了基于数字地球的首个国家级层面全景三维实时监测的“全国公路交通气象灾害监测预警服务系统”。通过此系统可以分析和查询公路沿线的气象信息，可以查询过去各时间段的气象要素演变情况，可以及时了解目标路段乃至周边地区的气象情况，提前做出相应的对策，以达到最大限度减少公路交通事故的目的。

1 系统平台

“全国公路交通气象灾害监测预警服务系统”(简称“三维交通监测系统”)是利用交通气象地面观测资料、基础地理信息数据和预报预警信息基于 3D-GIS 构建的国家级交通气象监测预报信息实时显示平台(图 1)。系统可实现全国主要高速公路、国道、省道等道路沿线的气象/路面要素信息在三维场景下的实时调用、分类分级的自动显示、时间演变显示、数据查询、预报预警信息调用等功能，为交通气象服务人员提供直观、快捷的交通气象监测服务信息。

1.1 系统框架

本系统采用层次化的设计思路，基于 SuperMap Objects. NET 组件式 GIS 平台来开发，以 Microsoft Visual C# 2008 为主要开发语言，选择 C/S 结构，三维地理平台采用 SuperMap (超图)公司开发的 MeteoGIS(气象 GIS)三维平台，进行交通气象监测数据管理和 3D 可视化等功能。系统的总体框架由基础设施层，数据存储层，数据访问层，应用支撑层和应用服务层 5 部分组成(图 2)。

1.2 系统数据

在数据存储层除了基础地理信息和交通道路地理信息外，最重要的就是气象业务数据。其中，气象观测数据为目前为止全国主要道路沿线所有的交通气象地面观测数据和道路附近 500 m 内的国家气象站和区域气象站观测数据，该部分数据为本系统最核心的数据资源。

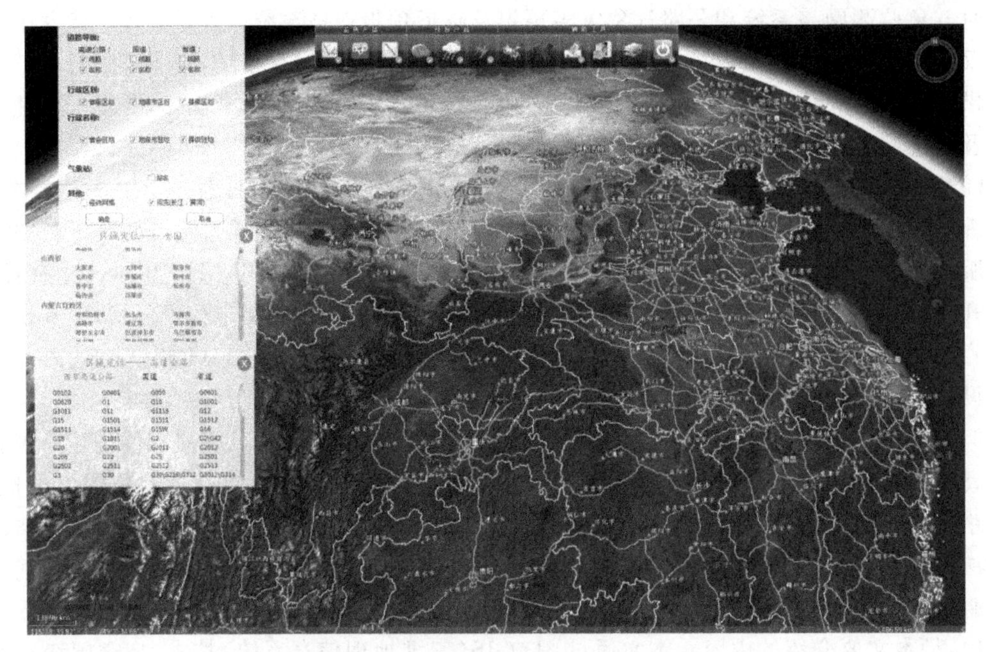

图 1 “全国公路交通气象灾害监测预警服务系统”总体界面

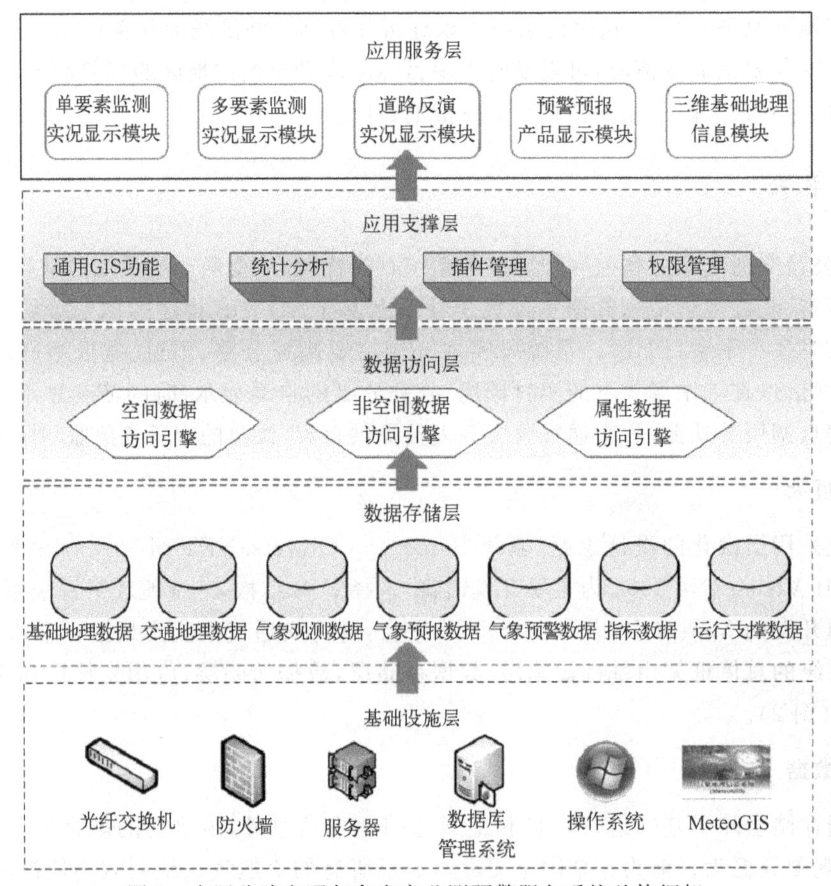

图 2 全国公路交通气象灾害监测预警服务系统总体框架

2013年4月开始，中国各省级气象部门的公路沿线交通站观测数据逐步实现逐小时整点资料的全国共享，共9类(28种)气象/路面要素，分别为气温、湿度、降水(小时累计降水量和小时内逐分钟降水量)、风、能见度、天气现象以及路面温度和路面状况等要素类型。其中，能见度资料包括当前时刻1 min水平能见度、每小时内最小能见度(及出现时间)等资料；路温资料包括路面温度、路面最高温度(及出现时间)、路面最低温度(及出现时间)、路基温度(10 cm下)；路面状况资料包括路面状态、路面雪层厚度、路面水层厚度、路面冰层厚度等资料。气象预报数据为24 h和6 h城市预报数据。气象预警数据为全国预警信号数据和中央气象台预警落区数据；指标数据为本系统中分级显示、预警提示的气象指标值。

2 系统功能

“全国公路交通气象灾害监测预警服务系统”在设计过程中重点解决以下3个问题：(1)系统主要展示哪些气象监测要素？(2)系统通过什么样的方式表现这些要素信息？(3)系统如何发挥监测预警的核心功能？

在行车过程中，“低能见度”会造成司机驾驶视程缩短，影响行车速度，尤其是由局地性浓雾或团雾造成的低能见度，在短时间内能见度值起伏很大，容易引发严重交通事故。“降水(降雨和降雪)”会使得路面湿滑，道路摩擦性能发生明显变化，容易导致车辆侧滑和控制失灵。“温度”和“湿度”对道路表面状况起着决定性作用，尤其路面高温容易引起道路路面受损，车辆爆胎等情况发生。“风速”、“风向”影响汽车的行驶阻力、能量消耗、抗侧向倾翻及抗滑移性能[13]。

从交通气象灾害监测预警角度出发，本系统选择了交通气象站28种观测要素中的8种对交通行车安全影响高的气象及路面监测要素：能见度、小时降水量、气温、湿度、风、天气现象、路面温度和路面状况，进行重点的功能设计。从功能上，本系统主要实现了监测显示查询功能、预警指标功能、监测报警功能等三大内容，下面依次做重点介绍。

2.1 交通气象数据实时显示查询功能

该内容以图、表等方式实现交通气象监测信息的实时监控。可以对同一时间的不同要素进行显示，也可以对不同时间的同一要素进行显示。数据自动更新，无须人工干预。

2.1.1 单要素实况监测显示及查询

系统实现了全国主要高速公路、国道等道路沿线的8种交通高影响气象要素整点资料的逐小时显示，即可对不同时间的同一要素进行显示及数据查询。如图3所示，可通过点击能见度站点，查询该站点过去任意一天24 h内(12 h、6 h及3 h内)能见度监测要素的变化情况。如图4所示，可在三维场景下，结合周边道路及地形情况，查看站点信息及时间演变情况。值得一提的是，系统将“能见度”要素时间演变坐标进行了“对数坐标化”处理，更直观地体现对公路交通影响显著的能见度500 m以下的数据变化情况(图3)。

2.1.2 多要素实况监测显示及查询

系统以气泡的形式显示该站点的8种交通高影响气象要素逐小时实况，其中包括站点名称、数据监测时间。在气泡的“更多”按钮中，以下拉滚动菜单的方式展示了9类28种(气象/路面要素)全要素逐小时实况(图5)，实现了对同一时间的不同要素的实时显示与查询。

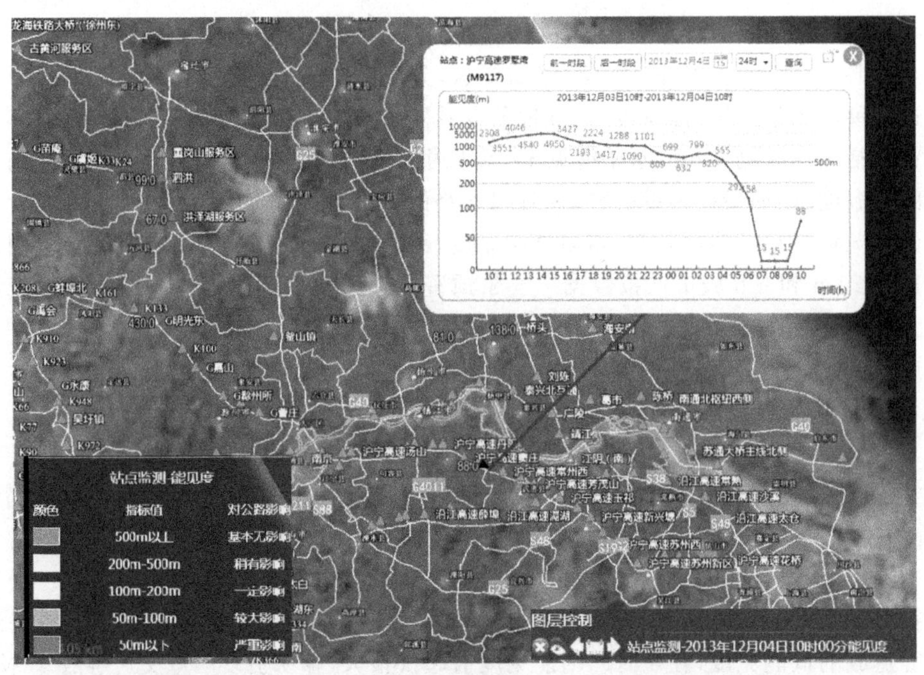

图 3　2013 年 12 月 4 日 10 时能见度站点监测显示界面(局部)

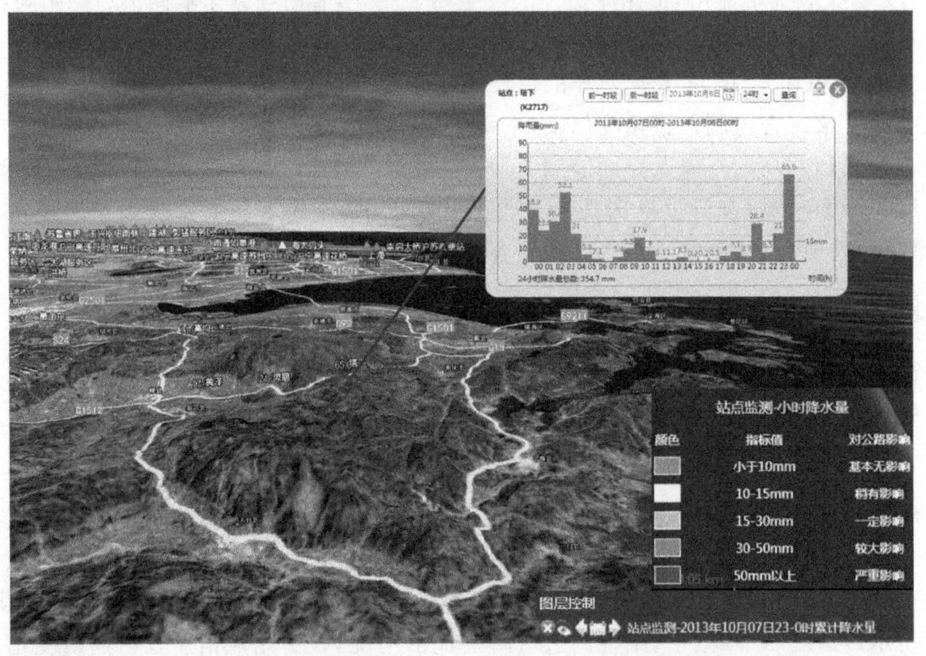

图 4　2013 年 10 月 7 日 23 时至 8 日 00 时小时累计降水量站点监测显示界面(局部)

2.1.3　道路反演实况显示

系统通过道路反演技术,即采用 GIS 空间叠加技术,将气象要素信息和道路信息进行空间叠加,利用动态分段技术打断道路,根据不同站点的气象要素属性,赋予路段不同的属性值,再根据要素分级颜色标准,进行产品的颜色渲染。系统对能见度、降水量等上面提到的 8 要素的站点监测信息反演到道路路段上,便于服务人员更好地判断监测信息对道路的影响(图略)。

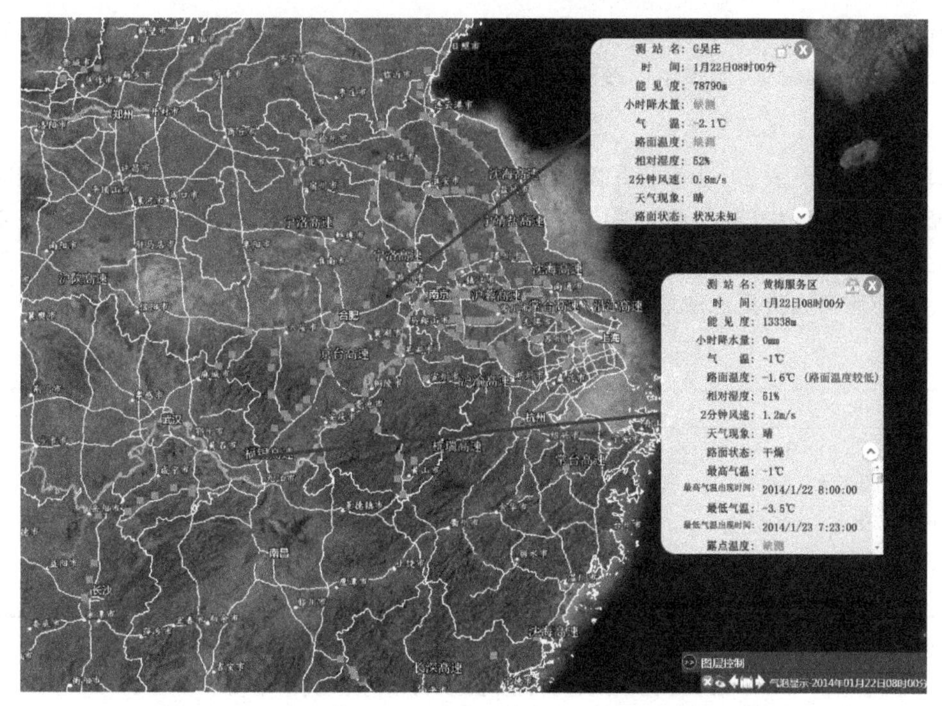

图5 2014年1月22日8时多要素实况监测显示界面(局部)

2.1.4 预警预报产品显示及查询

系统实现了城市预报产品、中央台预警产品在GIS上的叠加显示。系统可显示全国24 h城市预报全天4个时次的实时更新,并可弹出未来一周天气趋势(天气现象、温度、风力、风速);实现了6 h省会城市精细化预报的实时更新(天气现象、温度、风力、风速和6 h降水量)。系统还实现了中央气象台发布的暴雨、暴雪、大雾、霾、高温、寒潮、沙尘暴等预警落区在GIS道路信息上的叠加显示,使得服务人员明确地看到预警落区不同强度覆盖下的道路路段和范围(图略)。

2.1.5 三维交通地理信息功能

系统具备一般GIS系统基本地图操作,如平移、放大、缩小、全图、漫游、鹰眼视图、罗盘导航、距离量算、图层控制、清除等功能。针对公路交通气象服务需求,系统设计了与交通地理信息相结合的设置:(1)三维地理底图切换功能:系统配置了基础遥感影像数据(1∶100万比例尺)和高分辨率遥感影像数据(ETM+ 15 m分辨率)两种不同分辨率的地图且可切换,采用DEM(高程)数据(SRTM 90 m数据),统一使用WGS1984经纬度坐标系;与交通地理信息和观测站点信息叠加后,可清晰地显示每条道路上每个观测站点的地理位置、周边的地理环境、高程信息,使视觉更立体,服务更直观。(2)交通道路及行政区划定位、分级显示功能:系统设置了全国高速公路、国道、省道等三种等级公路的分级点选功能,还可直接查找所需道路名称并快速定位。行政区划也同样具备了分级显示及定位功能。系统还设置了站点名称、行政名称、河流、经纬度等相关地理信息的显隐功能。

2.2 交通气象灾害指标预警及报警功能

系统依据公路网气象条件分级方法,确定出分级指标、等级划分和指标阈值。服务人员通过该功能可以结合监测信息和预报信息，参考关键气象条件指标进行恶劣天气预警。同时，设置不同等级的报警阈值，实现不同颜色显示的自动报警功能，及时提醒值班人员注意。

2.2.1　监测信息分级预警显示

系统对能见度(表 1)、小时累计降水量(表 2)、路面温度(表 3)、2 min 平均风速(表略)、气温(表略)、相对湿度(表略)、天气现象(表略)、路面状态(表略)等 8 种交通气象观测要素进行了指标分级[14]，并给出不同颜色显示标准和交通运行影响程度描述，应用到本系统要素的分级显示上，使服务人员更清楚地辨识相关要素的警戒值。

表 1　能见度对公路影响的分级技术指标

划分指标	颜色标示	对公路影响
能见度＞500 m	RGB(130,130,130)	基本无影响
200 m＜能见度≤500 m	RGB(255,255,102)	稍有影响
100 m＜能见度≤200 m	RGB(221,205,68)	一定影响
50 m＜能见度≤100 m	RGB(187,154,34)	较大影响
能见度≤50 m	RGB(153,102,0)	严重影响

表 2　小时累计降雨量对公路影响的分级技术指标

划分指标	颜色标示	对公路影响
小时累计降水量＜10 mm	RGB(130,130,130)	基本无影响
10 mm≤小时累计降水量＜15 mm	RGB(153,255,153)	稍有影响
15 mm≤小时累计降水量＜30 mm	RGB(102,204,102)	一定影响
30 mm≤小时累计降水量＜50 mm	RGB(52,154,52)	较大影响
小时累计降水量≥50 mm	RGB(0,102,0)	严重影响

表 3　路面温度对公路影响的分级技术指标

划分指标	颜色标示	对公路影响
路面温度≤－2℃	RGB(0,51,204)	基本无影响
－2℃＜路面温度≤2℃	RGB(51,153,255)	稍有影响
2℃＜路面温度＜55℃	RGB(130,130,130)	一定影响
55℃≤路面温度＜68℃	RGB(255,153,102)	较大影响
路面温度≥68℃	RGB(255,102,0)	严重影响

如图 3 所示，沪宁高速罗墅站(站点编号：M9119)2013 年 12 月 4 日 10 时能见度值为 88 m，以“对数坐标”形式显示的能见度过去 24 h 变化情况来看，该站点在 4 日 04 时能见度值开始下降至交通警戒值 500 m 以下，且 07—09 时能见度降至 15 m，达到“对公路运行严重影响”级别(见表 1)。如图 4 所示，G1512(甬金高速)塔下站(站点编号：K2717)在 2013 年 10 月 7 日 23 时至 8 日 00 时 1 h 累计降水量达 65.6 mm，该值已超过“对公路运行严重影响”级别(见表 2)；该站点 24 h 累计降水量已到达 354.7 mm。

2.2.2　影响交通警戒值区分报警

如图 5 所示，在多要素监测显示界面，常规 8 个要素显示内容中加入了影响交通警戒值区分显示报警功能，用大方块—橙色(要素值达到警戒值，且有语言描述)和小方块—桃红色(要素值未达到警戒值)进行区分与提示，便于服务人员快速定位超过交通警戒值的站点。本系统采用的各要素影响交通警戒值见表 4，当要素值达到警戒值范围时，系统会进行区分报警，并显示影响程度描述语言。

表 4 影响交通要素警戒值

观测要素	能见度	小时降水量	气温	路面温度	相对湿度	2 min 风速
要素警戒值	$VIS \leqslant 500$ m	PRCP≥15 mm	$T \geqslant 35$℃或 $T \leqslant 4$℃	$RT \geqslant 55$℃或 $RT \leqslant 2$℃	$RH \geqslant 70\%$	$WS \geqslant 8.0$ m/s

2.2.3 全国气象预警信号显示及报警

系统实现了 24 h 内全国省、市、县级预警信号的实时调用和快速定位功能。点击信号图标，弹出预警信号发布内容(包括预警信号发布地、预警类型、级别、发布时间、发布人、内容)。当前 1 h 发布的预警信号，会在图中闪烁 30 s 并在右方呈现列表，点击列表县、市，会在图上迅速定位，便于服务人员查找，作出预警判断(图略)。

3 系统应用实例分析

3.1 能见度监测服务

2013 年 11 月 22 日上午 08 时，沪陕高速安徽境内合六叶段六安至合肥方向近 38 km 长的双向车道(新桥服务区高刘收费道口)受大雾天气影响发生特大交通事故，造成 20 余辆车连环相撞，6 辆车起火燃烧，5 人死 80 人伤[15]。服务人员快速通过三维监测系统定位到沪陕高速事故发生地附近 4 个监测站点。沪陕高速上离事故发生地最近的“G 新桥”站 24 h 能见度变化情况反映出(见图 6 白色三角形标出)，该站能见度从 22 日 06 时的 8000 m 多骤降至 07 时的 380 m、08 时能见度 420 m、09 时能见度 510 m、09 时之后能见度才开始好转，11 时后能见度恢复至 10 km 以上，据新闻报道，交通事故就发生在“上午 7 时 40 分至 8 时 50 分”时间段内[15]。从图中看到，沪陕高速六安至合肥方向的“K699”站(08 时 1100 m)，“K682”站(08 时 510 m)和“G 龙山寺”站(08 时 670 m)，包括“G 新桥”站，能见度剧烈变化基本都出现在 07 时至 10 时间，基本可以说明这是一次典型的局地性团雾影响过程，生消较快，且覆盖范围不大，因为周边其他站点能见度值未出现 500 m 以下低值区。目前，对突发性、局地性的浓雾或团雾的预报技术仍是交通气象预报领域难度较大的科学问题，所以对高速公路沿线高密度的实时监测预警服务就显得尤为重要。

3.2 路面高温监测预警服务

2013 年夏季，中国南方大部经历了 1951 年以来最强高温天气，其高温日数、覆盖范围、高温强度均超越史上最重的 2003 年。江淮、江南等地因高温天气引起的交通事故频发。据《工人日报》报道，在江苏省 2013 年 7 月间的汽车爆胎事故比平常月份增加了近三成，杭州市境内高速公路仅 7 月份发生爆胎事故 978 起[16,17]。服务人员通过该系统提取出江苏省境内高速公

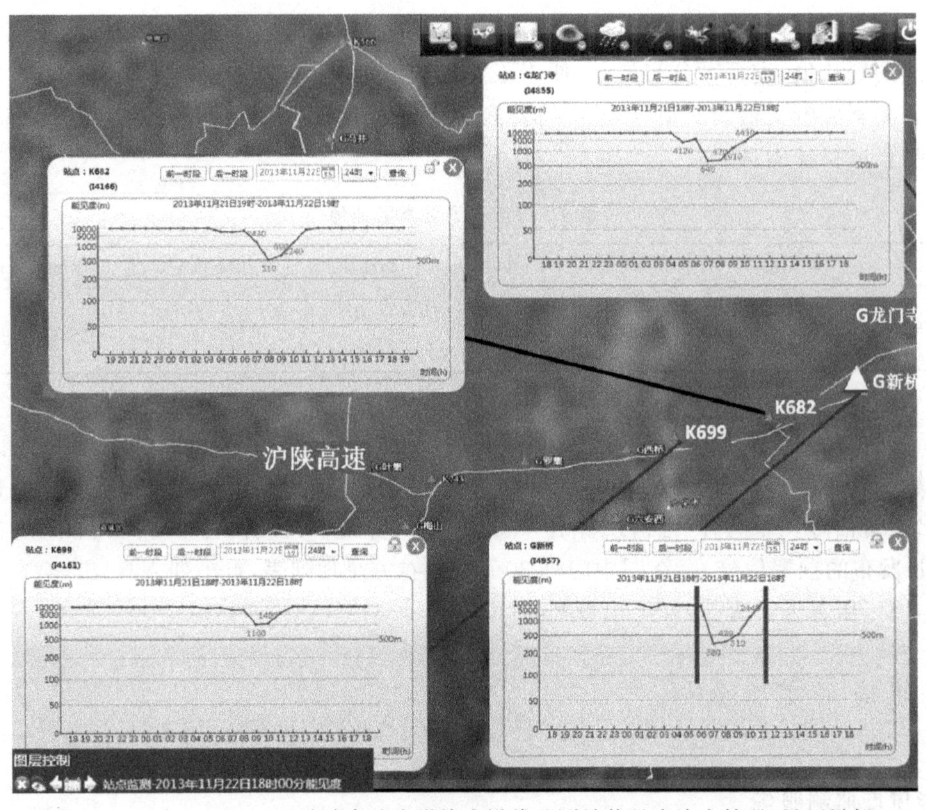

图 6　2013 年 11 月 22 日沪陕高速安徽境内沿线监测站能见度演变情况(界面局部)

路沿线路面温度的整点资料,按照路面温度分级指标(表 3),将“55℃≤路面温度<68℃(对交通有一定影响)”和“≥68℃(对交通有较大影响)”进行区分,形成高速公路沿线路面温度实况产品(图 7),服务给各媒体网站,产品第一时间被人民网、新华网、央视网等各大主流媒体关注和转载,对公众的道路出行和交通安全提供了很好的指示作用。

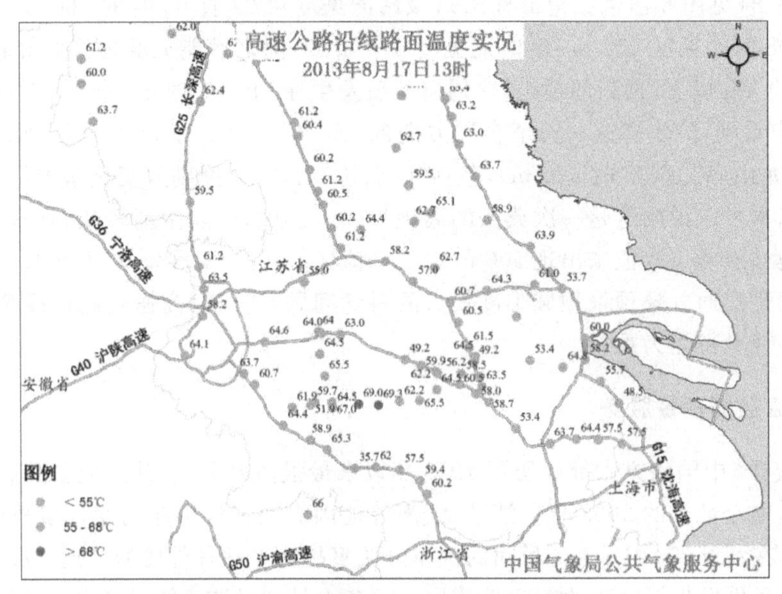

图 7　区域高速公路路面温度实况监测服务产品

4 小结

本文通过“全国公路交通气象灾害监测预警服务系统”的开发，实现了各省级公路沿线交通气象观测站资料在国家级平台上的实时共享与显示；实现了单要素及多要素的颜色分级显示、时间演变数据显示及数据查询，为交通气象服务人员提供直观地、快捷地交通气象监测服务信息。

该系统将交通气象观测信息与3D-GIS技术结合，为今后交通气象领域的监测预警服务提供了更立体、更有空间感的服务视角，是未来交通气象服务系统的发展方向。

参考文献

[1] 李长城，汤筠筠，葛涛，等. 恶劣气象条件下公路运行安全管理与保障技术[M]. 北京：人民交通出版社，2012:359.

[2] 张朝林，张利娜，程丛兰，等. 高速公路气象预报系统研究现状与未来趋势[J]. 热带气象学报，2007，**23**(6)：52-658.

[3] 杨亚新，范德新. 建立高速公路气象灾害实时监测与决策服务系统的设想[J]. 公路，2003，**7**(7)：90-93.

[4] 王景红，赵世发，王建鹏. 西汉高速公路气象保障服务系统[J]. 陕西气象，2004，(6)：32-35.

[5] 杨静，吴昊，王志，等. 公路交通气象地面观测资料的应用[J]//2014年全国气象观测技术交流会文集. 145-149.

[6] 吴赞平，王宏伟，袁成松，等. 沪宁高速公路气象决策支援系统[J]. 现代交通技术，2006，**3**(5)：91-94.

[7] 吕南航. 河北交通气象监测及信息服务系统的应用[J]. 中国交通信息产业，2009，(3)：114-115.

[8] 张素莉，李天宇. 基于MapObjects气象要素信息系统的开发[J]. 微计算机信息，2007，(12)：187-189.

[9] 房国良，罗冲，郭景行. 上海高等级公路气象信息服务系统研究[J]. 公路交通科技，2009，(11)：222-224.

[10] 王莹，李建科，刘宇. 基于MapObjects的高速公路气象预报服务系统[J]. 气象科技，2008，(6)：837-839.

[11] 吕红，田守丽，王莹，等. 陕西省公路交通气象预报服务系统[J]. 陕西气象，2008，(5)：27-29.

[12] 卢娟，郭刚，邢江月，等. 辽宁省高速公路气象保障服务系统设计与展望[J]. 气象与环境学报，2007，(2)：50-53.

[13] 刘聪，卞光辉，黎健，等. 气象灾害丛书——交通气象灾害[M]. 北京：气象出版社，2008:172.

[14] 中华人民共和国气象行业标准. QX/T111-2010 高速公路交通气象条件等级[M]. 北京：气象出版社，2010.

[15] 新华网. 大雾致沪陕高速合六叶段发生多起事故20余车相撞多车起火(图组). [2013-11-22]. http://news.xinhuanet.com/politics/2013-11/22/c_125746958.htm.

[16] 中国新闻网. 爆胎事故频发高温天气行车应慎防爆胎. [2013-08-14]. http://finance.chinanews.com/auto/2013/08-14/5158554.shtml.

[17] 浙江在线. 7月连续高温天杭州境内高速已发生715起爆胎事故. [2013-07-26]. http://zjnews.zjol.com.cn/05zjnews/system/2013/07/26/019495782.shtml.

台站周边典型建筑对日照时数的影响分析
——以吐鲁番气象站为例

叶　冬[1,2]　申彦波[1,2]　杜　江[3]　艾　生[1,2]　程兴宏[1,2]

(1. 中国气象局公共气象服务中心,北京　100081;2. 中国气象局风能太阳能资源中心,北京　100081;
3. 新疆维吾尔自治区吐鲁番地区气象局,吐鲁番　838000)

摘　要:以吐鲁番气象站为例,考虑其周边6座典型建筑物的方位角、高度及其与观测场的距离,本文建立了气象站周边建筑对日照时数影响的定量计算方法。在具体分析过程中,引入理论影响、理论有效影响和实际影响等三类参数。计算结果表明:如仅考虑天文计算,则6座建筑对日照的理论遮挡时数为882.9 h,理论遮挡比例为19.9%;进一步考虑日照计对直接辐射辐照度的响应阈值,去除太阳高度角小于5°的情形,得到6座建筑对日照的理论有效遮挡时数为633.1 h,理论有效遮挡比例为14.2%;当考虑真实天气条件时,根据目前的数据资料,得到6座建筑对日照的实际遮挡时数范围为[145.4, 592.7]h,实际遮挡比例范围为[3.3%, 13.3%]。从每座建筑的独立影响看,位于观测场南侧的两座建筑,由于其高度较高或距离太近,有效遮挡比例最大;从季节变化看,冬季的太阳高度角低,日照被遮挡最严重,秋季次之,春、夏较轻。本文的方法可用于计算全国气象台站周围360°方位角的障碍物对日照的影响,进而对日照时数的观测结果提出订正建议。

关键词:可照时数;实照时数;建筑物遮挡;日照计

引言

日照时数是地面气象台站的基本观测要素之一,国家级业务台站自建站起即有观测。由于观测时间长、连续性好、空间密度大,日照时数成为描述当地气候特征、研究气候变化以及开展太阳能资源评价等科研业务工作的重要参数[1~5]。

近年来,随着中国城镇化的发展,越来越多的气象台站观测环境受到破坏,台站周边建筑物对温度、风速风向以及日照和辐射等气象要素的影响也越来越明显,由于大部分此类台站仍然在开展业务观测,其观测数据也仍然在研究工作中应用,因此,这种影响就会给相关研究的结论带来较大不确定性,特别是在气候变化、气候资源评价等方面。在气候变化领域,已经有部分研究者开始注意到气象台站观测资料的代表性对相关结论准确性的影响,认为某些气象要素(如气温[6]、风速[7])的历史变化趋势并非完全"真实",其中包含了台站环境变化所产生的影响;对于太阳能资源评价,由于其服务对象(太阳能电站)大多位于不受人为建筑影响的野外,基于气象台站日照和辐射观测数据得到的评价结论的代表性也越来越被工程设计部门所关注,文献[8]通过吐鲁番野外太阳能试验站和城区气象站太阳辐射实测数据的比较,认为吐

资助项目:公益性行业(气象)科研专项"太阳能光伏资源精细化评估技术研究"(GYHY201306048);中国气象局公共气象服务中心业务服务专项基金"气象台站周边建筑对太阳辐射的影响研究"(M2014011)。

鲁番气象站周边建筑对总辐射年总量的影响可能达到8%左右。因此,立足于气象台站观测环境的现实情况,研究台站周边建筑对各类气象要素的可能影响,估计实际气象条件下的影响范围,进而对观测数据的使用提出订正建议就显得越来越重要。

此外,对于城市或地形复杂地区的太阳能利用,建筑物或周边地形对太阳能设备所接受的日照和辐射量会产生较大影响。本文所建立的方法也可用于计算此类影响,进而更准确地估计这些地区太阳能利用的投入和产出以及经济效益。

关于建筑物对日照的遮挡和定量影响,在气象领域有一定的研究基础[9~11],其中文献[9]以宜昌站、广州站、北京站为例,给定障碍物(宽度角和高度角均为10°),通过天文计算,得出各站可能影响日照记录的日数和日期、影响日内可能受到影响的时间和日照时数以及全年最大可能影响日照时数和日照百分率,对气象台站周边障碍物影响程度的定量计算有一定指导意义;在建筑设计领域也有较多研究,其中所采用的方法主要是棒影法[12,13],即根据影长随棒高与太阳高度角变化而变化来解决建筑阴影问题。本文借鉴棒影法的基本原理,参考文献[9]的分析方法,以吐鲁番气象站为例,选取其周边6座典型建筑,建立数学模型,计算建筑物对日照时数的理论影响,并结合气象条件的变化,分析建筑物对日照时数的实际影响范围,为进一步定量分析建筑物对地面辐射的影响,以及对根据台站日照时数观测数据推算的太阳能资源评价结论进行订正提供研究基础。

1 数据资料

吐鲁番地区气象站位于吐鲁番市中心(42.93°N、89.20°E,海拔高度34.5 m)。该站建于1951年7月,1955年迁至现址,目前是国家基本气象站,自建站起即开展日照时数观测,观测仪器为暗筒式日照计,观测数据每日记录一次,其单位为0.1 hr。本文采用2012年全年逐日日照时数及总云量和能见度数据,数据来源于国家气象信息中心。

近年来,吐鲁番地区气象站四周不同距离处均有不同高度的建筑物盖起,观测环境遭到严重破坏,如图1所示,观测场东侧为二层/三层居民住房,东南方向稍远处有一座清真寺,南侧紧邻一栋六层住宅楼,其宽度与观测场相当,西南方向有一座二十余层的商业大楼,西侧为参差不齐的树林和灌木丛,北侧是气象站的业务大楼和居民住房,其宽度超过观测场。

为定量分析建筑物对日照时数的影响,本文结合现场调查和卫星遥测图像(图2),从观测场周围挑选6座典型建筑作为研究对象,其具体分布如图2所示,各建筑物的方位角、目测高度及其与日照计的距离如表1所示,表中A、B、C点的位置示意详见图3。

表1 吐鲁番气象站周边6座典型建筑物的位置参数

序号	名称	A点方位角 β_0(°)	B点方位角 β_B(°)	C点方位角 β_1(°)	B1点距离 L(m)	朝向偏角 θ(°)	高度 H(m)
1	二层住宅楼*	40	90	123	73	0	6
2	清真寺	97	101	117	157	0	35
3	六层住宅楼	170	180	228	38	0	20
4	商业大楼	211	220	237	80	0	70
5	四层住宅楼	289	306	330	36	0	12
6	业务大楼	325	0	60	57	0	12

*:建筑物1实际上是一座二层/三层连在一起的居民住宅,从图1看,南侧的三层部分基本都被远处的清真寺遮挡,在6座建筑的综合计算中这种重复影响是不被考虑的,因此,为计算方便,对该建筑统一考虑为二层高度。

图 1　吐鲁番气象站周边观测环境，分别为(a)东、(b)南、(c)西、(d)北四个方向

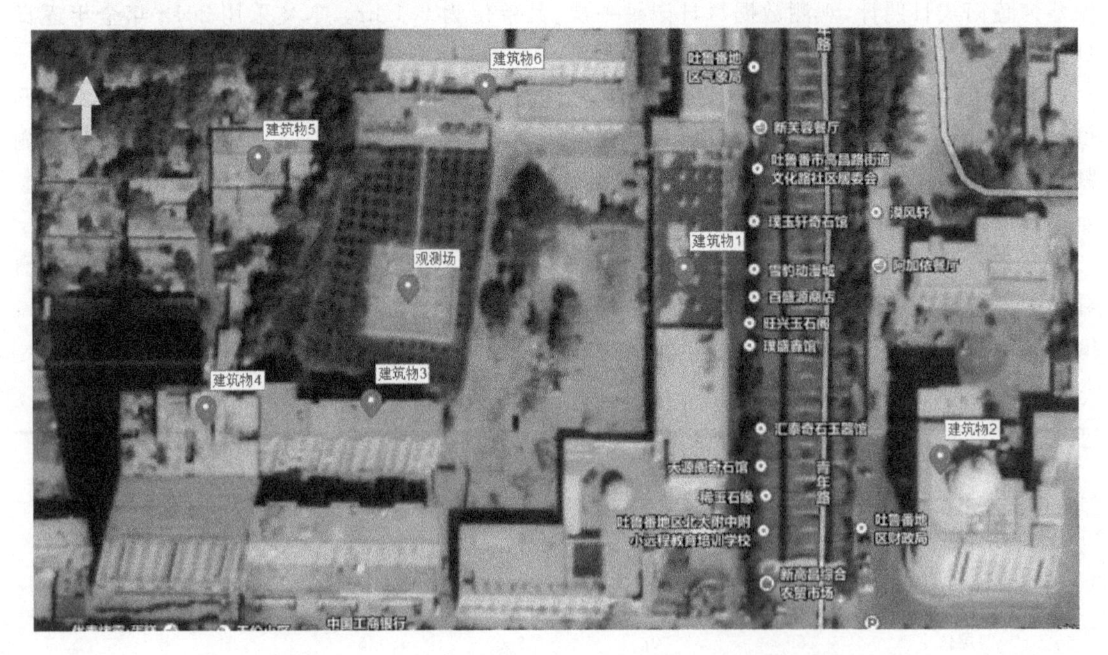

图 2　吐鲁番气象站周边 6 座典型建筑物的空间分布(来源于百度地图)

2 计算方法

2.1 基本思路

考虑到建筑物的立体特征，相对于观测场的日照计，其周边某一建筑物的方位角与其宽度有关，存在着一个变化范围[β_0,β_1]，高度角则与建筑物顶部的形状有关，当太阳、建筑物顶部边缘某点、日照计之间成三点一线时对应的高度角 α_0 为本文所考虑的临界高度角。在每天日出到日落的过程中，当太阳方位角 β 落在[β_0,β_1]之间，且太阳高度角 α 小于 α_0 时，日照计被该建筑物所遮挡。据此，要计算建筑物遮挡日照计的持续时间，实际上就是确定建筑物的方位角变化范围[β_0,β_1]和临界高度角 α_0，再计算每个时刻的太阳高度角和方位角，并判断其与 α_0 和[β_0,β_1]的关系。

为便于计算并考虑多数实际情况，本文假定所研究的 6 座建筑物均为规则长方体；根据《地面气象观测规范》[14]中所列公式计算太阳方位角和高度角，时间步长取 1 min；通过与建筑物方位角和高度角的比较，判断日照计被遮挡的起始和终止时间，累计每天被遮挡的日照时数，单位取 0.1 h。

2.2 计算过程

为了数学上计算方便，本文根据建筑物与日照计的相对位置关系，以日照计所处位置为原点 O，分为四个象限，其中建筑物 1 跨第一和第四象限，建筑物 2 位于第四象限，建筑物 3 跨第三和第四象限，建筑物 4 位于第三象限，建筑物 5 位于第二象限，建筑物 6 跨第一和第二象限。首先假定建筑物为正南正北朝向。

需要说明的是，这里的象限划分与方位角确定并不对应。象限划分按照数学上的习惯，以正东方向为 0°(360°)，逆时针旋转；而方位角则是以正北方向为 0°(360°)，顺时针旋转。象限划分仅是为数学上计算方便，方位角的取值以实际(表 1 所列)为准。

图 3 是建筑物在第一象限时与原点(日照计)的几何关系示意，A、B、C、D 是建筑物顶端四点，A_1、B_1、C_1、D_1 是建筑物底端四点。从图中可以看出，边 AA_1 相对于原点 O 的方位角为最小方位角 β_0，边 CC_1 相对于原点 O 的方位角为最大方位角 β_1。

图 3(a)中的 M 是某一时刻 t，太阳与日照计之间的直线与建筑物顶部边缘相交的点，M 点所对应的建筑物高度角即为 α_0。M_1 是 M 在建筑物底端的投影点。根据几何分析，M 点只会出现在边 AB 或 BC 上，而不会出现在边 AD 和 CD 上，相应的，M_1 点也只会落在边 A_1B_1 或 B_1C_1 上。

从图 3(a)中可以得出：

$$\alpha_0 = \arctan(MM_1/OM_1) \tag{1}$$

式中 MM_1 为建筑物高度 H，是个固定值。因此，要确定 α_0，只需求得 OM_1 的长度。

若点 M_1 落在边 A_1B_1 上，则在三角形 OM_1B_1 中，如图 3(b)所示，$\angle OB_1M_1 = 180° - \angle YOB_1$，$\angle OM_1B_1 = \angle YOM_1$，根据正弦定理可得：

$$OM_1/\sin(OB_1M_1) = OB_1/\sin(\angle OM_1B) \tag{2}$$

求解式(2)得到：

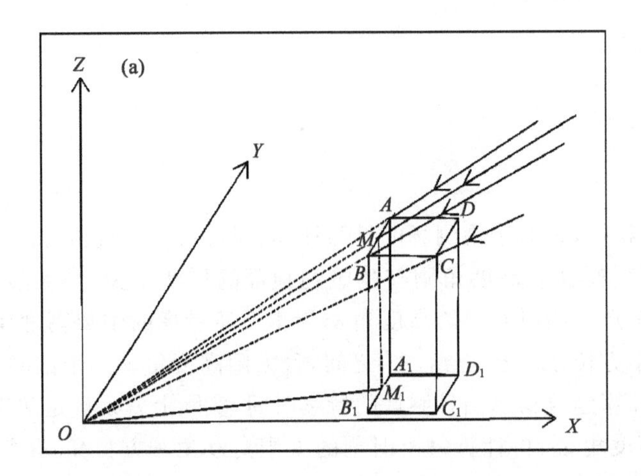

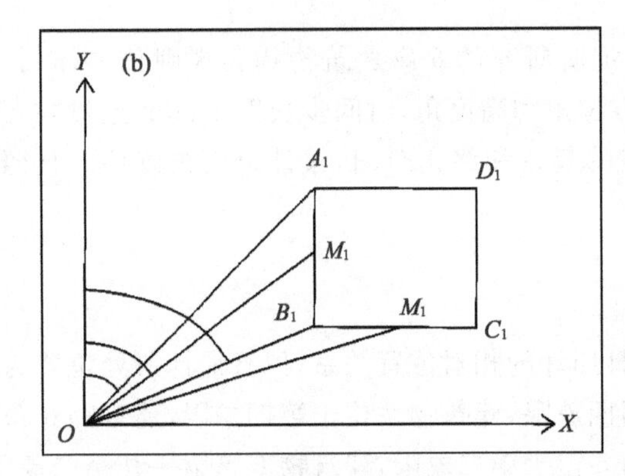

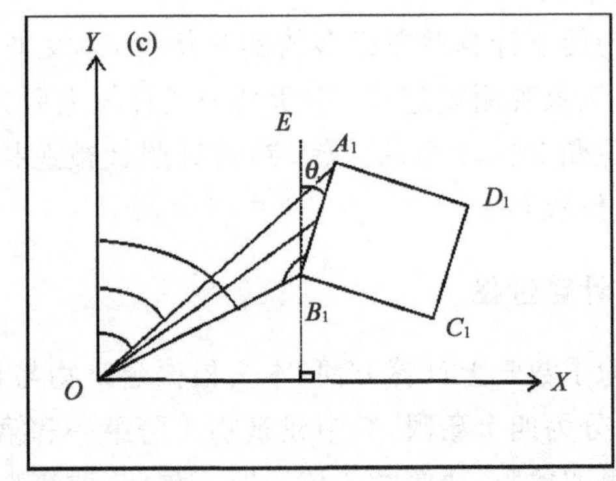

图 3　建筑物与原点(日照计)的几何关系示意图,以第一象限为例

(a)立体示意图;(b)平面示意图;(c)建筑朝向偏角示意图

$$OM_1 = OB_1 \cdot \frac{\sin(\angle YOB_1)}{\sin(\angle YOM_1)} \tag{3}$$

式中$\angle YOB_1$即为建筑物B点的方位角,记为β_B,为固定值;$\angle YOM_1$即为时刻t的太阳方位角β,根据天文公式计算;设定OB_1的长度为L。则方程(3)变为:

$$OM_1 = L \cdot \frac{\sin(\beta_B)}{\sin(\beta)} \quad \text{点 } M_1 \text{ 在边 } A_1B_1 \text{ 上} \tag{4}$$

若点M_1落在边B_1C_1上,类似可以得到:

$$OM_1 = L \cdot \frac{\cos(\beta_B)}{\cos(\beta)} \quad \text{点 } M_1 \text{ 在边 } B_1C_1 \text{ 上} \tag{5}$$

以上讨论的建筑物为正南正北朝向,在实际生活中,有些建筑物朝向并非如此,其朝向可能存在一个偏角θ,如图 3(c)所示,对此,根据正弦定理,可以得到在第一象限,OM_1的一般计算方程为:

$$OM_1 = \begin{cases} L \cdot \dfrac{\sin(\beta_B + \theta)}{\sin(\beta - \theta)} & \text{点 } M_1 \text{ 在边 } A_1B_1 \text{ 上} \\ L \cdot \dfrac{\cos(\beta_B - \theta)}{\cos(\beta + \theta)} & \text{点 } M_1 \text{ 在边 } B_1C_1 \text{ 上} \end{cases} \tag{6}$$

将式(6)带入式(1),可得在第一象限:

$$\alpha_0=\begin{cases}\arctan(\frac{H}{L}\cdot\frac{\sin(\beta-\theta)}{\sin(\beta_B+\theta)}) & \text{点 } M_1 \text{ 在边 } A_1B_1 \text{ 上}\\ \arctan(\frac{H}{L}\cdot\frac{\cos(\beta+\theta)}{\cos(\beta_B-\theta)}) & \text{点 } M_1 \text{ 在边 } B_1C_1 \text{ 上}\end{cases} \tag{7}$$

通过类似的推导过程，可以得到其他象限的临界高度角 α_0，如下所列。

第二象限：

$$\alpha_0=\begin{cases}\arctan(\frac{H}{L}\cdot\frac{\cos(\beta+\theta)}{\cos(\beta_B-\theta)}) & \text{点 } M_1 \text{ 在边 } A_1B_1 \text{ 上}\\ \arctan(\frac{H}{L}\cdot\frac{\sin(\beta-\theta)}{\sin(\beta_B+\theta)}) & \text{点 } M_1 \text{ 在边 } B_1C_1 \text{ 上}\end{cases} \tag{8}$$

第三象限：

$$\alpha_0=\begin{cases}\arctan(\frac{H}{L}\cdot\frac{\sin(\beta-\theta)}{\sin(\beta_B+\theta)}) & \text{点 } M_1 \text{ 在边 } A_1B_1 \text{ 上}\\ \arctan(\frac{H}{L}\cdot\frac{\cos(\beta+\theta)}{\cos(\beta_B-\theta)}) & \text{点 } M_1 \text{ 在边 } B_1C_1 \text{ 上}\end{cases} \tag{9}$$

第四象限：

$$\alpha_0=\begin{cases}\arctan(\frac{H}{L}\cdot\frac{\cos(\beta+\theta)}{\cos(\beta_B-\theta)}) & \text{点 } M_1 \text{ 在边 } A_1B_1 \text{ 上}\\ \arctan(\frac{H}{L}\cdot\frac{\sin(\beta-\theta)}{\sin(\beta_B+\theta)}) & \text{点 } M_1 \text{ 在边 } B_1C_1 \text{ 上}\end{cases} \tag{10}$$

根据公式推导可以看到，建筑物在第一和第三象限时，α_0 的计算方程相同，在第二和第四象限时，其计算方程也相同。对于建筑物跨象限的情况，则分别以每部分所在象限按对应的方程计算。

上述计算中，建筑物朝向偏角 θ 的正负取值与其所在象限有关。当建筑物在第一和第三象限时，以 B_1 点为基准，若边 A_1B_1 垂直于 X 轴，则 $\theta=0$，若边 A_1B_1 往东偏，则 θ 取正值，若边 A_1B_1 往西偏，则 θ 取负值。当建筑物在第二和第四象限时，同样以 B_1 点为基准，若边 A_1B_1 垂直于 Y 轴，则 $\theta=0$，若边 A_1B_1 往南偏，则 θ 取正值，若边 A_1B_1 往北偏，则 θ 取负值。

此外，需要说明的是，在计算 6 座建筑的总体影响时，对于有部分重叠遮挡的情形，如建筑物 1 和 2，以及建筑物 3 和 4，在具体计算时通过程序进行判断，以首先遮挡阳光的建筑为准，确保遮挡时间不重复计算。

3 结果分析

在没有建筑物遮挡的情况下，日照时数的影响因子包括三类：天文因子（太阳运动、日地距离等）、地理因子（纬度和海拔）和气象因子（云、气溶胶等），对于一个固定的气象台站而言，天文因子是有规律的，地理因子是确定的，唯有气象因子的影响是复杂的。

在考虑建筑物遮挡后，当忽略气象因子时，其对日照时数的定量影响是可以根据上述方法准确计算的，本文称之为理论影响；进一步考虑日照计对太阳辐射的响应阈值，计算建筑物对日照计的有效遮挡时段，本文称之为理论有效影响；而当同时考虑气象因子时，两者的影响可能存在重叠，建筑物影响的定量化就变得复杂，本文称之为实际影响。以 2012 年为例，对这三种情况具体分析。

3.1 理论影响

为定量分析各建筑物对日照时数的影响，这里定义一个理论遮挡比例 r_t：

$$r_t = (h_0 - h_{0a})/h_0 \cdot 100\% = h_t/h_0 \cdot 100\% \tag{11}$$

式中 h_0 为不考虑建筑遮挡时的天文可照时数，根据天文公式可计算吐鲁番气象站逐日可照时数，并统计得到 2012 年(闰年)全年的天文可照时数为 4449.1 hr；h_{0a} 为考虑建筑遮挡后的可照时数；h_t 为建筑物的理论遮挡时数，$h_t = h_0 - h_{0a}$。

图 4 是吐鲁番气象站逐日可照时数的年变化曲线，其中实线为不考虑建筑遮挡时的天文可照时数，虚线为考虑建筑遮挡后的可照时数。图 4(a)至图 4(f)分别对应建筑物 1～6 的遮挡情况，图 4(g)是综合 6 座建筑之后的遮挡情况；表 2 给出了各建筑物全年理论遮挡时数和理论遮挡比例的计算结果。从图 4 和表 2 可以看出：

表 2　6 座建筑遮挡后的可照时数(h_{0a},h)、理论遮挡时数(h_t,h)和理论遮挡比例(r_t,%)

建筑物	1	2	3	4	5	6	综合
h_{0a}	4283.6	4359.0	4122.1	4083.5	4353.0	4436.8	3566.2
h_t	165.5	90.1	327.0	365.6	96.1	12.2	882.9
r_t	3.7%	2.0%	7.4%	8.2%	2.2%	0.3%	19.9%

对建筑物 1，即位于观测场正东方向的二层住宅楼，南北方向的方位角跨度超过 80 度，因此，在一年中所有时间都会在日出时段对日照有遮挡，只是在 12 月至 1 个月的时段内，即当太阳位于南回归线附近时，其影响很小(只有 4 min 左右)；但由于其高度只有大约 6 m，因此每天遮挡的时间都不长，大部分在 30 min 左右；全年理论遮挡比例为 3.7%，在 6 座建筑中排列第 3。

对建筑物 2，即位于观测场东偏南方向的清真寺，虽然有一定高度(35 m)，但其方位角跨度较小(120°)，并且距离最远(157 m)，因此，仅在冬春之交和秋季的日出时段对日照有一定遮挡，3 月 2 日和 10 月 19 日的遮挡时间最长，达到 71 min；全年理论遮挡比例为 2.0%，与建筑物 5 相当，在 6 座建筑中排列第 5。

对建筑物 3，即位于观测场正南方向的六层住宅楼，高度(20 m)、方位角跨度(58°)以及与观测场的距离(38 m)均有利于其对日照产生较大影响，虽然仅在秋末和冬季对日照有遮挡，但其遮挡作用在日出之后和日落之前的两个时段都有可能发生，每天的遮挡时间会很长，最长超过 4 hr(12 月 28 日)，也使得全年理论遮挡比例达到 7.4%，仅次于建筑物 4，在 6 座建筑中排列第 2。

对建筑物 4，即位于观测场南偏西方向的商业大楼，虽然方位角跨度不大(26°)，距离观测场也较远(80 m)，但其高度超过其他建筑，达到 70 m，因此，在秋、冬和初春日落之前的时段对日照均有遮挡，冬季遮挡时间最长，基本都超过 2 hr；全年理论遮挡比例超过 8%，是 6 座建筑中最高的。

对建筑物 5，即位于观测场西偏北方向的四层住宅楼，高度不高(12 m)，但距离观测场最近(36 m)，方位角跨度也不小(40°)，在春末和夏季的日落时段对日照有影响，6 月 26 日的遮挡时间最长，超过 1 hr；全年理论遮挡比例为 2.2%，与建筑物 2 相当，在 6 座建筑中排列第 4。

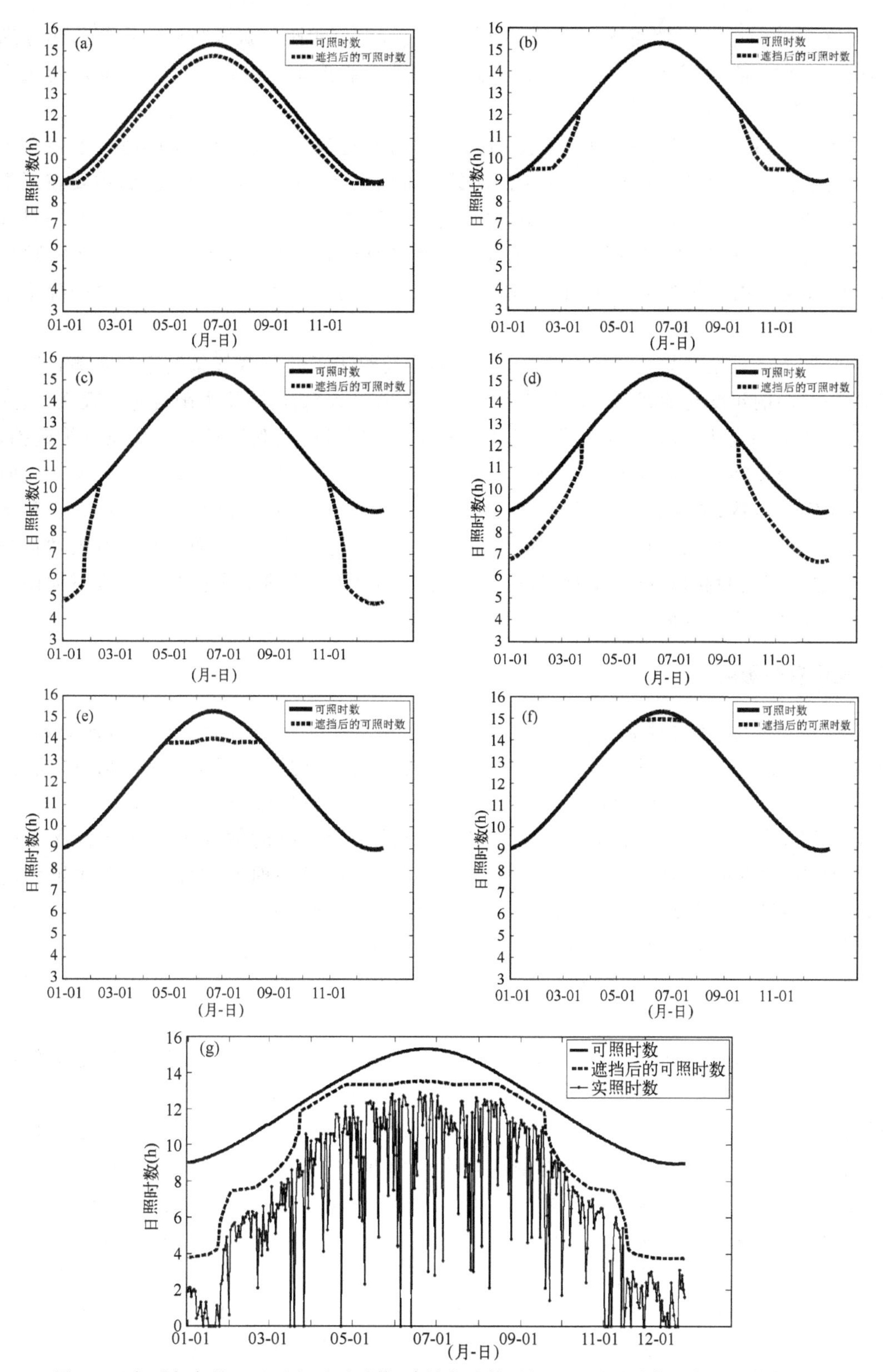

图 4 吐鲁番气象站逐日天文可照时数、建筑物遮挡后的理论可照时数及实照时数年变化
(a)仅考虑建筑物 1;(b)仅考虑建筑物 2;(c)仅考虑建筑物 3;(d)仅考虑建筑物 4;(e)仅考虑建筑物 5;(f)仅考虑建筑物 6;(g)综合考虑 6 座建筑遮挡后的情况及实照时数

对建筑物 6,即位于观测场正北方向的业务大楼,方位角跨度最大(95°),东西两侧分别在夏季的日出和日落时段对日照有短暂的影响;全年理论遮挡比例仅有 0.3%,是 6 座建筑中最低的。

总体来看,在 6 座建筑中,位于观测场偏南方向的建筑(2、3、4 及 1 的南侧)主要在冬季对日照有遮挡,且遮挡时间较长;位于观测场偏北方向的建筑(5、6 及 1 的北侧)主要在夏季对日照有遮挡,但遮挡时间较短;春秋季节,主要是位于观测场东西两侧的建筑(1、2、4、5)对日照有影响。将 6 座建筑的遮挡时间综合计算,去除重复遮挡时段,得到全年理论遮挡时数为 882.9 h,理论遮挡比例为 19.9%,此即为 6 座典型建筑对吐鲁番气象站日照时数的理论最大影响。

为验证上述理论计算结果的合理性,图 4(g)中还给出了吐鲁番气象站逐日实测日照时数(即实照时数)的年变化曲线。对吐鲁番气象站的实照时数而言,除了太阳自身的天文变化外,其影响因素主要包括 3 部分:本文所考虑的 6 座典型建筑遮挡、观测场周围其他建筑遮挡、大气层(包括云)遮挡。由此,6 座典型建筑综合遮挡后的理论日照时数应始终低于天文可照时数而高于实照时数,图 4(g)中所给出的三条年变化曲线正是如此,说明上述计算方法和结果是合理的。由于气象站仅有逐日日照持续总时间的实测记录,因此,很难从更精细的数据分析(如每座建筑遮挡的起始时间)中对理论计算结果进行验证,该项工作将在下一步对太阳辐射数据的计算和分析中开展。

3.2　理论有效影响

根据测量原理,当直接辐射辐照度大于 120 W/m^{-2}时,日照计才开始记录日照时数,经过换算,在中国多数地区当太阳高度角近似超过 5°时,直接辐射辐照度超过该阈值,因此,文献[14]规定,气象站的探测环境应满足“在日出、日落方向障碍物的高度角≤5°”。

由此可见,在上述理论影响计算中,每座建筑的理论遮挡时数 h_t中实际上包含了两部分:(1)日出、日落时段太阳高度角低于 5°时的遮挡时数,这段时间内即使没有建筑物的遮挡,日照计一般也不会开始记录,本文称之为无效遮挡时数,以 $h_{\alpha<5}$ 表示;(2)太阳高度角高于 5°时的遮挡时数,这段时间内建筑物的遮挡对日照计的数据记录有实质性影响,本文称之为理论有效遮挡时数,以 h_e表示,$h_e = h_t - h_{\alpha<5} = h_0 - h_{0a} - h_{\alpha<5}$,相应的,以 r_e表示理论有效遮挡比例。

表 3 给出了 6 座建筑各自的无效遮挡时数、理论有效遮挡时数及相应的理论有效遮挡比例。从表中可以看出,无效遮挡时数最多的是观测场东侧的二层建筑,其楼层最低距离较远,虽然每天日出时段都有遮挡,但几乎都是无效的;位于观测北侧的业务大楼在夏季对日照的短暂遮挡也是无效的;位于观测场东南和西北方向的两座建筑,总遮挡时段中约有一半是有效遮挡;位于观测场西南方向的商业大楼,由于其楼层最高,有效遮挡时数最长,比例也最高;而位于观测场正南方向的六层建筑,日出、日落时段对日照无影响,无效遮挡时数为 0,但由于其距离很近且高度较高,当冬季太阳偏南时,其对日照的遮挡均为有效遮挡。总体来看,6 座建筑综合的无效遮挡时数约 250 h,占理论遮挡时数的 28%;6 座建筑综合的理论有效遮挡时数 633.1 h,理论有效遮挡比例 14.2%,由此可见,吐鲁番气象站的观测环境被破坏相当严重,其中观测场南侧的商业大楼和六层住宅楼影响最大。

表 3 6 座建筑的无效遮挡时数($h_{\alpha<5}$,h)、理论有效遮挡时数(h_e,h)和理论有效遮挡比例(r_e,%)

建筑物	1	2	3	4	5	6	综合
$h_{\alpha<5}$	164.2	42.0	0.0	27.3	54.2	12.2	249.8
h_e	1.2	48.0	327.0	338.4	41.9	0.0	633.1
r_e	0.03%	1.1%	7.4%	7.6%	0.9%	0	14.2%

进一步统计 6 座建筑各季节综合的理论有效遮挡时数和比例以及根据气象站实照时数计算得到的实际遮挡时数 h_m 和比例 r_m,如表 4 所示,其中 r_m 与气象站的日照百分率之和为 100%。从表中可以看出,冬季日照时数的实际遮挡比例最高,达到 72.9%,6 座建筑在这个季节的遮挡作用也最强,理论有效遮挡比例为 39.2%,尽管如此,两者的差距仍然很大,其原因可能在于除天气因素以外,观测场周围其他建筑的影响在冬季也不容忽视;秋季的实际遮挡比例次于冬季,6 座建筑的理论有效遮挡时数与实际遮挡时数之间的差距相对较小,说明天气因素和其他建筑的影响在这个季节相对较低;春季和夏季日照时数的实际遮挡比例相当,不足冬季的 1/2,而 6 座建筑在这个季节的遮挡作用也最弱,理论有效遮挡比例不到冬季的 1/8,两者的差距较明显,可能是由于天气因素(如阴雨天)在这个季节的对日照时数的影响较强。

表 4 吐鲁番气象站天文可照时数(h_0,h)、6 座建筑综合的理论有效遮挡时数(h_e,h)和理论有效遮挡比例(r_e,%)、实际遮挡时数(h_m,h)和实际遮挡比例(r_m,%)季节统计

季节	春季(3—5 月)	夏季(6—8 月)	秋季(9—11 月)	冬季(12 月至翌年 2 月)	全年
h_0	1223.1	1348.4	1003.9	873.7	4449.1
h_e	56.1	34.4	200.2	342.4	633.1
r_e	4.6%	2.6%	19.9%	39.2%	14.2%
h_m	410.7	412.4	476.5	636.5	1936.1
r_m	33.6%	30.6%	47.5%	72.9%	43.5%

从全年来看,日照时数的实际遮挡比例为 43.5%,相应的日照百分率为 56.5%,但需要注意的是,即使吐鲁番气象站周围不存在上述 6 座典型建筑,其日照百分率也不等于 56.5%与 14.2%的简单相加,还应具体分析真实气象条件下建筑物的实际影响。

3.3 实际影响

实际气象条件下,云对日照时数的影响是主要的,其次是一些特殊的天气现象,如沙尘暴和强雾霾发生时,能见度严重下降,直接辐射辐照度也可能低于日照计响应的阈值,日照时数因而减少。本文以云量和能见度为指标,分析两种特殊天气条件下建筑物的遮挡:(1)全天总云量为 0 且能见度大于 1 km 的晴天,此时认为气象因素对日照无影响,建筑物的有效遮挡是独立的,应予全部考虑;(2)全天总云量为 10 成(阴天)或能见度小于 1 km(沙尘暴或雾霾),后文为叙述简单,统称此类天气为阴天,此时认为气象因素对日照的影响是主要的,建筑物的有效遮挡与气象因素完全重叠,即便没有建筑物的存在,日照仍然被遮挡,这种情况下,建筑物的影响可以忽略。

根据气象站的总云量和能见度观测资料，对符合上述第一种特殊情况，即晴天条件下建筑物的理论有效遮挡时数进行统计，认为全部是由建筑物引起的遮挡，记为 h_c，对符合上述第二种特殊情况，即阴天条件下建筑物的理论有效遮挡时数进行统计，认为全部是由气象因素（而不是建筑物）引起的遮挡，记为 h_d，在此基础上可得到建筑物对日照实际遮挡时数的下限和上限，即$[h_c, h_e - h_{cl}]$，相应的遮挡比例区间为$[h_c/h_0 \cdot 100\%, (h_e - h_{cl})/h_0 \cdot 100\%]$。

根据上述两种特殊天气条件的判断标准，吐鲁番气象站 2012 年的天气现象统计如表 5 所示，全年未发生能见度低于 1 km 的沙尘暴或雾霾天气。统计得到全年的晴天日数为 60 d，6 座建筑物在此期间的理论有效遮挡时数为 145.4 hr，此即为考虑真实天气条件后，实际遮挡时数的下限，相应的遮挡比例为 3.3%；2012 年全年的阴天日数为 18 d（全部由云引起），6 座建筑物在此期间的理论有效遮挡时数为 40.4 hr，由此得到实际遮挡时数的上限为 592.7 hr，相应的遮挡比例为 13.3%。因此，吐鲁番气象站周边 6 座典型建筑对日照时数遮挡的实际影响范围为[145.4，592.7]h，其遮挡比例范围为[3.3%，13.3%]。

对于介于上述两种特殊情况之间的天气，日照的影响很复杂，建筑物与云的遮挡既可能全天重叠，又可能全天不重叠，还可能时而重叠时而独立，仅依靠目前的数据资料尚难以区分。

表 5　吐鲁番气象站 2012 年特殊天气现象统计

（其中 D_{c0} 和 D_{c10} 分别表示总云量为 0 和 10 成的日数，$D_{V>1}$ 和 $D_{V<1}$ 分别表示能见度大于 1 km 和小于 1 km 的日数，$D_{c0\ \mathrm{and}\ V>1}$ 表示总云量为 0 且能见度大于 1 km（即晴天）的日数，$D_{c0\ \mathrm{or}\ V<1}$ 表示总云量为 10 成或能见度小于 1 km（即阴天）的日数）

季节	D_{c0}	$D_{V>1}$	$D_{c0\ \mathrm{and}\ V>1}$	D_{c10}	$D_{V<1}$	$D_{c0\ \mathrm{or}\ V<1}$
春季	6	92	6	3	0	3
夏季	4	92	4	5	0	5
秋季	27	91	27	3	0	3
冬季	23	91	23	7	0	7
全年	60	366	60	18	0	18

4　结论与讨论

本文以吐鲁番气象站为例，建立了建筑物对日照时数影响的计算方法，通过该方法，只需要已知建筑物的方位角、高度、与观测场的距离以及气象站的经纬度等参数，即可定量确定建筑物对日照的影响。根据这一计算方法，得到：

（1）仅依据天文计算，吐鲁番气象站周边 6 座典型建筑对日照的理论遮挡时数为 882.9 h，理论遮挡比例为 19.9%。

（2）考虑太阳高度角大于 5°的情形，得到 6 座建筑对日照的理论有效遮挡时数为 633.1 h，理论有效遮挡比例为 14.2%；位于观测场南侧的两座建筑，由于其高度较高或距离太近，理论有效遮挡比例最大；冬季的太阳高度角低，日照被遮挡最严重，秋季次之，春夏较轻。

（3）考虑晴天和阴天两种特殊的天气条件，得到 6 座建筑对日照的实际遮挡时数范围为[145.4，592.7]h，实际遮挡比例范围为[3.3%，13.3%]。

本文的主要目的是建立建筑物对日照影响的定量计算方法，其中 6 座建筑物的几何参数主要通过现场目测得到,有一定误差,可能对上述定量结论略有影响;同时,从本文的分析也可以看出,观测场周边其他建筑对日照也可能产生一定的影响。目前,全国气象业务台站正在进行观测环境调查,通过该项工作将获得每个台站周边 360°方位角上所有障碍物的高度角,由此,根据本文的方法,将有可能获得更准确的计算结果。

此外,从本文的结论看,冬季的日照被遮挡最严重,但由于该季节太阳辐射较弱,因此从地面太阳辐射的角度看,其遮挡比例可能有变化,这将在下一步的工作中具体分析。

参考文献

[1] 符传博,丹利,吴涧,等. 近46年西南地区晴天日照时数变化特征及其原因初探[J]. 高原气象,2013,**32**(6):1729-1738.

[2] 黄胜,马占良. 近50年以来西宁市日照时数变化规律分析[J]. 高原气象,2011,**30**(5):1422-1425.

[3] 王钊,彭艳,白爱娟,等. 近60年西安日照时数变化特征及其影响因子分析[J]. 高原气象,2012,**31**(1):185-192.

[4] 王枫叶,刘普幸. 酒泉绿洲近45年日照时数的变化特征分析[J]. 高原气象,2010,**29**(4):999-1004.

[5] 郑小波,罗翔宇,段长春,等. 云贵高原近45年来日照及能见度变化及其成因初步分析[J]. 高原气象,2010,**29**(4):992-998.

[6] IPCC. Climate Change 2013: The Physical Science Basis[C]. Solomon S, et al. eds. Contribution of Working Group I to the Fifth Assessment Report of the Intergovernmental Panel on Climate Change. Cambridge, United Kingdom and New York: Cambridge University Press, 2013.

[7] 刘学锋,梁秀慧,任国玉,等. 台站观测环境改变对中国近地面风速观测资料序列的影响[J]. 高原气象,2012,**31**(6):1645-1652.

[8] 申彦波,常蕊,杜江,等. 基于实测资料的可利用太阳能资源分析——以吐鲁番地区为例[J]. 高原气象,2014,待刊.

[9] 杨志彪,陈永清. 观测场四周障碍物对日照记录的影响分析[J]. 气象,2010,**36**(2):120-125.

[10] 李传华,赵军. 基于GIS的方向异性地形起伏度的地理日照时数计算[J]. 地理科学进展,2012,**31**(10):1334-1340.

[11] 赵娜,刘树华,杜辉,等. 城市化对北京地区日照时数和云量变化趋势的影响[J]. 气候与环境研究,2012,**17**(2):233-243.

[12] 马咏真. 棒影日照图在建筑设计中应用[J]. 福建建设科技,1998,**1**:32-33.

[13] 张颖. 基于三维城市模型的日照分析研究[D]. 武汉:武汉大学,2008.

[14] 中国气象局. 地面气象观测规范[M]. 北京:气象出版社,2003.

乌江流域“2014.0714—0716”特大暴雨天气过程分析

张晓鑫　赵鲁强　毛恒青　包红军

（中国气象局公共气象服务中心，北京　100081）

摘　要：本文利用常规气象资料和 NCEP/NCAR 提供的 GRIB 格式再分析资料对 2014 年 7 月 14 日至 16 日乌江流域强降水过程进行分析，结果表明：此次暴雨过程是一次降水范围广、持续时间长、强度大的强对流性天气过程；经过卫星云图和物理量场的分析，这次暴雨过程是在大尺度环流背景下，由低层切变线造成的降水。过程为副热带高压外围暖湿气流，西风带长波槽东移及冷空气南下而产生的一次典型暴雨天气过程。

关键词：暴雨；西南涡；切变线；副高；乌江流域

引言

贵州是中国暴雨的频发地区，该地区暴雨与西太平洋副热带高压活动有密切关系。关于副热带高压与暴雨的研究工作很多，陶诗言先生研究了副热带高压北跳与中国雨带的分布关系[1]，明确指出副热带高压西北侧是暴雨的频发区。并且西南涡和切变线是造成长江流域暴雨的重要系统[2]。目前，对西南涡移动路径、低涡暴雨，包括其成因、发展等方面已有较全面的论述；长江流域切变线型暴雨也有一些有意义的研究，两者的共同作用导致的暴雨仍然是值得研究的部分。因此西南涡与切变线相互作用的研究对暴雨预报水平的提高有积极的意义。

本文使用 2014 年 7 月 14—17 日的 NCEP/NCAR 一日四次 1°×1°网格再分析资料、常规观测资料、水文站及气象站的降水实况资料，并通过泰森多边形法计算区域的平均面雨量，试着对造成乌江流域大暴雨过程的成因作初步诊断分析。

1　暴雨过程描述

2014 年 7 月 14—16 日，长江上游支流乌江流域出现连续性暴雨过程，强降水主要集中在贵州中北部、四川东部（图 1），主要降水特征有以下几点。

（1）持续时间长：此次过程共持续了三天。

（2）降水范围集中：此次降水过程主要集中在贵州中北部、湖南中西部。降水持续三天，雨带基本没有移动减弱，稳定维持。其中，贵州东北部、湖南西部降雨强度较大，局地特大暴雨。

（3）降水强度大：贵州中北部大部地区有中到大雨，北部的部分地区大暴雨，局地有特大暴雨。通过水文站统计结果显示，14 日最大降水量在印江站达 180 mm，15 日最大值出现在大都坝降水量为 168 mm，印江站降水量为 154 mm，16 日降雨带南移减弱，但贵阳站仍有特大暴雨降水量为 217 mm。7 月 14—16 日，三天累计降水量，11 个站超过 200 mm，其中，印江站最大 404 mm。

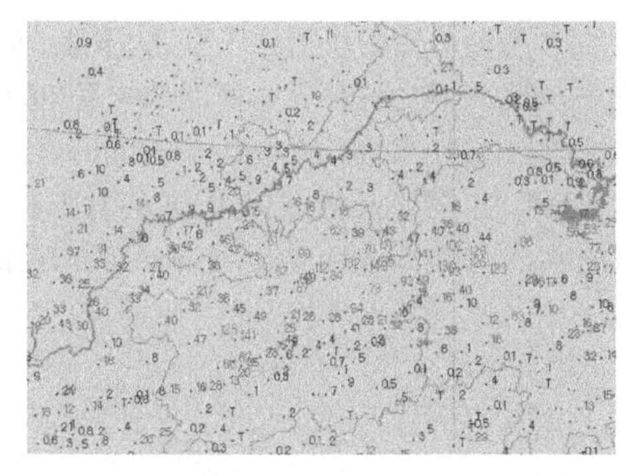

(a)7月14日08时至7月15日08时

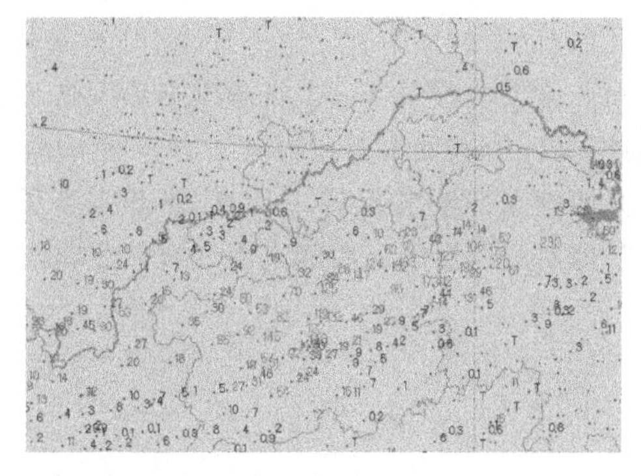

(b)7月15日08时至7月16日08时

图1 2014年7月14—16日乌江流域降水量分布图

2 环流背景描述

本次过程为副热带高压外围切变线降水，降水分布不均，局地雨量大；槽后冷空气与副热带高压外围暖湿气流在长江上游流域交汇，降水明显增强；17日西风槽东移北抬，两高间切变线维持，雨带东移，强度减弱。

2.1 高层200 hPa环流形势

200 hPa处欧亚大陆处于两槽两脊形势中，贝加尔湖以西有一个闭合的阻塞高压，贝加尔湖以东有一个东北至西南向的深厚大槽，槽线从黑龙江北部伸至江南北部，稳定深厚，因此该槽移动缓慢(图2)。14—16日，南亚高压位于西藏南部，有利于长江上游降水，17日，低压系统登陆减弱，南亚高压北抬，长江上游流域降水减弱。15日08时，青海至四川盆地有一条急流带，呈西北—东南向，急流中心最大风速达32 m/s，贵州位于急流出口区右侧，理论和实例数据表明，高空急流轴出口区右侧有大暴雨产生，因此，高空急流轴的强度和位置可以很好地对暴雨区起到预报指示作用。

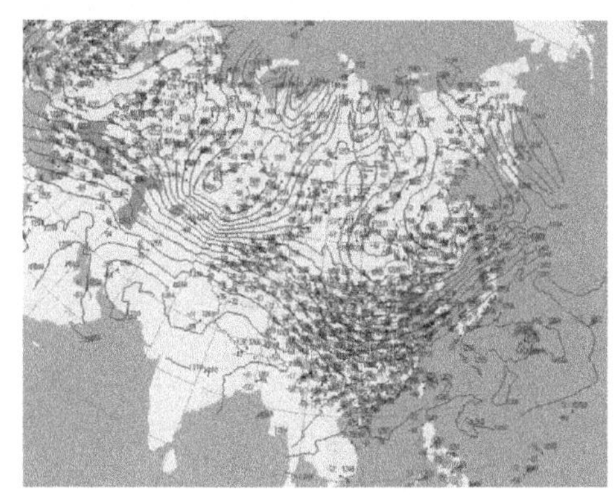

(a)15日08时200 hPa

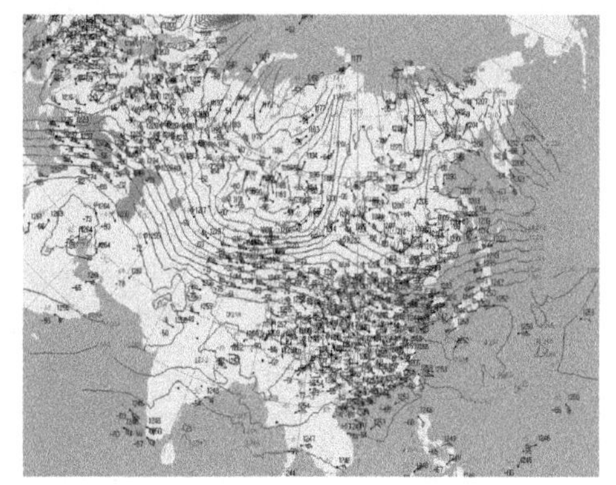

(b)17日08时200 hPa

图2 15日08时至17日08时200 hPa环流形势图

2.2 中层500 hPa环流形势

欧亚大陆处于两槽一脊的稳定形势场(图3)，14日08时，贝加尔湖西北部形成闭合高压环流，欧亚大陆出现稳定的阻塞高压系统。温度场与高度场基本重合，使冷涡发展逐渐至成熟阶段，西北气流盛行，不断有冷空气补充，冷涡维持。高压槽前分裂的小槽位于东北、华北、黄淮一带，贵州处于槽前西南气流。华南受副热带高压控制，副高北侧边缘压在华南北部与贵州南部之间，因此，乌江流域处于副高西北侧，受西南暖湿气流控制，副热带高压中心达 5920 gpm，15 日 08 时，副高西脊点伸至东经 120°，因此，副热带高压强大而稳定，移动缓慢，副高南侧在 7 月 14 日生成台风“威马逊”，沿副高西侧东南气流向北偏西方向移动，当移动到西侧时，使副热带高压东退。

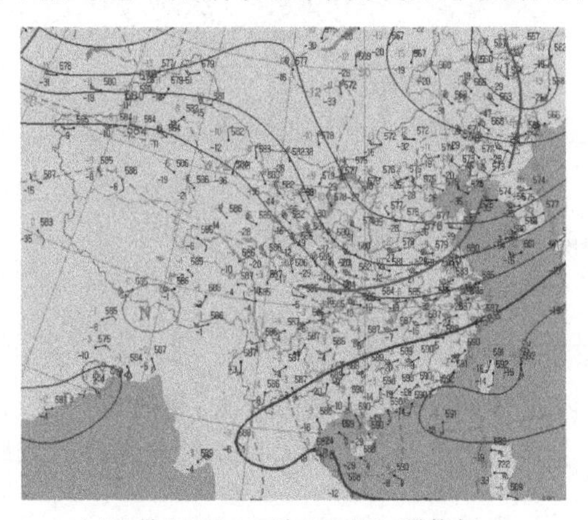

(a)7 月 14 日 08 时 500 hPa 形势场

(b)7 月 14 日 20 时 500 hPa 形势场

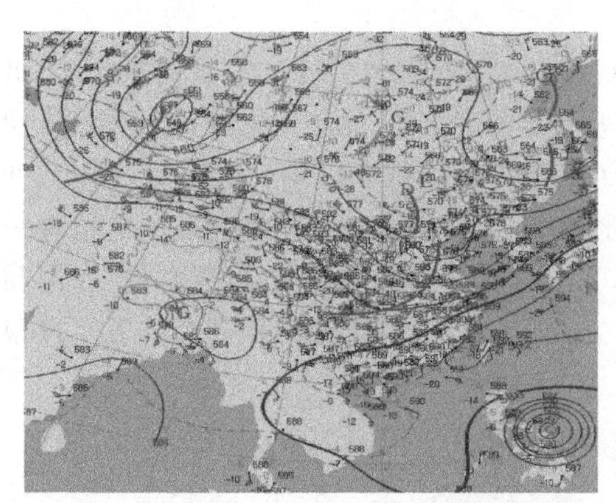

(c)7 月 15 日 08 时 500 hPa 形势场

(d)7 月 15 日 20 时 500 hPa 形势场

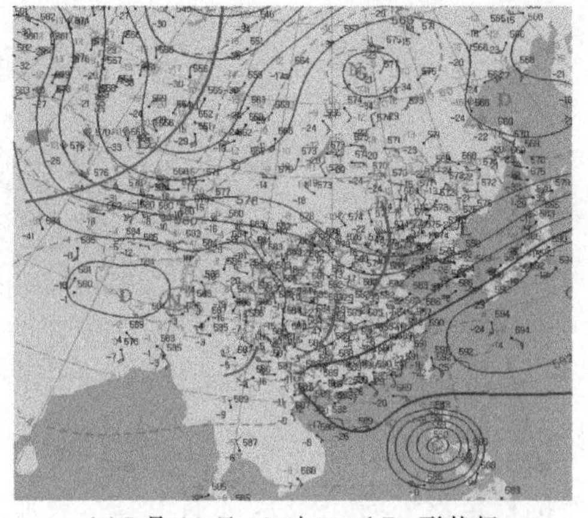

(e)7 月 16 日 08 时 500 hPa 形势场

图 3　7 月 14 日 08 时至 7 月 16 日 08 时 500 hPa 环流形势图

2.3 低层 700 hPa 和 850 hPa 环流形势

由于地形因素影响，贵州处于高海拔地带，因此，700 hPa 更具有指导意义。由图 4 可见，14 日 08 时起，贵州北部有一条东西向切变线，并稳定维持在强降雨带北部，稳定少动。切变线南部有较强西南风急流，北侧有弱冷高压。西南急流将南海水汽源源不断的向贵州上空输

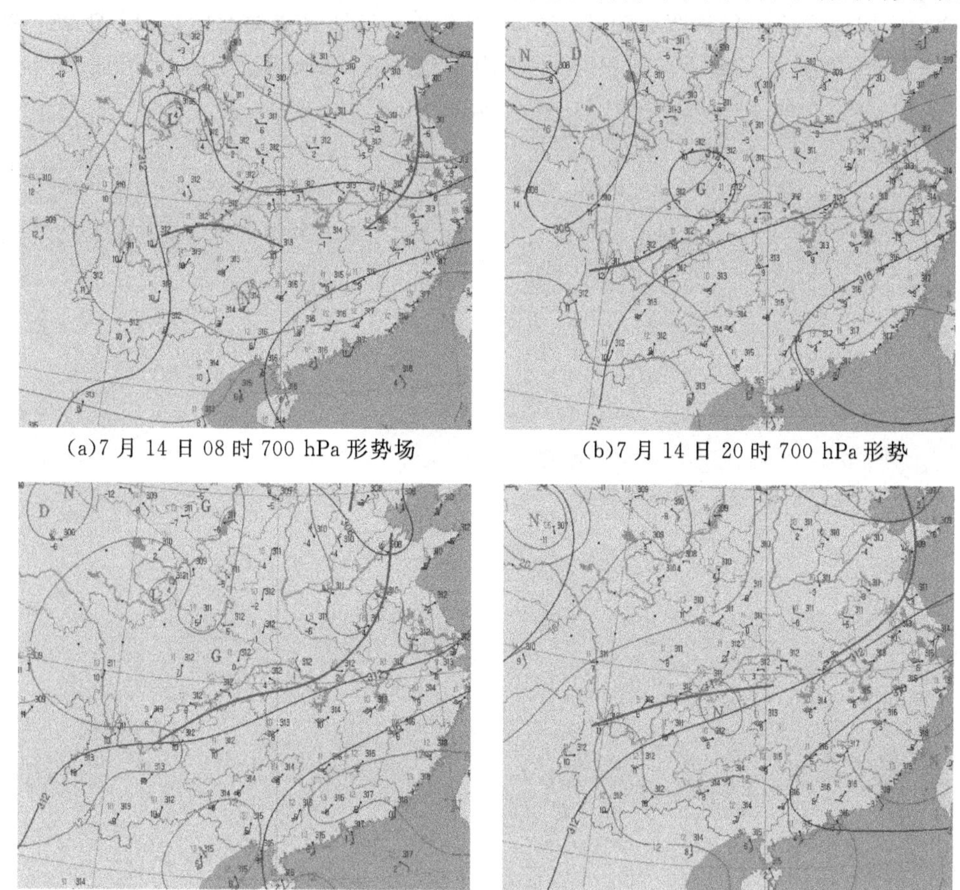

(a)7 月 14 日 08 时 700 hPa 形势场　　(b)7 月 14 日 20 时 700 hPa 形势

(c)7 月 15 日 08 时 700 hPa 形势场　　(d)7 月 15 日 20 时 700 hPa 形势场

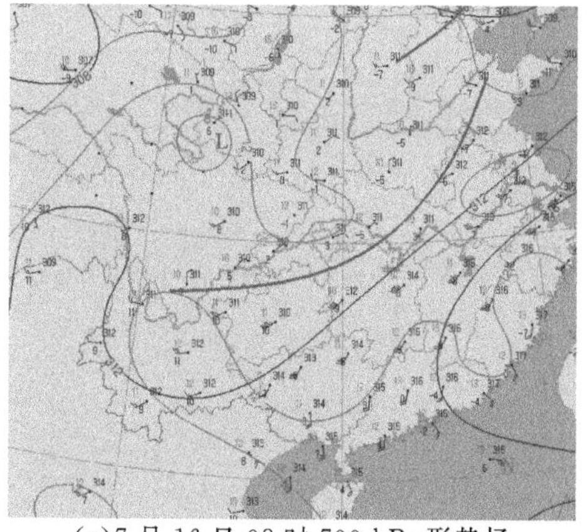

(e)7 月 16 日 08 时 700 hPa 形势场

图 4　7 月 14 日 08 时至 7 月 16 日 08 时 700 hPa 环流形势图

送，带来充沛的水汽条件。副高边缘西南气流，也将暖湿空气从西北太平洋和南海向北输送，因此这次降水从中层到低层都有很好的水汽条件。在贵州上空，有切变线存在，使西北方向下来的干冷空气与西南暖湿气流带来的水汽在贵州西部和北部上空相遇，形成此次降水过程。850 hPa 西南低涡位于贵州西部、四川南部一带，为贵州北部暴雨区提供充足水汽。15 日 08 时，低涡东移，在贵州北部形成切变线，暴雨中心位于 700 hPa 切变线和 850 hPa 切变之间。

850 hPa 切变线位于贵州西北侧(图 5)，南侧有西南暖湿气流向北输送，15 日 08—20 时，切变线北侧有冷气团补充南下。15 日 08 时西南急流加强，降水明显比 14 日增加。

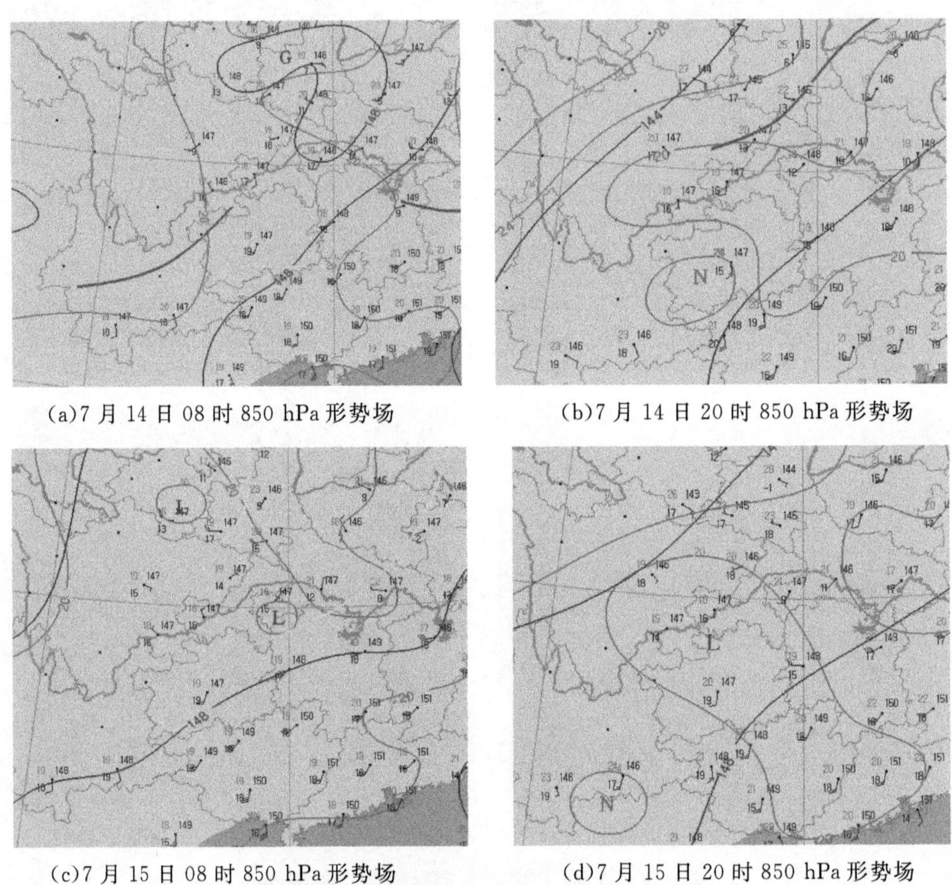

(a)7 月 14 日 08 时 850 hPa 形势场　　(b)7 月 14 日 20 时 850 hPa 形势场

(c)7 月 15 日 08 时 850 hPa 形势场　　(d)7 月 15 日 20 时 850 hPa 形势场

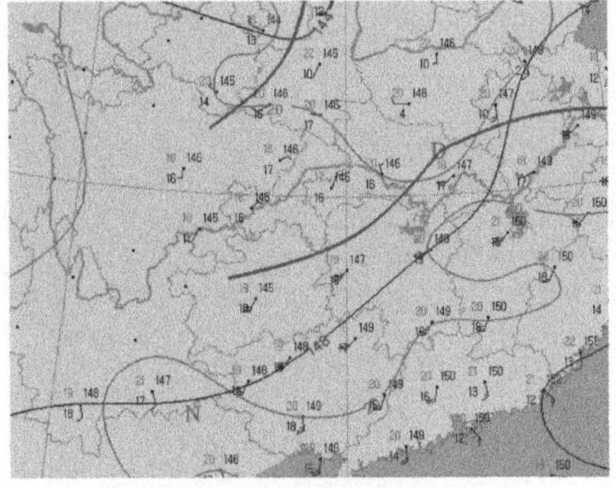

(e)7 月 16 日 08 时 850 hPa 形势场

图 5　7 月 14 日 08 时至 7 月 16 日 08 时 850 hPa 环流形势图

3 物理量的分析

充沛的水汽、强烈的上升运动和大气层结的不稳定性是形成暴雨的3个必要条件。利用NCEP/NCAR提供的GRIB格式再分析资料，分析大暴雨过程的热力条件、动力条件、水汽条件。

3.1 散度场

图6中虚线为200 hPa散度场，实线为700 hPa散度场。15日08时(图6(a))，200 hPa高度上为正散度区，正散度中心位于贵州北部至湖南西部，表明高层有强烈的辐散下沉运动，700 hPa高度上散度场为负散度区，有强烈的辐合，表明该区域在垂直方向上有强烈的上升运动。由于对流层中低层的辐合上升运动，使得高层辐散的抽吸作用加强，为暴雨的产生提供了动力条件，形成典型的低层辐合高层辐散的强降水条件。

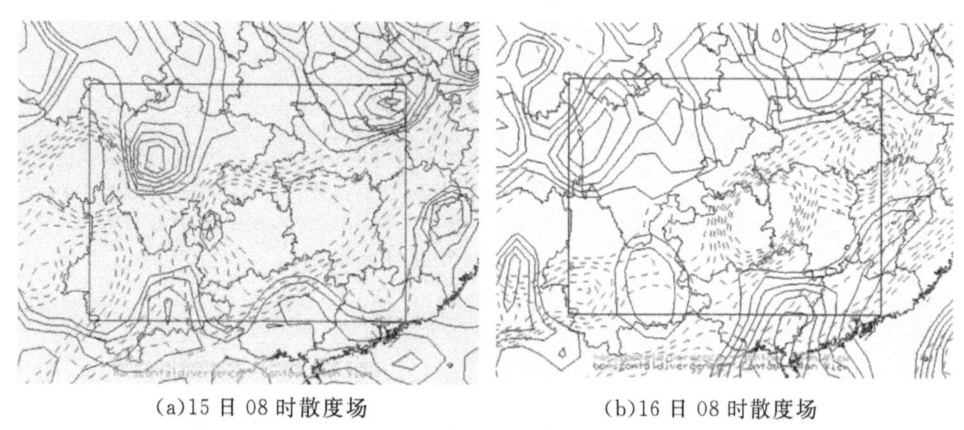

(a)15日08时散度场　　(b)16日08时散度场

图6 15日08时和16日08时散度场(虚线:200 hPa;实线:700 hPa)

3.2 相对湿度和风场

阴影区域为700 hPa相对湿度，箭头为风场(图7)。15日08时为此次降水最强时间段，降水强度达到最强，相对湿度达到100。雨带与相对湿度分布重叠。根据风向箭头可以看出，由西南方向吹来的暖湿空气在贵州北部形成一条风速辐合带，使水汽在该区域堆积，带来充分的水汽条件。

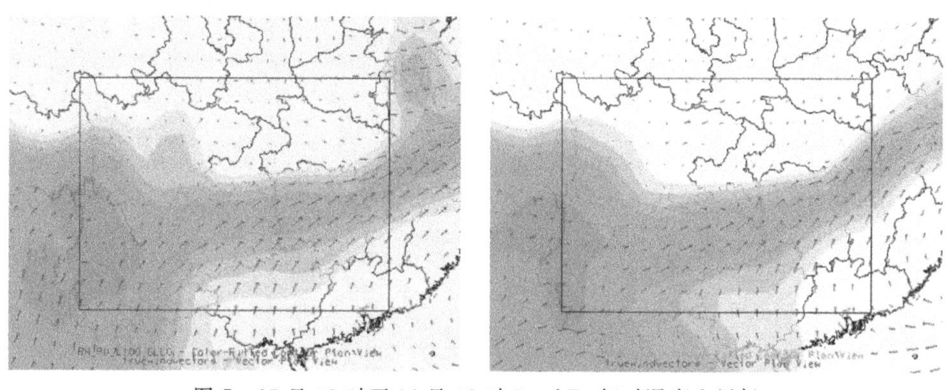

图7 15日08时至16日08时700 hPa相对湿度和风场

3.3 *K* 指数和 *SI* 指数分析

K 指数是表示大气静力稳定度指标，高值区为不稳定区域；*SI* 揭示大气稳定状况的效果较好。从 *K* 指数分析可以看出，贵州北部均处于 *K* 指数大值区不稳定系数在 36～40℃之间，不稳定能量很多。相对应时段的沙氏指数 *SI*，15 日 14 时，*SI* 指数达到－2℃，同样对不稳定能量有很好的指示作用(图 8)。

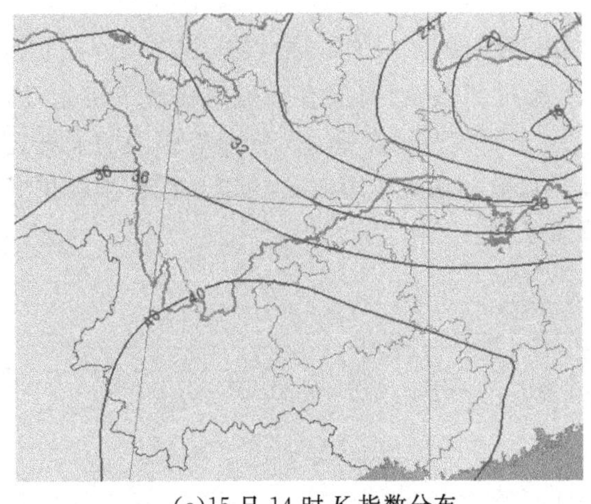

(a)15 日 14 时 *K* 指数分布

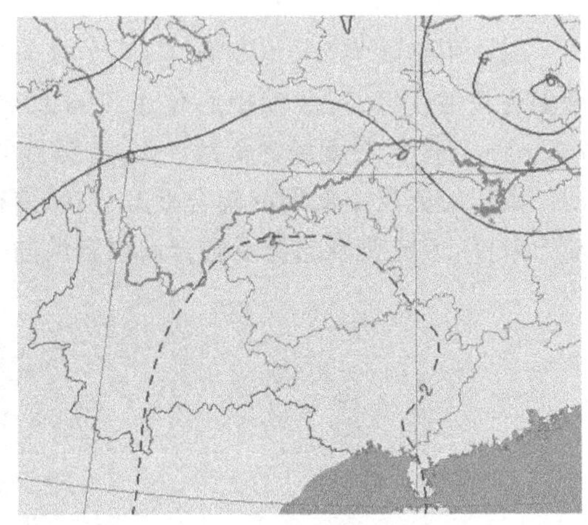

(b)15 日 14 时 *SI* 指数分布

图 8　15 日 14 时 *K* 指数和 *SI* 指数分布

4　小结

(1)此次暴雨过程是在有利的大尺度环流背景下，是受西北冷空气的补充南下与副热带高压外围的西南暖湿气流结合造成的，主要影响系统有冷空气、低涡和切变线。

(2)由于台风顶托副热带高压，使副热带高压维持，并且台风维持较长时间，沿着副热带高压外围向北推进，使副热带高压外围暖湿气流为暴雨带来充足的水汽，是此次暴雨得以维持并爆发的重要条件。

(3)强降水出现在切变线附近，对流层中低层形成的强散度中心的动力结构，并有上升运动，使得低层辐合的水汽被抬升。

(4)在切变线附近维持着高不稳定的能量，是暴雨触发的重要机制。

参考文献

[1] 陶诗言.中国之暴雨[M].北京：科学出版社，1980：1-225.

[2] 朱乾根，林锦瑞，寿绍文，等.天气学原理和方法 3 版[M].北京：气象出版社，2000，366-383.

[3] 徐海明，何金海，周兵."倾斜"高空急流轴在大暴雨过程中的作用[J].南京：南京气象学院学报，2001，**24**：155-161.

多普勒天气雷达在航空气象服务中的应用

李 屾 李琮琮 靳 鹏 许 跃 褚保亮 王 伟

（民航安徽空中交通管理分局，合肥 230001）

摘 要：安全至上是民用航空所追求的目标和宗旨，由于航空飞行是在空中进行的，任何飞行活动都需要在一定气象条件下进行，因此天气对飞行活动有重大影响，加强航空气象服务工作对航空活动的安全、正常和效率有重大意义。机场多普勒天气雷达数据产品对于短时临近天气有着极其重要的预报指导作用，能提前发现严重影响飞行安全的大风、冰雹、暴雨等强对流天气。本文结合一次本场强对流天气条件下多普勒天气雷达在航空气象服务中的应用，系统的阐述了在复杂天气条件下，航空气象服务在航空安全中的关键作用。

关键词：航空气象服务；多普勒天气雷达；强对流天气

引言

没有人会怀疑气象条件对飞行安全与效益的影响。在中国，由不利气象条件引发的重大飞行事故约占飞行事故总数的31%。即便在航空技术发达的美国，与天气有关的重大航空事故的比例也高达三分之一。机场作为专供飞机起降的活动场，需要时刻掌握飞行前方的气象状况[1]。而空中的气象情况总是复杂多变，尤其在极端复杂天气条件下，中国民用航空局空管局所属气象部门为确保飞行安全，提供了相当完善的航空气象服务。机场现场指挥部门根据航空气象服务部门提供的情报，决策是否关闭机场；航空公司根据其目的地机场未来可能出现的天气变化情况决策是否起飞，起飞要加多少油料；飞行员在起飞前，也由航空气象服务人员给予航路危险天气讲解，并提供航路预告图，航路上空的多普勒雷达回波，根据这些气象服务资料，用来选择最佳飞行高度，同时避开航路上雷雨、晴空乱流、强对流等危险天气。

本文首先介绍了航空气象服务的概念以及多普勒天气雷达在航空气象服务中的应用[2]。同时，针对本场一次强对流天气结合多普勒天气雷达提供的各类气象产品，成功判断雷雨天气的发展趋势，持续时间等等，确保了本场的飞行安全。

1 航空气象服务概述

1.1 国际航空气象服务概况

国际航空气象服务的目的是为国际航空的安全、正常和效率做出贡献。为了实现这一目的，在全球范围内由世界区域预报系统（WAFS系统）和各国的气象服务机构为所有航空用户提供服务。世界区域预报系统有两个世界区域预报中心（WAFC），分别设置在伦敦和华盛顿，以数值和（或）图表形式发布全球高空风（温度）预报、对流层顶高度和最大风预报以及重要天气预报等产品[3]，并通过卫星广播分发给所有用户。各国的气象服务机构利用这些资料，结合其他资料制作相关的飞行气象文件。

1.2 中国航空气象服务概况

中国民航气象服务机构负责组织与实施分管范围内的气象服务。现行的业务模式，按民航气象中心、地区气象中心、空管分局（站）气象台和地方机场气象台四级业务模式运行。民航气象中心统一制作发布 7500 m 以上的高空飞行气象文件（包括高空风预报图、高空温度预报图、高层重要天气预报图 SWH 等）；地区气象中心制作发布 3000～7500 m 之间的中空飞行气象文件（包括高空风预报图、高空温度预报图、中层重要天气预报图 SWM 等）；空管分局（站）气象台提供 3000 m 以下的低空飞行气象文件（包括高空风预报图、高空温度预报图、低层重要天气预报图 SWL）；机场气象台制作发布该机场的机场天气报告、机场预报及天气警报。从气象设备来看，在 84 个机场安装了气象雷达，其中多普勒气象雷达 25 部；在 80 多个机场气象台或航空气象观测站安装了气象卫星云图接收系统；在北京、上海、广州三地建立了世界区域预报系统接收站，通过卫星直接接收世界区域预报中心（华盛顿、伦敦）发布的全球航空气象产品，主要包括重要天气预告图、各层次高空风（温度）、机场天气预报及航空飞行器空中报报等气象资料。另外，中国民航气象数据库及卫星传真广播系统于 1998 年 8 月建成，1999 年 7 月全面投入业务运行，共覆盖 60 个干线机场，为航空气象服务的网络化奠定了基础。所有这些使中国航空气象保障工作有了坚实的物质基础，特别是多普勒气象雷达的投入使用，对航空活动的安全、正常和效率有着重大意义。

2 多普勒天气雷达在航空气象服务中的应用

强对流天气系统对飞行造成影响。当湿空气在不稳定的气层中受力抬升时，会形成具有旺盛对流运动的天气系统。许多重要的灾害性天气，如雷暴、大风、强烈的湍流、积冰、闪电击以及冰雹、龙卷风、下击暴流等都与强对流天气系统相联系①。这种滚滚乌云，蕴藏着巨大的能量，具有极大的破坏力。当飞机误入雷暴活动区，轻者造成人机损伤，重者机毁人亡。

多普勒天气雷达间歇性地向空中发射电磁波（称为脉冲式电磁波），它以近于直线的路径和接近光波的速度在大气中传播，在传播的路径上，若遇到了气象目标物，脉冲电磁波被气象目标物散射，其中散射返回雷达的电磁波（称为回波信号，也称为后向散射），信号处理器根据接受到的不同时次回波信号的频率变化，从而判断出气象目标物的空间位置、运动速度、运动方向、强度等一系列气象信息[4]。机组、空中交通管制人员将根据航空气象服务人员提供的气象信息，来决定航班是否正常起降，以确保航空飞行安全。

合肥新桥机场目前使用的是 C 波段多普勒天气雷达，是分析中小尺度天气系统、警戒强对流危险天气、制作短时天气预报强有力的工具。

3 多普勒天气雷达在本场一次强对流天气中的应用

2014 年 6 月 1 日凌晨 03:45，合肥新桥机场出现中等强度的雷雨天气（图 1），期间伴随较

---

① 空军司令部气象局：《航空气象服务》。

强降水和低空风切变，至该日上午 09:43 雷暴解除，雷雨共持续 6 个小时左右。过程总降水量 33.3 mm，对当日的航班正常飞行造成一定的影响。本次雷雨天气发生在中低层低涡和高空槽的天气形势下，低涡底部西南气流旺盛，带来充沛的水汽，高空槽提供了位势不稳定层结，两者的共同作用造成本次较大范围、较大强度的雷雨天气。本文主要通过对天气形势和多普勒雷达回波的分析，判断雷雨天气的发展趋势，保障机场飞行安全，服务广大旅客。

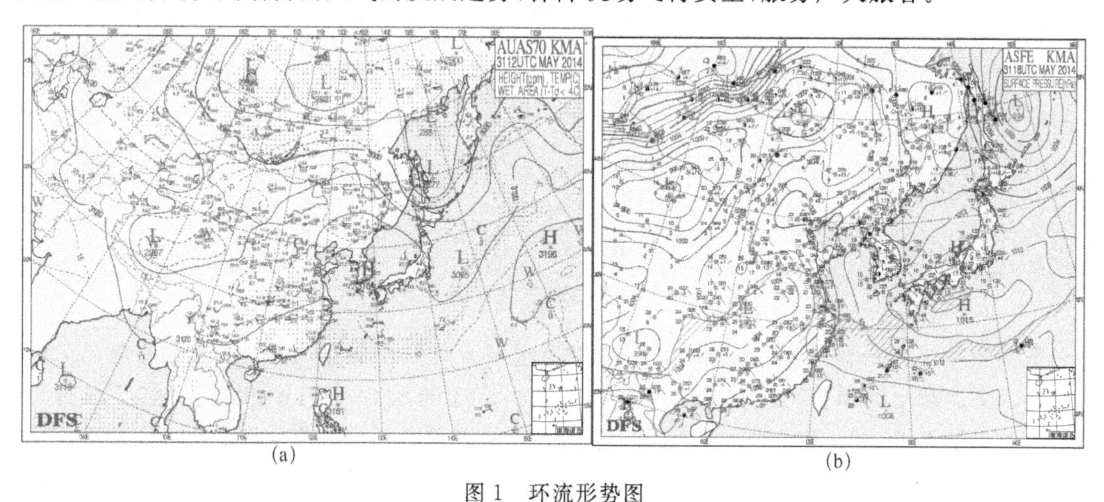

(a) (b)

图 1　环流形势图

(a)5 月 31 日 20 时(北京时)700 hPa;(b)6 月 1 日 02 时(北京时)地面图

3.1　天气形势分析

在高空形势上，200 hPa 到 500 hPa，安徽江北地区均处于槽前西南气流的控制之下，越往低层，槽越深，到了 700 hPa 在河南一带有低涡存在，而 850 hPa 高度上受暖式切变线影响，在 700 hPa 和 850 hPa 图上，低空西南急流较强[5]，水汽输送十分明显，地面西南倒槽加深。到了 6 月 1 日早晨，中低层低涡强烈发展，自地面到 700 hPa 均有等压线闭合的气旋产生。作为合肥地区上游站点，阜阳、武汉和安庆等地 K 指数均在 38 以上，表明这些地区的大气层结处于强烈的不稳定状态，极易产生雷雨天气。

3.2　雷达回波

3.2.1　回波强度图

图 2 是本场雷雨发生前约 1 h 的雷达强度回波，在本场北方有大片的降水回波，其中距离本场约 40 km 的西北方向，有一条带状强回波区，回波强度达到 50 dBz 以上，呈东北西南走向，主体向东移动，其南端附近不断有较强回波生成，在该段强回波后部，有不太明显的"V"形缺口出现。而到了 03:03，强回波带后部出现数条明显的"V"形缺口，表明该区域的含水量非常丰富，甚至可能出现了冰雹，对雷达回波造成了强烈的衰减。

3.2.2　回波速度图

为了准确描述此次天气过程中西南低空急流的模拟风场，以雷达为坐标原点建立坐标系，x 轴指向东，y 轴指向北，z 轴指向天顶（图 3 所示）。图中 R 为雷达探测距离，H 为 R 处对应的高度。图 3 (b)相当于俯看图 3(a)，即为 PPI 图像显示方式。降水粒子的运动速度

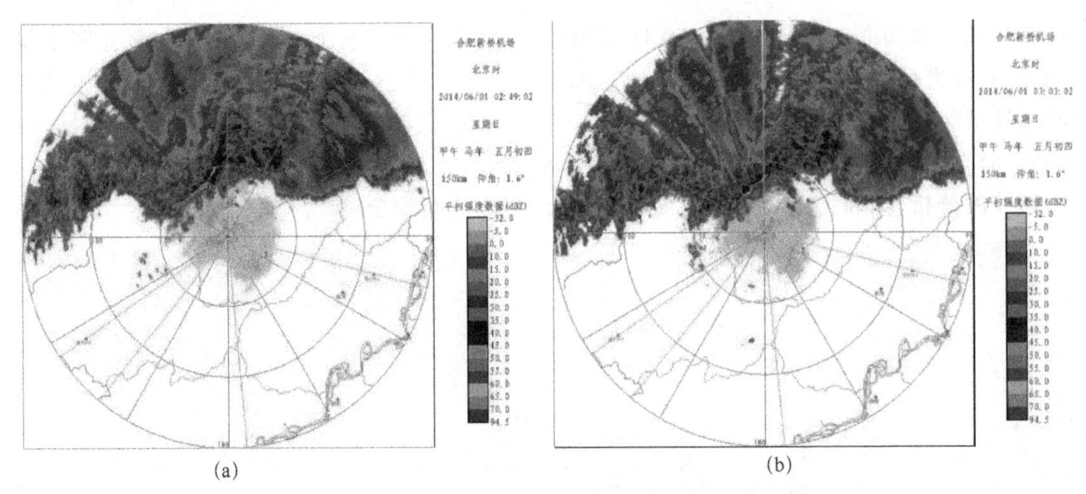

(a)　　(b)

图 2　(a)6 月 1 日 02:49 强度;(b)6 月 1 日 03:03 强度

可分解为垂直下落分量 V_f 和水平分量 V_h，β' 为水平风向与 x 轴的夹角，β 为方位角，α 为天线仰角。雷达测出的多普勒径向速度不但和所在高度上的水平速度 V_h 和垂直速度 V_f 有关，还和雷达的方位角和仰角有关，雷达探测降水粒子的多普勒径向速度 Vr (r) 可表示为：

$$V_r(r) = V_h(\beta)\cos\alpha\cos(\beta - \beta') - V_f(\beta')\sin\alpha \tag{1}$$

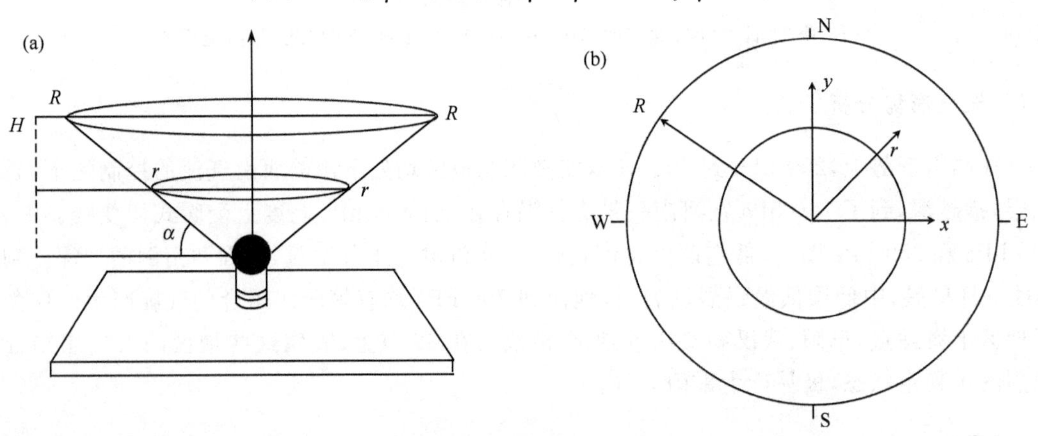

图 3　固定仰角的多普勒扫描(a)和显示(b)

假定雷达天线作固定的低仰角探测，则粒子下落速度对多普勒径向速度无多大贡献，即 V_f 可以略去不计，水平速度 V_h 在水平面上是均匀的，但随着高度的增加，大小、方向有变化，即 V_h、V_r、风向 β' 均是向径 r 的函数。这时，雷达探测降水粒子的多普勒径向速度 $V_r(r)$ 可写成：

$$V_r(r) = V_h(r)\cos\alpha\cos[\beta - \beta'(r)] \tag{2}$$

当风向随高度顺转时，风速随高度先增后减，这时可设 $\beta'(r) = \beta'0 + C_3 r$

$$V_h(r) = \begin{cases} V_0 + C_1 r & 0 < r \leqslant r_0 \\ V_0 + (C_2 + C_2) r_0 & r > r_0 \end{cases}$$

这里的 C_1、C_2 和 C_3 都是大于零的常数。则多普勒速度廓线方程为

$$V_h(r) = \begin{cases} (V_0 + C_2 r)\cos\alpha\cos[\beta - (\beta_0 + C_3 r)] & 0 < r \leqslant r_0 \\ [V_0 + (C_2 + C_2) r_0 - C_2 r]\cos\alpha\cos[\beta - (\beta_0 + C_3 r)] & r > r_0 \end{cases} \tag{3}$$

特别地，当 $V_r=0$ 时，$\beta=\pm\pi/2+\beta'_0+C_3r$。(3) 式说明，在某距离处，$\beta$ 与 β'_0+C_{3r} 互相正交，此时的多普勒速度图像如图 4(a)所示。在弯曲的零速度廓线两侧分布着闭合的等值线，其中心的极值所在距离对应风速的转折高度。从图中可见，风向随高度增加顺转的零速度线呈 S 型，但由于风速随高度先增后减，所以非零的各种正负速度带分别位于零速度线的两侧[6]，其类似牛眼的正负速度中心区所对应的高度为风速最大的高度，牛眼中心位于雷达的上风向（负值）和下风向（正值）。图中类似一对牛眼的正负多普勒速度中心区分别位于显示中心东北和西南的中间距离区域。图 4 中，地面为南风，风向随高度增加逐渐向西偏转，最高处为西风。在相应的多普勒速度图像上中心点邻近区域的零速度线东西向，而后分别自近而远地顺转，在最远处的边缘上的零速度点分别位于 0° 和 180°方位处，都与相应最高处的西风垂直，正速度区和负速度区分别在零速度线的右侧和左侧。图 4(b)是当日一张实际情况的速度图，由于雷达测量范围内，风向和风速变化有一定的不规则性，实际图像与模拟图像肯定会存在一定的误差，但我们仍然可以看出该图与模拟图像十分类似，而且因为空中风速较大还出现了速度模糊。由此可以推断，雷雨发生时，合肥机场上空存在一支低空西南急流。

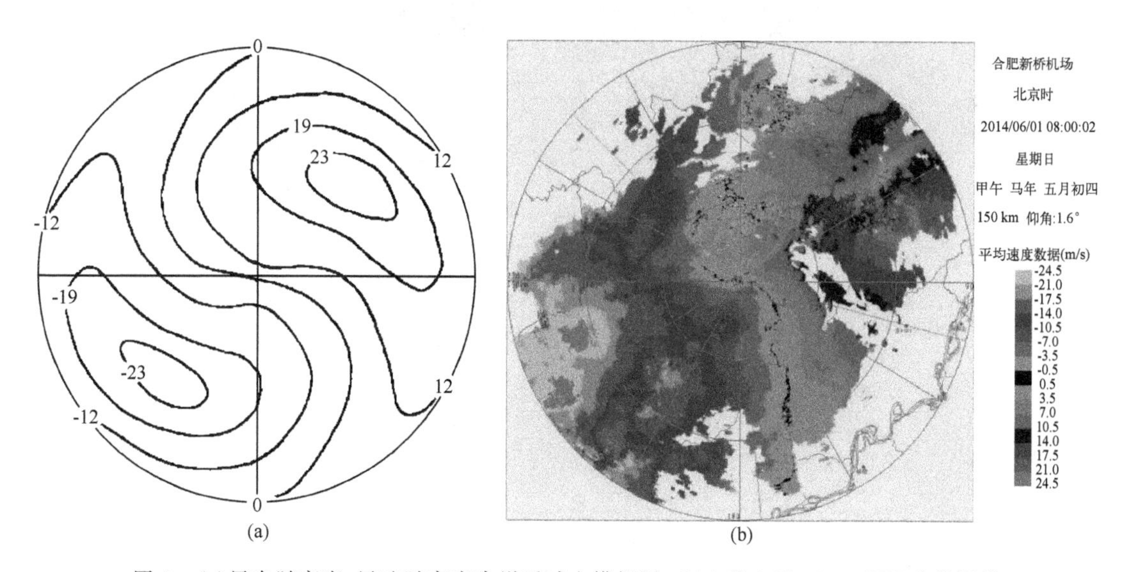

图 4 (a)风向随高度，风速随高度先增后减少模拟图；(b)6 月 1 日 08:00 PPI 速度图像

在雷暴发展的初期，如图 5 所示，在雷达中心的西北方约 20 km 处，有一处较大风速区，与周边相比，明显偏大，这片强风速区与前面讲到的强回波区是对应的。这说明该强回波带形成了一条阵风锋，阵风锋前部的风速都比较大，一般可以达到 18 m/s，会形成较强的低空风切变，对飞机的起降造成巨大的威胁。从图中来看，风速也确实在 14 m/s 以上。

3.3 风廓线

从图 6 两张垂直风廓线上来看，风速随高度增加而增大，风向随高度顺时针旋转。雷雨出现后，空中风速开始有所减小，低层风速减小明显，低层的风向发生较大的变化，由东南风转为西南风，表明地面和低层气旋在移动和发展。

这是一次发生在高空槽和中低层低涡[7]，低层强盛西南急流天气形势下的雷雨天气。通过对多普勒雷达强度和速度回波的模拟分析，得出以下结论：

(1)高空槽为此次雷雨天气提供了位势不稳定能量。

(2)低涡和西南急流的维持,使雷雨天气得以持续较长时间。

(3)通过对雷达回波径向速度的计算和对风向随高度顺转时，风速随高度先增后减情况下回波的模拟,较好地符合了实际回波情况。

(4)在雷达速度回波上可以清楚地发现阵风锋发展和移动,为低空风切变的预报提供依据。

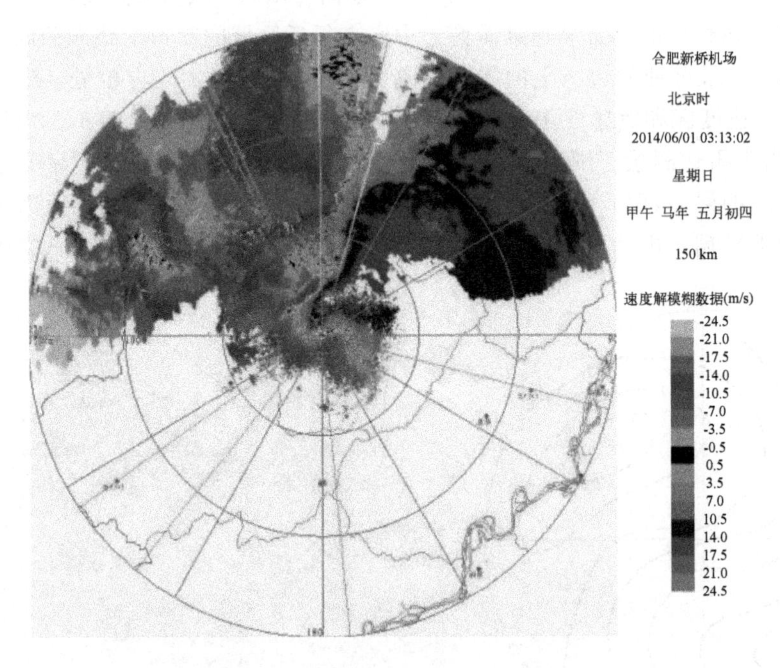

图 5　6 月 1 日 03:13PPI 速度图像

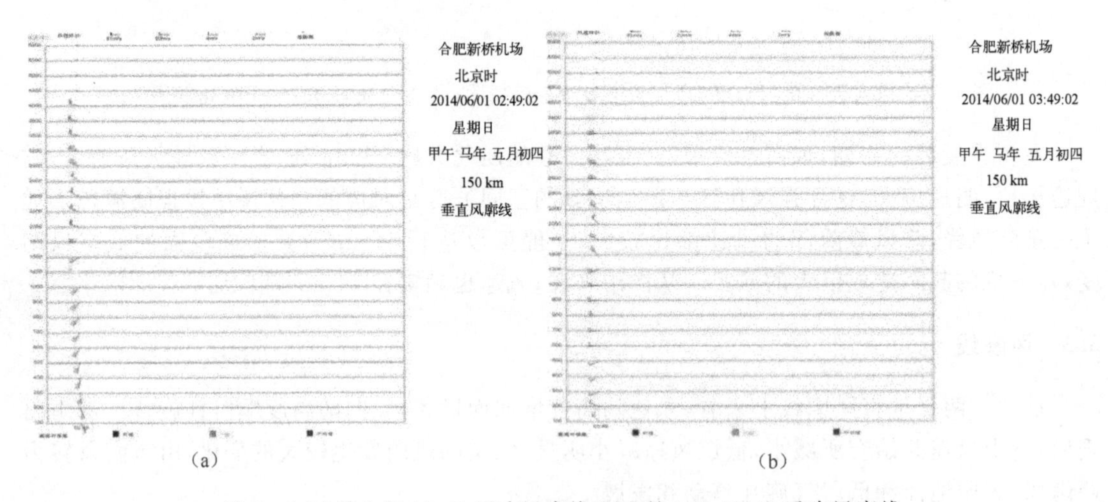

图 6　(a)6 月 1 日 02:49 垂直风廓线(b)6 月 1 日 03:49 垂直风廓线

4 结论

本文简单阐述了航空气象服务的概念及多普勒天气雷达在航空气象服务中的应用。结合多普勒雷达的工作与探测原理，深入分析了本场一次强对流天气时多普勒天气雷达的应用及服务效果，归纳总结出了多普勒速度图像特征，并着重分析了多普勒雷达对严重危害飞行安全的强对流天气系统的探测。

多普勒天气雷达在技术方面的应用使其在航空气象服务中有了实质性进展，可以帮助预报员更好地了解对流云团的内部结构及发展趋势，监测机场终端区对流天气的发生发展，有效地识别超级单体雷暴、飑线等强对流天气系统及其伴随的强降水、闪电和下击暴流等天气现象，对于准确做好机场预警预报提供有利的技术支持，最大限度的帮助管制部门有效的指挥机群绕飞，避开对流天气，减弱对航班的影响，同时又可以提醒航空公司合理安排飞行计划，降低经济损失，提高经济效益。因此，多普勒雷达技术对于在机场航空气象中的应用对保障飞行安全，提高国民经济效益，实现节能减排，维护社会稳定等方面有着重要意义。

参考文献

[1] 丁鹭飞. 雷达原理[M]. 西安：西北电讯工程学院出版社，1984.
[2] 陈良栋. 雷达气象学[M]. 南京：中国人民解放军空军气象学院出版社，1982.
[3] 民航总局空管局. 航空气象应用简明手册[M]. 北京：中国民航出版社，2001.
[4] 黄仪方. 航空气象[M]. 成都：西南交通大学出版社，2002.
[5] 贺伟，赵志强. 深圳宝安机场天气雷达故障检测与分析[J]. 空中交通管理，2010，(04).
[6] 钟常鸣. 利用雷达回波资料作临近预报应注意的几个问题[J]. 气象研究与应用，2008，(S2).
[7] 刘晓阳，杨洪平，李建通，等. 新一代天气雷达定量降水估测集成系统[J]. 气象，2010，(04).

基于用户来源信息的中国天气网全局负载调整方法

李雁鹏

(中国气象局公共气象服务中心,北京 10081)

摘 要:作为中国气象局面向公众提供气象信息服务的核心门户,中国天气网部分业务因天气原因往往遇到暴增的突发访问高峰。为解决暴增访问量,详细分析了旧有全局负载系统中存在的不能准确识别用户来源、无法精细调整负载、带宽不足服务布局不灵活、负载结果调整无法直观展示等问题。通过采用权威IP地址来源信息库、结合粗细粒度调控方法、调整网络服务布局并增加带宽总量、设计开发基于访问日志分析的用户来源访问实时监控系统,提出并实现了基于用户来源信息的中国天气网全局负载调整新方法。运用全局负载调整新方法及时调控突发负载,成功应对了多次业务流量突发高峰。

关键词:域名系统;全局负载调整;IP GeoLocation; iRules;日志分析;日志监控

1 背景

中国天气网是中国气象局面向公众提供气象信息服务的核心门户,以专业的素质向公众和客户提供准确、迅捷、全方位的在线气象信息服务[1]。经过多年快速发展,访问量和公众影响逐步提高[2]。截止到2014年8月,网站日最大流量超过2.09 Gbps,日页面总浏览量达2686万页,在国内服务类网站排名第一、全球气象类网站排名第二。

作为服务全国用户的气象门户网站,中国天气网采取南北布局,两大主站位于北京、广州。目前规模约为300台服务器和各类设备。为了应对大量用户访问并保证访问性能,网站在南北方数据中心分别部署了多种负载平衡设备(参见图1)。整体上,通过全局流量管理器(GTM)动态解析域名请求,对多个数据中心进行应用和流量负载的全局调配。各数据中心内部,通过本地流量管理器(LTM)将业务访问负载分配到多台WEB服务器上[3]。

由于天气原因,中国天气网的稳定性和用户体验经常受到突发的暴增访问量的严重负面影响。汛期多发的台风、暴雨等高影响天气过程造成大量用户的突发和持续关注相关天气变化,并大量访问中国天气网相关内容,造成网络流量突发性暴增,较高流量的情况可能持续长达数天。快速持续增长的流量当接近数据中心最大可用带宽时,将造成网络拥塞,用户体验下降直至无法访问。根据前几年情况,单个台风登陆时天气网流量增加150 M左右;两个台风同时出现时天气网流量增加250 M左右;而三个台风同时出现时,天气网流量增加500 M左右。突然增加的大量临时流量多次造成了中国天气网和台风网的严重拥塞。

为保障这类情况下用户正常访问,快速获取最新天气资讯和灾害预警信息,基于现有资源条件下,应更合理调整全局用户访问负载,保证突发大流量下中国天气网网络服务的可用性。

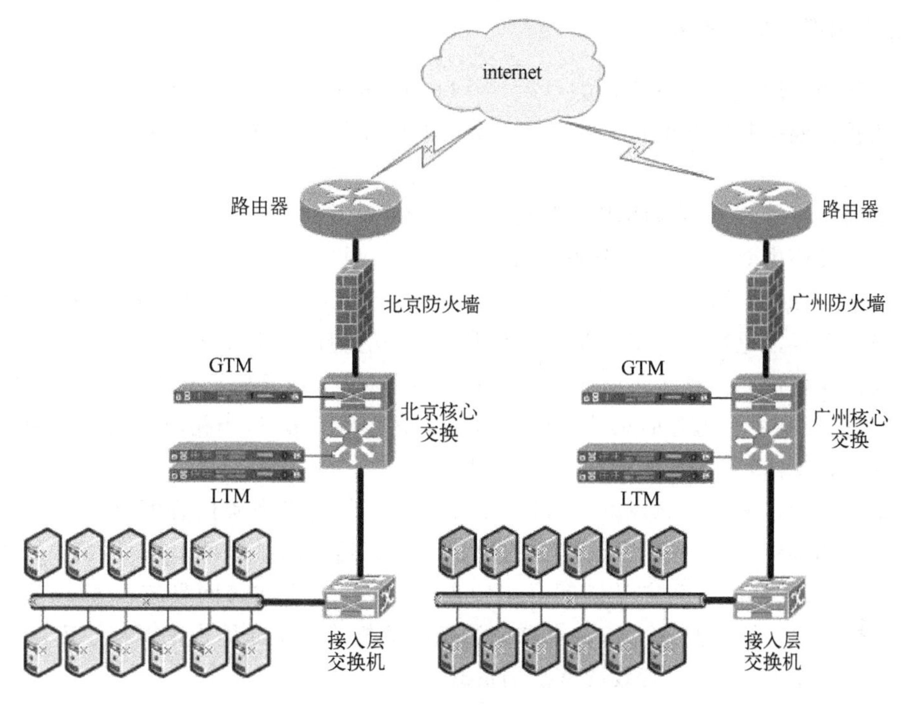

图 1 中国天气网负载平衡部署示意图

2 全局负载调整原理

域名系统(Domain Name System,缩写为 DNS)是因特网的一项核心服务[4]。它作为将域名和 IP 地址相互映射的一个分布式数据库,能够使用户更方便的访问因特网。域名系统从功能上可以分成两个部分,即权威服务器(Authoritative Servers)和递归服务器(Recursive Servers)[5]。权威服务器是指保存着其所拥有权威区的原始域名资源记录(SOA)信息的域名服务器。递归服务器也被称为本地域名服务器或缓存服务器,负责接受用户端发送的请求,然后通过向各级权威服务器发出查询请求获得用户需要的查询结果,最后返回结果给用户端。

中国天气网采用全局流量管理器构建权威域名服务系统,维护中国天气网(weather.com.cn)的原始域名资源记录(SOA)和全部子域名记录(A, CNAME 等),并向互联网全部递归域名服务器提供中国天气网和各子域名的权威解析。全局流量管理器通过判断用户本地域名服务器(LDNS)的运营商网络信息和地理位置信息,根据内置的全局负载平衡算法、用户拓扑配置、iRules 配置等,动态确定域名查询的返回结果[6]。从而将不同网络环境和地理位置的中国天气网用户访问动态分配到更适合的数据中心,并实现中国天气网网络流量和负载的全局调整。

3 原有缺陷

用户突发大量访问下,造成全局用户访问量无法及时有效调整的原因有以下几种。

3.1 未能正确识别用户来源

中国天气网采用全局流量管理器(Global Traffic Manager, GTM)进行全局用户流量负载的动态调整。根据其内部的负载调整机制,正确识别全局用户来源成为有效调整全局负载的关键之一。

现有全局流量管理器内置的用户来源信息库存在诸多问题。第一,此用户来源信息库中很多数据已经过期失效。此用户来源信息库为2010年设备购置时配置,其后没有进行过改动,经过将近5年时间后,互联网IP资源和用户来源已经经过了多次大规模调整和变化,其中对应的记录很多早已过期失效了。第二,此用户来源信息库中IP地址资源不全面。此用户来源信息库是由设备厂商搜集了当时国内几大运营商IP资源信息后汇总生成的,没有包含国外地址信息、国内一些中小运营商和独立用户的地址信息等。第三,当初收集的用户来源信息不是由权威渠道提供的,其正确性存疑,可信性不高。

为了验证此用户来源信息库的有效性,设计了利用此用户来源信息库分析中国天气网的用户访问日志的实验,其结果验证了上文的原因分析。实验结果表明日志中存在大量未知来源的访问,未知来源访问在北方站访问日志中占44%,在南方站访问日志占6%(参见图2)。这证实了上面IP地址资源不全面、数据陈旧过期的分析。依据此用户来源信息库已经无法正确识别用户访问来源,更无法有效调整全局负载。

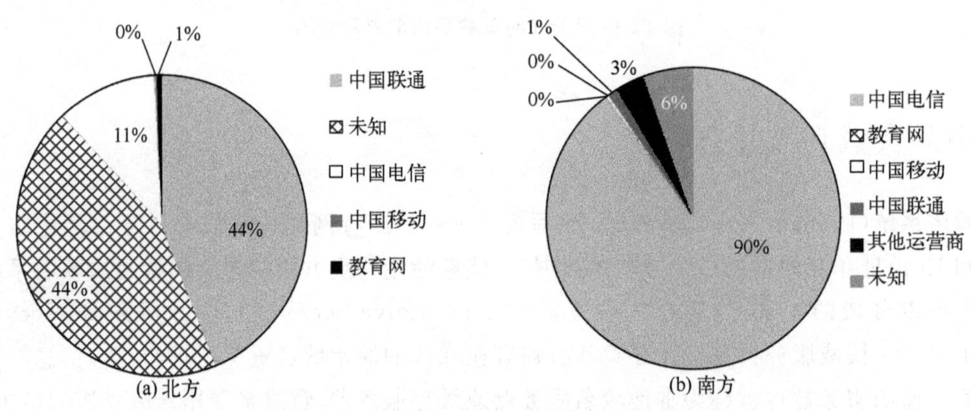

图2　中国天气网访问用户运营商来源分布图

3.2 未能精细调整全局访问负载

根据对中国天气网访问日志的地理来源分析和统计,汛期突发流量一般多出现在台风即将登录或暴雨即将影响的地区。例如,2014年7月,9号台风"威马逊"登陆广东省前夕,中国天气网南方站出现访问量暴增,访问量由日常的每分钟2万~3万次暴增到8万~10万次(参见图3)。

全局流量管理器将中国天气网的网络服务资源按照数据中心划分为北方站和南方站。在依据预先配置的用户来源信息库,确定用户本地域名服务器(LDNS)的运营商网络和地理位置,可根据全局拓扑(Topology)设置决定采用北方站或南方站的网络服务资源,并返回相应的IP地址。所有中国天气网域名,一旦配置为动态解析,都会遵循此全局拓扑设置,无法精细调整和分配全局负载,无法为不同子域名和业务选择不同配置。因而不能将访问量暴增的地

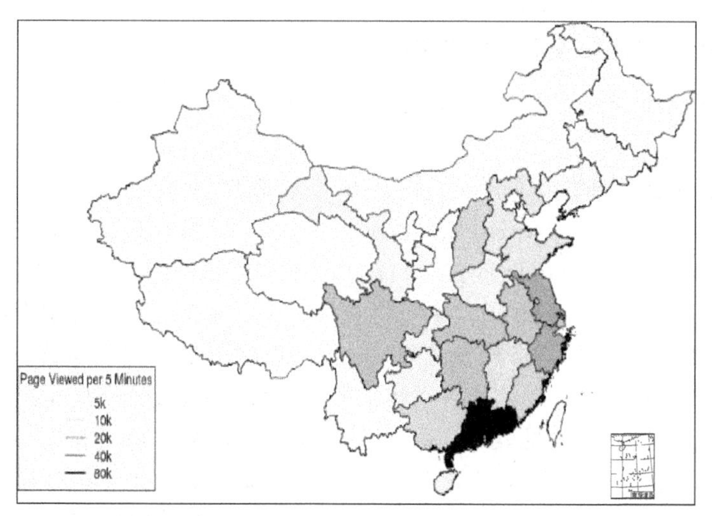

图 3　2014 年台风威马逊登录广东前，天气网南方站访问量各省来源分布示意图

区的大量负载分担到其他数据中心或 CDN，必然引发单个数据中心负载暴增、网络拥塞、体验变差乃至无法服务。

3.3　带宽总量不足和服务布局不灵活

随着中国天气网业务的不断发展，其流量和带宽也不断增加，但仍难以应对突发暴增访问需求的增加。中国天气网带宽总量从 2008 年的 100M，2009 年的 200M，2010 年南方站开通前的 700M，2010 年南方站开通后的 900M，一直到 2014 年的 2.1G。看似充裕的带宽在汛期台风、暴雨等天气过程中出现的爆发访问量面前往往捉襟见肘，汛期多次出现接近最大带宽甚至设备带宽极限的情况。

不仅带宽总量不够充裕，原有的业务服务布局也不够灵活。第一，南方站仅接入电信网络，无法服务其他运营商网内的用户，无法为这部分的突发业务量提供负载支持。第二，除网络因素外，每一项业务服务背后还涉及数据、传输、存储、计算等多方面因素，很难快速灵活调整业务布局。

3.4　负载调整结果无法实时直观展示

突发访问量和流量集中在受天气过程影响的部分地区，集中在相关的域名和业务。因此负载调控也应该是针对相关地区和相关业务的精确调整和精细调控。调整前需要监控系统提供精确数据，以确定受影响范围和需要调控的访问量，从而据此制定负载调整的具体方案。调控实施后，需要监控系统实时直观展示出负载变化情况，从而确认和评估调整效果。而原有的监控系统仅包括网络总流量、主要域名的业务流量和访问量等粗略信息，无法满足精确、实时、直观的监控和展示需求，不足以支撑精确的全局负载调控。

4　解决方案

经过不断实验摸索，采用如下几种方式结合的方法实现了全局负载调整，解决了突发访问问题。

4.1　采用权威 IP 地址来源库识别用户来源

为了正确识别用户来源，须从权威渠道获取正确的 IP 地址来源信息库。目前，采用两种来源信息库。

第一，定期获取亚太网络地址管理机构 APNIC 的权威 IP 地址和 whois 信息，自动转换为全局流量管理器支持的 User. Region 格式文件[7]。APNIC 每天提供最新的 IP 地址信息，可从其 ftp 免费下载 delegated-apnic-latest 文件，具体格式参见表 1。通过对此文件的转换可以得到网络地址、子网掩码和国别编码。在安装 whois 客户端应用后，可利用脚本[8]获取刚才地址和掩码对应的注册信息，具体格式参见表 2。并从中抽取出对应的运营商、地理信息，例如表 2 注册信息为吉林省联通。在经过格式转换可以转为全局负载管理器内置的用户来源信息库文件(User. Region)格式，参见表 3。基于新、旧用户来源数据库分析同一份北方站访问日志，结果出现明显差异。采用旧信息库的日志分析结果中，未知来源和其他运营商最多为 687.8 万，北京联通占第二位为 538.2 万，移动为 35.5 万；而采用新信息库的日志分析结果中，联通用户最多为 909.4 万，未知来源和其他运营商占第二位为 390.7 万，移动为 332.2 万。两者比较，无法识别和识别错误的情况明显好转。

表 1　APNIC 提供最新的 IP 信息格式

注册机构	国家编码	类型	起始地址	地址数量	分配时间	状态
APNIC	CN	ipv4	61.52.0.0	131072	20010628	allocated

表 2　whois 查询结果

inetnum:	61.138.128.0-61.138.191.255	mnt-by:	MAINT-CNCGROUP
netname:	UNICOM-JL	mnt-lower:	MAINT-CNCGROUP-JL
country:	CN	mnt-routes:	MAINT-CNCGROUP-RR
descr:	China Unicom Jilin province network	changed:	hm-changed@apnic.net 20040301
descr:	China Unicom	changed:	hm-changed@apnic.net 20060124
admin-c:	CH1302-AP	changed:	hm-changed@apnic.net 20090508
tech-c:	WT92-AP	source:	APNIC
status:	ALLOCATED NON-PORTABLE		
changed:	abuse@cnc-noc.net 20031016		

第二，通过升级全局流量管理器后，采用厂商官方每月免费更新的 IP GeoLocation 库[9]。IP GeoLocation 库具备全球 IP 对应大洲、国别、详细地理位置、网络运营商、注册机构等最新信息，便于全局流量管理器中通过命令获取相关信息[10]，具体命令参见表 4。

表 3　全局流量管理器内置的用户来源数据格式

```
region {
    name    "CHINANET-CQ"
    103.22.12.0/22
……
    61.161.64.0/18
  }
```

表 4　全局流量管理器中 GeoLocation 支持的查询命令

<table>
<tr><td>[whereis [IP::client_addr] continent]</td><td>给出用户 IP 对应的大洲编码</td></tr>
<tr><td>[whereis [IP::client_addr] country]</td><td>给出用户 IP 对应的国别编码</td></tr>
<tr><td>[whereis [IP::client_addr] <state|abbrev>]</td><td>给出用户 IP 对应的省区名或编码</td></tr>
<tr><td>[whereis [IP::client_addr] isp]</td><td>给出用户 IP 对应的网络运营商</td></tr>
<tr><td>[whereis [IP::client_addr] org]</td><td>给出用户 IP 对应的注册机构</td></tr>
</table>

4.2 全局负载的粗细粒度调控

在准确识别用户来源信息的基础上，可利用全局拓扑配置和 iRules 编程这两种方式进行全局流量以及负载的粗粒度和细粒度调整。

第一，粗粒度调整可通过修改全局拓扑配置的方式实现。基于南北方线路和运营商情况，默认的配置中，中国电信用户访问南方站，移动用户访问北方站，其他用户全部访问北方站。需要调整时只需要更改以上策略，将部分省级运营商的访问调控到其他数据中心。例如台风来袭造成南方站突发访问暴增，可将不受台风影响的其他访问量较大的省进行流量调控，从访问南方站改为访问北方站。例如，台风影响广东，可将江苏电信、浙江电信、福建电信的数百 M 流量分批逐次调整到北方站（参见图 4），保证南方站不出现拥塞，保证广东用户及时快速获取台风最新信息。

LDNS Request Source	Destination	Weight
Region is cnc_JiangSu	Data Center is BJ	1
Region is ct_all	Data Center is GZ	2000
Region is cnc_all	Data Center is BJ	100
Region is default_region	Data Center is BJ	10
Region is cmnet	Pool is plugin_bj	2005
Region is not cmnet	Pool is plugin_gz	2004

图 4　通过修改全局拓扑配置进行粗粒度调整

第二，细粒度调整可通过 iRules 编程的方式实现。iRules 是由厂商提供一种高度定制的基于 TCL 的脚本语言。通过 iRules 可以在线完全以程序的方式操控请求和流量等各种数据，例如可进行检查、分析、修改、路由、重定向、丢弃、操控、回放、镜像等等操作[10]。同样，可以针对某个子域名业务的 DNS 查询开发针对性的 iRules，精细调整业务流量。例如，图 5 展示了 2014 年台风网 flash 插件访问量暴增期间，利用 iRules 将江苏、安徽、江西的 flash 查询重定向到 CDN 服务器上。

```
when DNS_REQUEST {
        switch  [whereis [IP::client_addr] state] {
        "Jiangsu" -
        "Anhui" -
        "Jiangxi" {
                                cname flash.weather.ccgslb.com.cn
                                #log local0. "IP [IP::client_addr] ISP [whereis [IP::client_addr] isp], goto CDN"
            }
        }
}
```

图 5　通过 IRULES 编程进行细粒度调整

实际实施方面，已将粗粒度和细粒度的方式结合使用。粗粒度调整可快速大量调整负载，保障业务整体和用户共性的调整需求。细粒度调整可满足单项业务精细化服务和用户特性的调整需求。

4.3 调整带宽总量和网络服务布局

传统方式下，中国天气网从各运营商租用带宽和机柜，事前估计业务峰值流量购买足量带宽，部署足量服务器和设备保障访问性能，并提供全部运维保障。这种方式需要支付高额的运维成本、设备成本和带宽成本，存在巨大浪费。这种方式下，业务调整需要改变设备物理部署位置，修改数据和传输方式，调整带宽和监控等，调整效率低下、极不灵活。

更有效保障业务突发访问量的较好方式是在现有基础设施上采用云服务和内容交付网络(CDN)。通过采购云主机和云服务，将突发访问量的计算和部分服务转移到云服务，以按需申请、随时使用的方式，可大大提高灵活性和经济性。通过采用内容交付网络(CDN)，将部分网络质量不足、体验不好的地区和运营商来源的用户访问调整到 CDN 服务上，或将业务突发流量甚至大量的网络攻击流量调整到 CDN 服务上，可很大程度改变原有的带宽采购和使用方式，提供高度灵活性和经济性。经过网络服务布局调整，将从南北双主站的布局，逐步转为自主数据中心加云数据中心的多主站，结合可灵活配置和调整的内容交付网络服务的新布局。

4.4 访问日志的用户来源实时分析和展示

为了直观展示实时访问量和流量以便辅助制定调整方案、精细调整全局负载、并验证负载调整结果，在现有中国天气网网络流量监控系统的基础上，设计并实施了南方站访问日志用户来源实时分析和监控系统。

系统主要由 WEB 服务器、日志服务器、监控服务器组成(参见图 6)。WEB 服务器在天气网南方站由 4 台代理缓存设备组成，它们会将用户访问日志通过 ftp 服务实时上传到日志服务器。日志服务器上运行着自主设计开发的日志分析程序[12]，为提高执行效率分析程序采用 C++语言开发，用于分析的用户地址来源信息库与全局流量管理器中的信息库保持同步更新，分析结果每五分钟一次输出到结果文件，并对外提供简单网络管理程序(SNMP)查询借口。监控服务器每五分钟轮训日志服务器，通过 SNMP 借口查询最近 5 min 的南方站用户访问来源情况，提供时序曲线图等方式展示访问来源情况。

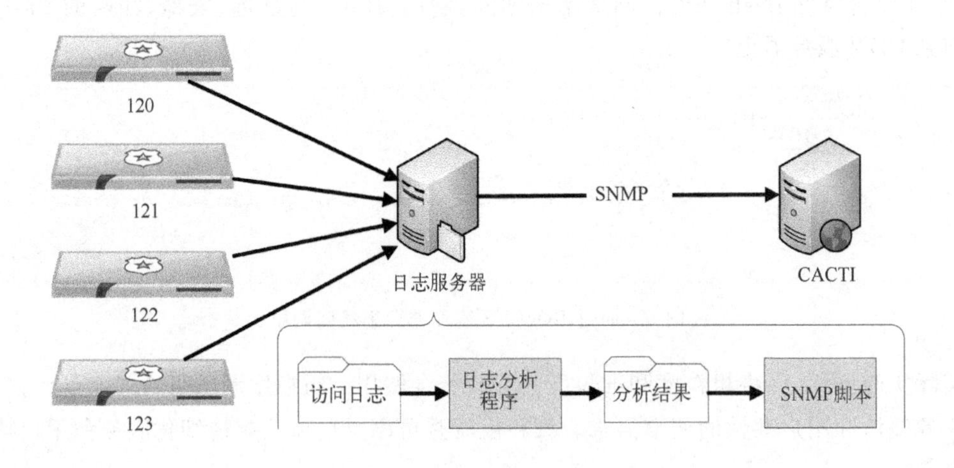

图 6 南方站访问日志分析系统的物理架构图

2012 年 8 月台风期间，为保障台风网突发访问量，将江苏和浙江电信用户访问分两次调整到北方站。监控结果中江苏和浙江访问数约为 6 万，为制定调整方案提供依据。监控结果中江苏和浙江用户数下降到原来的 0.7%～2.6%，有效验证了调整效果(参见图 7)。

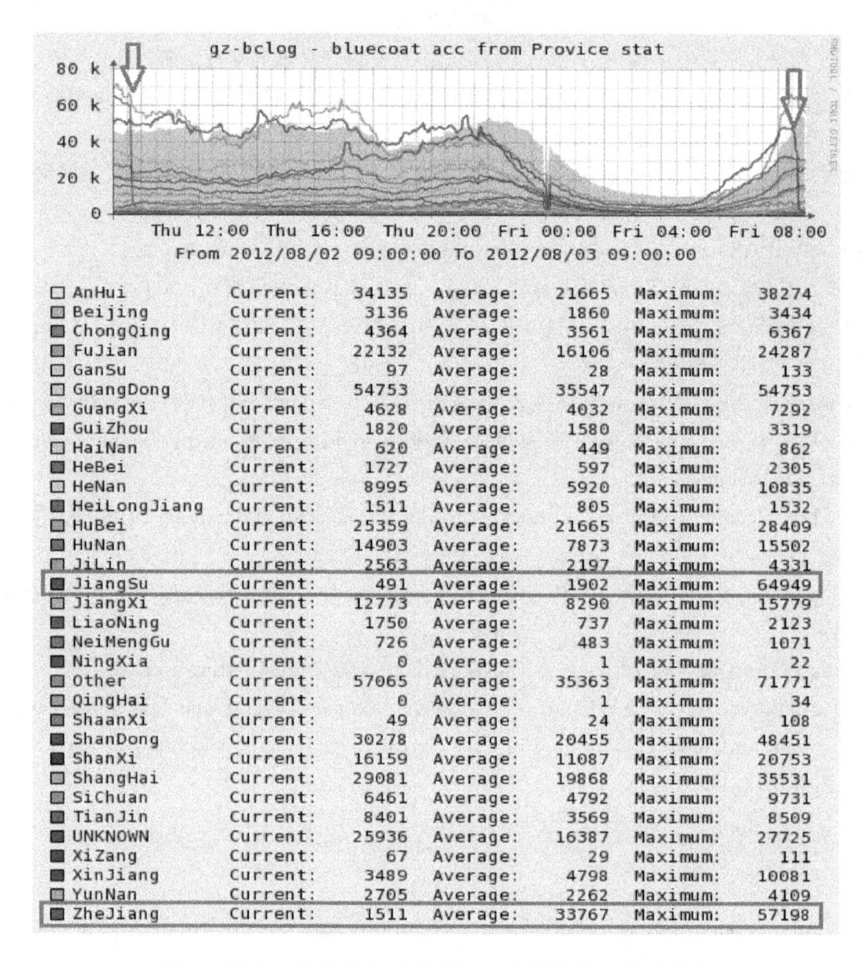

图 7　用户来源监控实时直观展示来源情况和调整结果

5　结论

通过采用多种权威数据正确识别用户访问来源信息、结合使用多种不同粒度调整全局负载的方法、采用云服务和内容分发网络等新模式并提高带宽和调整网络服务布局、设计和实施访问日志用户来源分析和监控系统等多种方式，实验并摸索出一套基于用户来源的全局负载调控方法。中国天气网全局负载调整方法的多次成功应用，证明该方法可有效调控业务高峰流量和负载。对业务高峰时段，特别是台风、暴雨等灾害发生时段，确保公众快速获取天气实况、预报和灾害预警信息等具有重大意义。下一步，应继续研究和完善负载调控方法，扩大访问日志分析范围和精度，进一步优化调整中国天气网网络服务布局，探索通过整合监控系统与调整手段实现智能化自动调控全局负载。

参考文献

[1] 段丽.公共气象服务平台—中国天气网[A]//2011年海峡两岸气象科学技术研讨会论文集.2011:68-71.

[2] 王静,孙健.公共气象服务的媒体传播途径及其评估[A]//第26届中国气象学会年会公共气象服务论坛——以公共气象服务引领气象科普工作分会场.2009:23-26.

[3] 李建,郑伟才,王建森,等.利用F5-BIG-IP设备实现浙江天气网负载均衡[J].计算机与网络,2012,**38**(8):69-72.

[4] Cricket Liu, Paul Albitz. DNS and BIND (5th Edition)[M]. O'Reilly Media, 2014.

[5] YD/T 2137-2010.域名系统运行总体技术要求[M].北京:人民邮电出版社,2011.

[6] Manual: Configuration Guide for BIG-IP Global Traffic Manager.[2012-01-06]. http://support.f5.com/kb/en-us/products/big-ip_gtm/manuals/product/gtm_config_guide_10_1.html.

[7] 肖锘,冯玉萍.基于APNIC Whois自动提取IP地址列表[J].计算机与现代化,2008,**10**:76-78.

[8] 构建智能DNS:从apnic获取电信网通铁通等地区ip地址分配. http://wenku.baidu.com/view/909a331ea8114431b90dd89e.html.

[9] SOL11176: Downloading and installing updates to the IP geolocation database[2010-02-16]. http://support.f5.com/kb/en-us/solutions/public/11000/100/sol11176.html.

[10] New Geolocation Capabilities in v10.1. https://devcentral.f5.com/articles/new-geolocation-capabilities-in-v101.

[11] DevCentral: iRules-Get Started. https://devcentral.f5.com/irules/getting-started.

[12] Anton A. Chuvakin, Kevin J. Schmidt, Christopher Phillips. Logging and Log Management: The Authoritative Guide to Understanding the Concepts Surrounding Logging and Log Management[M].北京:机械工业出版社,2014.

电视公共气象服务基于互联网应用的思考

卞　赟[1]　朱雷磊[2]

(1. 中国气象局公共气象服务中心,北京　100081;2. 金鹰国际商贸集团(中国)有限公司,南京　210000)

摘　要:传统电视,特别是基于模拟信号的电视,如今已经很难抓住公众的眼球,因此公共气象服务需要与时俱进,基于现代电视的技术研发就显得很有必要,特别是基于网络视频技术的开发,这不同于传统的标清转高清、电视硬件技术研究等等,而是全新思维方式的创新。本文旨在深入讨论公共气象服务在现代电视中的应用和发展,从气象服务产品的呈现方式创新及拓展方面入手,深入阐述分析了当代社会视频资源需求的特点以及气象服务产品的应用形式,结合气象影视、网络交互式设计的实例,对公共气象服务在电视领域的发展前景和目前存在的问题进行了切实的分析。

关键词:气象服务;Flash;动画;天气;媒介

引言

当今社会,传统电视,特别是基于模拟信号的电视,已经很难抓住公众的眼球,全高清技术的引入,彻底颠覆了人们的思维,几乎所有的城市家庭也都配备了相应的高清机顶盒,以实现更加强大的感官体验。除了画面质量以外,电视也早已和互联网相结合,通过"云服务"的概念,人们可以随意点播位于云端的电视节目,而不必再去关注时间表,调整自己的时间,加上配套的电子游戏、电脑、手机资源共享等技术引入,使得电视又重新转变为了家庭娱乐的核心。

因此,对于公共气象服务而言,顺应时代发展的需求,提高气象服务的质量,基于电视的技术研发就显得很有必要,与其说是电视的研发,其实不如说是基于网络视频技术的开发,这不同于传统的标清转高清、电视硬件技术研究等等,而是全新思维方式的创新。

相比与传统的电视气象服务,数据、图形以及表达,都完全可以基于互联网,可以说几乎99%的气象有效信息都可以转化,并服务于公众,而且不会受到时段、形式的限制,在日常气象信息发布、气象科普知识普及以及重大气象灾害、防灾减灾服务等领域的应用,对于提升公众对气象产品的认知度,提高气象服务信息的传播效率起到了很好的作用,可打造出更加贴近公众需求的创新型公共气象服务产品。

1　目前主流电视技术介绍

1.1　传统电视技术

传统的电视技术是由信号、扫描和电源三个部分系统所组成。其中,电视信号系统包括公共信号通道、伴音通道和视放末级电路三个部分,它们的主要作用是对接收到的高频电视信号

(包括图像信号和伴音信号)进行放小和处理，最终在荧光屏上重现出图像，并在扬声器中还原出伴音。也就是我们通常所说的模拟信号，如今还有很多地区依然使用这种传统的电视接收方式，并且非常易于普及，当然，这种方式的弊端也是显而易见的，画面质量差，声音失真度高，同时，由于模拟信号的缘故，稳定度很差，也就是我们常说的雪花屏时常出现，即使通过天线调节，也很难保证画面的质量。

1.2 当代电视技术

随着互联网技术的不断发展，电视也进入了数字化、网络化的时代，从屏幕技术、网络互动、机顶盒、网络视频及图文显示五个方面都有了很大进步了，我们逐一来看。

屏幕技术：20 世纪的电视机，基本都是以 CRT 显像管为主，不管是纯平 CRT、超平 CRT、超薄 CRT 等，画面的分辨率基本都是停留在 VGA 的水平，同时色彩也基本是基于早期 256 色，所以无论画面分辨率还是色彩的还原度都非常差。如今，屏幕技术发展迅速，都不仅仅局限于全高清(1080P)，随着 4K 技术的引入，基本可以实现原像还原，同时由于不同于 CRT 的电子流映射原理，屏幕厚度也大幅地缩减，主流 LED 现在只有几厘米的厚度，可以单人轻松地直接挂于客厅墙壁上。

网络互动：传统电视是实时媒体，除非录下来，否则无法回顾或反复观看，而网络媒体在这一点上优势明显，它既有印刷媒体可以随时翻看的优点，又克服了时效性差、缺乏分类和篇幅受限等缺点，成为电视节目的资料库和分类信息图书馆。网络技术的发展让人们对互动这个词有了更深的理解，并写进了受众和媒体接触的生活中。电视与网络的结合是最好的联姻。网络吸收电视的内容，电视借助网络的平台，真正实现传播效果的最优化。

机顶盒：对于机顶盒(Set Top Box)，没有标准的定义，从广义上说，凡是与电视机连接的网络终端设备都可称之为机顶盒。从过去基于有线电视网络的模拟频道增补器、模拟频道解码器，到将电话线与电视机连接在一起的“维拉斯”上网机顶盒、数字卫星的综合接收解码器(IRD，Integrated Receive Decoder)、数字地面机顶盒以及有线电视数字机顶盒都可称为机顶盒。从狭义上说，如果只说数字设备的话，按主要功能可将机顶盒分为上网机顶盒、数字卫星机顶盒(DVB-S)、数字地面机顶盒(DVB-T)、有线电视数字机顶盒(DVB-C)以及最新出现的 IPTV 机顶盒等。目前，数字电视机顶盒是信息家电之一，它是一种能够让用户在现有模拟电视上，观看数字电视，进行交互式数字化娱乐、教育和商业化活动的消费业电子产品。

网络视频：随着互联网的飞速发展，电视介入互联网已是大势所趋。IPTV 即交互式网络电视，是一种利用宽带网的基础设施，以计算机(PC)或“普通电视机＋网络机顶盒(TV＋IPSTB)”为主要终端设备，向用户提供视频点播、Internet 访问、电子邮件、游戏等多种交互式的数字媒体个性需求服务的崭新技术。基于 P2P 原理的网络电视软件，和其他 P2P 网络电视不同，服务器端功能开放，允许用户自己添加节目，在网上找到的节目也可以添加进去，基于 P2P 原理传播，节目也可以添加。

图文显示：图文电视(Teletext)是一种电视广播的附属业务。图文电视在模拟电视系统中就已经使用，在接收端观众使用专用的图文电视解码器可以在屏幕上收看到所传送的信息。如今，借助于互联网，省去了很多不必要的环节，用户只需轻触遥控器，就可以获取自己想要得到的图文信息，速度取决于家庭中的网速，基本可以做到瞬时获取。

2 公共气象服务在电视平台上的应用

2.1 传统电视上的应用

在传统电视上，气象服务，特别是公共气象服务的相关内容，已经开展了很多，如每天07:30的“天气预报”节目，由主持人通过电视屏幕向公众去讲解天气，另外结合各类的新闻节目，有天气预报的图文播报，取得了不错的效果。当然，随着气象部门对于这项业务的高度重视，30年来，也积聚不少人气，相应的主持人也成为了公众喜爱的明星，可以说社会影响力非常巨大，据中央电视台2011年做的电视节目收视率调查报告显示，“天气预报”依旧是中央电视台各大频道中收视率最高的电视节目，尤其是19:30的“天气预报”，收视率更是常年稳居第一。

不过，这份报告中也显示出了一个普遍存在的问题，那就是中老年观众所占的比例在不断增加，而中青年观众的比例在不断地下降。解释这个现象并不难，随着互联网技术的引入，通过笔记本电脑、平板电脑、手机等移动终端上网都能实时、高效地获取气象信息，整个过程用时10 s左右，而电视节目除了固定时间外，内容还略显繁复，年轻观众，特别是现在快节奏的生活方式，很难有人能耐心地去听完主持人的详细介绍，因此，为了迎合时代的发展，传统的天气预报必须做出改变。

2.2 当代电视上的应用

现在电视应用，主要分为两类，一类是基于机顶盒或者网络电视，另外一类是基于公共平台，从现在的社会反响程度看，两者都是不可或缺的。

基于机顶盒或者网络电视渠道。这一渠道，和传统电视比较类似，除了可以通过点播实时获取外，观众只能被动接受，很难再有所创新，即便是和网络电视相结合，通过互联网的形式播放，但也很难让观众有充分的兴趣去了解，毕竟遥控器远不如平板电脑或者手机上随手点点来得方便。当然对于特殊气象灾害的发生，还是有气象防灾减灾的宣传作用，能够达到防灾避险的科普效果。

基于公共平台。这里主要讨论飞机、公交、地铁、火车及轮渡等公共交通上的移动媒体，可以通过电视屏幕，呈现各类气象信息或者节目，当然主要是插播的形式，这种情况下，显然是要比第一种实际许多，因为公共平台其实就是服务于大众百姓，可视化的气象信息，是比较容易被大众接受，同时加上气象局的预警体系，在重大灾害防范上肯定有更大的效果，也利于合作的达成，实在这一构想。

2.3 由电视节目引发的思考

不可否认这样的一个事实，随着第四媒体的新兴和发展，电视媒体的主流地位已经受到了动摇。越来越多的人几乎不看电视，只需要从手机、平板电脑或者笔记本电脑获取互联网的信息，完成自己娱乐的需求即可，根本不需要打开电视。

虽然电视无法跨平台，但是电视节目可以转型，这也是现在最需要去研发和开创的领域。目前在手机上，已经有了中国天气通、墨迹天气等诸多APP，不仅可以提供各类气象及生活信息，也可以让网友通过该平台去分享自己拍摄的天气照片。

“这些照片有人去看不?”“有意义不?”答案是必然的。例如小朱一早醒来，想看看天气如何,有没有下雨,穿什么衣服,这时天气 APP 显示的实况天气信息很有可能超前或者延时,很难准确反映此时此刻的天气现象,同时小朱也懒得去拉窗帘看,怎么办? 那就看看其他人拍的天气照片,一目了然,很快心里有个数了,同时也可以借助这个平台去发表评论,或者关注自己好友们的生活动态。

这只是一种情况,生活中分享照片流量低,那分享视频就是结合 4G 大环境应运而生的。我们知道,天气气候事件总是与我们生活相伴,通过视频,正好有了一个吐槽、发泄或者调侃天气的渠道,以达到一定的气象信息传递的效果;另一方面,我们也可以给这些关注天气的用户去主动推送一些他那里的天气预警信息,让他们去关注,形成一个很好的互补机制。

3 移动终端公共气象服务视频节目的制作

3.1 移动终端平台情况简析

移动终端或者叫移动通信终端是指可以在移动中使用的计算机设备,广义的讲包括手机、笔记本电脑、POS 机甚至包括车载电脑。但是大部分情况下是指手机或者具有多种应用功能的智能手机。随着网络和技术朝着越来越移动化的方向的发展,移动通信产业将走向真正的移动信息时代。另一方面,随着集成电路技术的飞速发展,移动终端已经拥有了强大的处理能力,移动终端正在从简单的通话工具变为一个综合信息处理平台。这也给移动终端增加了更加宽广的发展空间。

现代的移动终端已经拥有极为强大的处理能力(CPU 主频已经超过 2G)、内存、固化存储介质以及像电脑一样的操作系统。是一个完整的超小型计算机系统。可以完成复杂的处理任务。移动终端也拥有非常丰富的通信方式,即可以通过 GSM,CDMA,WCDMA,EDGE,3G 等无线运营网通讯,也可以通过无线局域网,蓝牙和红外进行通信。

如今的移动终端不仅可以通话、拍照、听音乐、玩游戏,而且可以实现包括定位、信息处理、指纹扫描、身份证扫描、条码扫描、RFID 扫描、IC 卡扫描以及酒精含量检测等丰富的功能,成为移动执法、移动办公和移动商务的重要工具。有的还将对讲机也集成到移动终端上。移动终端已经深深地融入我们的经济和社会生活中,为提高人民的生活水平,提高执法效率,提高生产的管理效率,减少资源消耗和环境污染以及突发事件应急处理增添了新的手段。国外已将这种智能终端用在快递、保险、移动执法等领域。最近几年,移动终端也越来越广泛地应用在中国的移动执法和移动商务领域。

3.2 气象服务在移动终端的应用

随着移动终端的迅猛发展,也转变了我们天气视频的制作规律。移动终端要求气象类的节目节奏更快,信息传递更高效,同时要更通俗易懂,撇去了那些生涩的气象术语,最好只有几秒钟就能实现准确无误地完成内容的表达。这样一个新的难题就摆在了气象工作者的面前,相应的移动终端技术如何研发? 是不是就没法做“天气预报”节目了? 完全要颠覆之前的节目形态? 答案恐怕是必然的。

当然,首先我们需要有渠道, 通过已有的中国天气通、墨迹天气等天气 APP(见图 1),人们已经可以很容易地去分享自己拍摄的天气图片。由于2G或者3G的带宽实在有限，因此只能实现图文的互动，如今已经进入了4G时代，在线看电影、电视剧都已经不是问题了，为何不能将图片变为更加生动的视频呢？

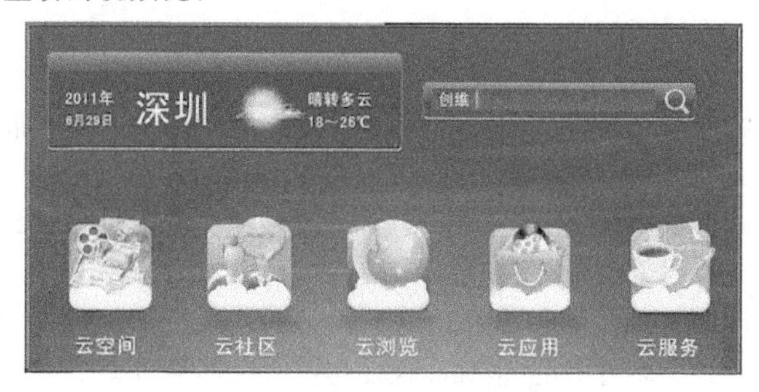

图1 眼下主流的网络电视气象服务应用

腾讯公司的“微信”是公众非常熟悉的交流通讯软件，基于“微信”现在“微视”也渐渐进入了大家的视野中来（见图2），通过8 s的视频拍摄，展示自己的生活情感，天气心情。大面上看这个对于气象服务来说，帮助非常有限，其实不然，试想一下，如果我们中任何一个体，在突遇强天气过程发生时，如何去传递信息更有效？是等着慢慢去用文字记录，还是想方设法去抓拍？这些显然不如我们掏出手机，直接拍摄一段视频来得高效，只用不到半分钟的时间，就可以完成这一系列的操作，试想一下，如果自己的身后就是台风登陆或者是沙尘暴来袭，声画的感觉必定很震撼，其实发布人本身都不必说话，就可以传递出GPS所定位点的天气，准确、搞笑、震撼，气象服务的电视节目都可以浓缩在这8 s的精华里了。

图2 腾讯公司的微视APP

3.3　视频短片在欧美发达国家的应用现状

气象服务是否在移动终端能有好的应用？纯粹看用户需求或者市场评估显然没有太多的意义，不如借鉴一下欧美国家的先进案例。

从图 3 中，我们可以看出，除了正常的天气搜索引擎外，气象分析、重要天气以及气象科普等内容，都是通过视频的形式来表达，几乎不再去使用图片或者文字等不那么通俗易懂的形式去展示，当然这也需要庞大的网络资源来支撑。

图 4 中不难看到，虽然美国的平均网速不是世界最好的，但是超过 8Mbps 的网速，还是让用户可以轻松地分享、读取视频内容，加上时下最先进的主流媒体技术，几乎无卡顿现象出现。反观目前国内，平均网速大约也就是 1.4Mbps 左右，勉强进入世界前 100，对于这样庞大的视频资源量，只能说是心有余而力不足，很难实现发达国家的网络体验。

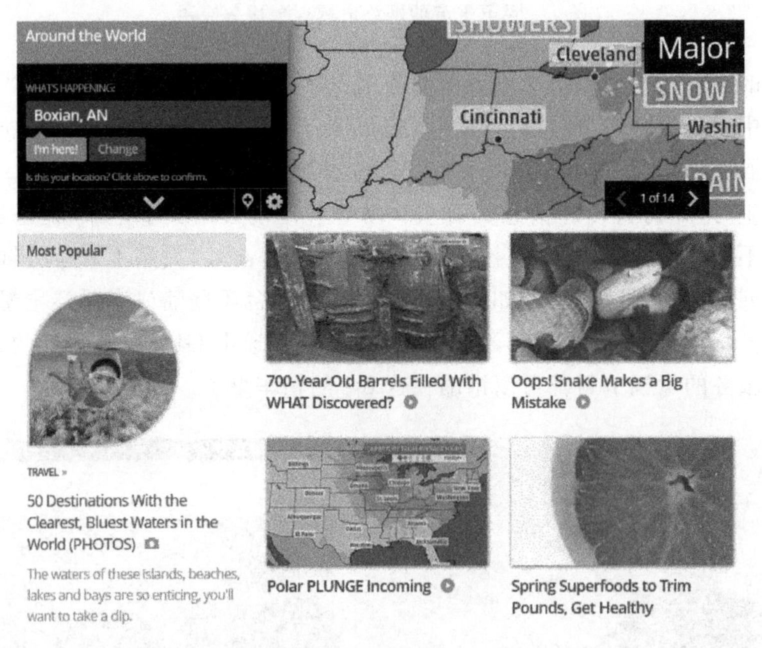

图 3　美国的 weather.com 主页

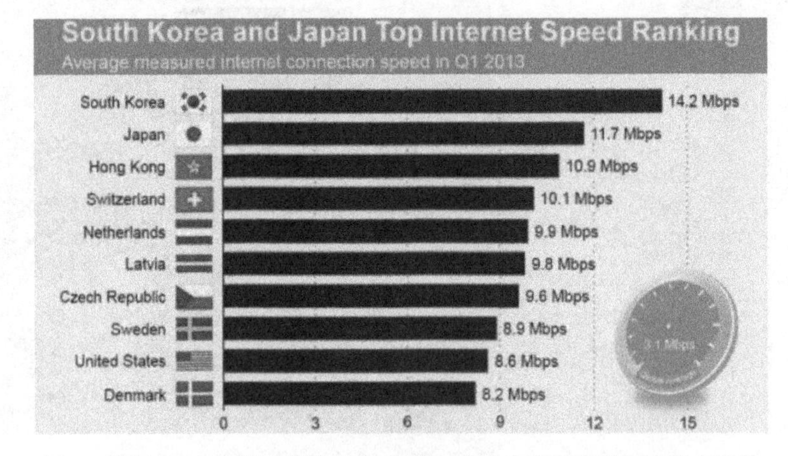

图 4　德国 Statista 统计公司 2013 年第 1 季度全球互联网网速排名统计

4 网络视频气象服务的未来发展方向

当然，随着互联网技术的飞速发展，中国的平均网速也会大幅地提高，2013 年，全国网络提速，一二线城市很多小区的网速基本能够达到了 10 Mbps 左右，而移动终端方面，中国移动、联通和电信纷纷先后推出了 4G 网络，网速达到了 30～50 Mbps，比很多家用宽带都要快，虽然现在的基站数量还很有限，很多地方几乎没有 4G 信号，但是这是时下国际的潮流趋势，未来一定会取代 2G 和 3G 网路。

作为气象服务的全新平台，过去我们总是强调载体，如今，只要我们制作出气象相关的视频节目，几乎在任何载体上都能得到很好的应用。当然，现在最大的问题也就是网络，为了处理好这一问题，一方面在主流媒体技术上不断提高自身视频资源质量；另一方面与时俱进，不断地提高节目形式，短小精悍的同时，寓教于乐，通俗易懂，做全国人民喜欢的内容。

参考文献

[1] 汤姆·菲艾滨. 历史上最伟大的 100 项发明：古今排行榜[M]. 北京：当代世界出版社，2007.

[2] 小刀马. 浅淡传统企业进入移动互联网的几种方式. 站长之家，[2013-07-11]. http://www.chinaz.com/web/2013/0711/309324.shtml.

[3] 2013 年中国互联网普及率分省市统计. 中国产业信息网，[2014-03-19]. http://www.chyxx.com/industry/201403/233129.html.

[4] 时间流互联网之未来(一)：从空间模式转向时间模式 . 品玩，[2013-04-05]. http://www.pingwest.com/internet-timing-stream-by-david-gelernter/.

[5] 打破概念门槛！物联网即为高新技术与计算机互联网的结合. 物联世界，[2013-01-30]. http://www.iotun.com/news/news_detail/2013013020786.html.

[6] 全民互联网理财盛宴开启(图) . 网易新闻，[2013-10-30]. http://news.163.com/13/1029/20/9CCM69IF00014AED.html.

[7] 曹学智. 网络技术催生一门新的科学：网络语言应运而生. 人民网，[2012-11-08]. http://edu.people.com.cn/n/2012/1108/c1053-19528655.html.

[8] 国信办：坚决制止"人肉搜索"等网络暴力行为. 人民网，[2013-12-17]. http://politics.people.com.cn/n/2013/1217/c1001-23868223.html.

[9] 中国移动互联网发展情况分析. 中商情报网，[2013-5-29]. http://www.askci.com/news/201305/29/299105831917.shtml.

[10] 2013 年上半年我国互联网用户情况. 中国产业信息，[2013-10-22]. http://www.chyxx.com/industry/201310/221721.html.

浅谈如何做好电视农业气象服务

李 艳 坑喜兰

（中国气象局公共气象服务中心，北京 100081）

摘 要：农业是国民经济的基础，同时也是最易受气象条件影响的行业。近年来受全球气候变暖影响，农业气象灾害呈现多发、频发和重发的态势，此外，农业产业结构调整和升级也为农业气象服务提出了更高要求。电视作为大众传媒中最适合农村实际、最贴近农民生活的媒体，电视农业气象服务节目为广大农民所需。本文以国家级农业气象节目 CCTV-7《农业气象》为例，首先分析了当前电视农业气象服务存在的不足，结合农业生产的新形势、农村受众的实际需求和现有的农业气象预警预报服务产品，对如何提高电视农业气象服务水平提出思考和解决途径。

关键词：农业；电视气象服务

引言

农业历来是国民经济的基础，同时也是最易受气象条件影响的行业，特别是近年来受全球气候变暖影响，农业气象灾害呈现多发、频发和重发的态势，灾害损失较为严重。此外，一些设施农业、特色农业以及渔业、畜牧业的迅速发展也为农业气象服务提出了更高的要求。

目前，在国家级电视气象节目中，进行农业气象服务有两种方式，一种在常规的天气预报类节目中关注重要的农业气象信息，另一种是在专业的农业气象节目中提供相对全面的农业气象信息。专业的农业气象节目是指目前在 CCTV-7 农业频道播出的预报类节目《农业气象》，这档节目于 2006 年 6 月 26 日开播，面向广大农村和中小城镇观众。节目的宗旨是：气象为农业生产以及农村生活服务，指导农民朋友趋利避害等。为了使受众更方便的获取农业气象信息，《农业气象》栏目还积极拓展多样化的播出平台，除了在 CCTV-7 每日三档固定播出外，中国气象频道、央视官网、中国气象视频网均会重复播出。此外，《农业气象》节目组也推出了自己的栏目论坛和短信互动平台，并且增设了周日集中回答问题的环节，及时了解受众需求。然而在不断的求新求变中，《农业气象》也凸显出了一些问题，本文就当前电视农业气象服务存在的不足，以及如何提高电视气象服务水平提出了一些个人见解。

1 当前电视农业气象服务存在的不足

虽然中国的农业气象业务和信息服务工作已经取得了很大成绩，但是目前农业气象服务产品还是很难跟上日益增长的服务需求，尤其是电视农业气象服务相对比较滞后，主要存在如下几方面问题：

首先，目前农气服务产品仍普遍存在着过于专业化、服务大而全、形式程式化等特点，针对公众服务的电视农业气象服务产品较少。

其次,灾害性、关键性、转折性天气预报和中期天气预报、短期气候预测的准确率与其需求存在较大差距。

第三,节目缺乏整体策划性:目前农业气象节目虽然有常规的选题设计,但是缺乏整体策划性,大多数情况下,话题内容都是由值班编导自主确定,这样往往对重要农时或农作物缺乏持续的关注,并且对灾害性天气的影响缺乏系统的解读,从而使节目在整体上缺乏一个系统化的服务[1]。

第四,缺乏与地方沟通:由于各地的农业气象资料从上报到汇总再到应用在农业气象节目中,这个时间过程会影响农业信息的时效性,由于不能准确的把握各地的农时,那么在提供天气信息时,就不能很好的与实际的农业生产结合起来,造成气象信息服务的针对性较差。

第五,农业气象服务面较窄:目前农业气象服务大多偏重于传统的大田作物,而对设施农业、特色农业以及畜牧业、渔业等关注得较少,服务不够全面。

第六,农业气象灾害预警发布规范欠缺:目前基于天气条件的预警信号几乎不考虑农业因素,一些农业气象灾害与气象灾害存在许多不同点,比如农业干旱和气象干旱就不同,而目前农业气象灾害预警发布的标准还属空白,因此急需建立基于农业气象灾害特点的特殊灾害预警发布标准和机制。

2 提高电视农业气象服务水平的途径

2.1 深度挖掘农业气象信息

要想提高电视农业气象服务水平,就得首先了解受众的需求,从而有针对性地提高农业气象服务能力;对于大农业的田间管理,农民更关心的是在农作物生长期的各种农业气象信息,其中包括农业气象预报(适宜播种期、发育期),农业气象灾害预报(如倒春寒、干旱、暴雨、大风、冰雹、连阴雨、初霜期、终霜期)和有利于病虫害发生的气象条件预报。这就要求节目编导应该充分挖掘和利用好现有的农业气象服务产品,目前国家气象中心常规的农气服务产品主要有以下几类:农业气象周报、月报、季报、年报,农用天气预报,农业干旱、每日土壤水分监测产品,农用天气预报,关键农时农事气象服务,包括夏收夏种、秋收秋种等农用天气预报,主要农作物关键生育期、病虫害发生气象等级预报等。节目编导需要从常规农业气象服务产品中下功夫挖掘到深度信息,最为重要的一点就是要了解各区域不同作物的发育期(每周一农气室发布的农业气象周报会提供作物发育期),而每一种农作物在不同的发育期需要的光、温、水条件都不一样,而且往往气象条件的有利和不利都是相对的,同样的气象条件对某一种作物不利,对另一种作物也许有利,节目编导可以针对具体情况具体分析和解读,这样比单纯预报未来几天的天气更有针对性,也更受农民朋友欢迎。

2.2 加强农业气象灾害预警预报服务

中国农业受灾损失的70%～80%都是由气象灾害造成的,如干旱、洪涝、冷害、冻害、风灾等等。目前,国家气象中心农气室也根据实际情况针对一些可能发生的农业气象灾害进行不定时、不定期的发布,节目编导需要熟知影响中国主要的农业气象灾害发生的时期和规律,了解影响中国主要农业气象灾害的指标,在一些农业气象灾害可能发生之前和农业气象中心沟通，是否会发布预警预报产品，提前对节目内容进行策划和构思，并在节目中给出切实有效的灾害防御措施，真正意义上做到防灾减灾，为三农服务。

2.3 扩大服务面，加强特色农业气象保障服务

目前农业耕作和种植技术发生了巨大的变化，电视农业气象服务需要顺应时代发展，与时俱进，在搞好为大田农业服务的同时，还要结合不同地域的实际情况，加强设施农业、特色农业、“名、优、特、新”的农产品服务措施，提供具有针对性的气象保障服务。比如经济作物中的烤烟，它喜光喜温，虽然较耐干旱，不易旱死，但又是对干旱相当敏感的作物，华中烟区常发生伏旱，严重影响烟叶生产；另外，土壤过湿对烤烟的危害也很大，中国大部分烤烟产区在生长盛期都需要防御洪涝灾害。另外，北方果树的霜冻、华南热带水果的寒害等都需要我们加大农业气象服务力度。

2.4 加强与地方沟通和交流

由于中国农业气候资源丰富，生产多样化，这一特点注定了单纯只从国家农业气象中心获取服务产品是远远不能满足日播型农业气象节目的需求，所以还需要和地方保持密切联系和沟通，比如和地方农业气象试验站、农业气象协管员建立网络沟通体系，通过和他们保持密切联系，以获取第一手的农业气象资料，这样我们可以结合实时的农时农事信息，提高气象服务的针对性和贴近性，同时，还可以与地方影视形成互动，获得农业生产现场的实地报道或图片视频资料，之后以点带面进行相应的气象服务会比较有效。

2.5 编导力争做到“三了解”

作为农业气象节目的编导，如果自身的农业和气象知识储备不足，那么在节目的选题、策划以及内容编排方面就会略显吃力，做出来的节目也很难接地气。要想真正做好农业气象服务，需要力争做到“三了解”，即了解气象、了解作物、了解生产。一是了解气象：包括前期和未来的天气，农业气象灾害等；二是了解作物：包括作物本身的生长发育过程、指标、特性等等；三是了解生产：了解农业生产的全过程，周年生产方案、物候期、关键农事活动等等。这些都了解了，我们做服务过程中就自然能够结合需求，制作出农民朋友真正关心的电视农业气象节目。

2.6 丰富农业气象节目表现形式

2.6.1 节目形式的适时变换

以农民喜闻乐见的形式，使丰富的内容与完美的形式达到和谐统一，才能有效提高节目传播效果。目前华风制作的《农业气象》节目都是以主持人播报的形式为主，较为单一，其实在以主持人播报为主的前提下，还可以考虑适时的丰富一下节目的形式，比如采用一些主持人现场调查＋专家点评、或者是请农业专家直接走到田间地头面对面的传授、直接的讲解与示范，或许更受农民朋友的欢迎[2]。

2.6.2 节目图形产品的创新

在节目图形产品方面也可以考虑创新，比如在做农业气象灾害预警服务时，以往节目中大多都是通过打字板＋图片的方式，比较生硬，也缺乏直观的效果，未来可以研发制作一些农业

气象灾害动画产品或者是农业灾害防御的科普宣传短片，笔者在2013年华风青年创新项目中牵头组织研发了一系列的农业气象灾害动画产品，每一种动画产品都体现出了农业气象灾害发生的指标以及农作物受害后的形态，相信在节目中增加一些动画产品，一方面可以提升节目的看头，更为重要的是能让农民朋友更容易理解各种农业气象灾害发生的规律和危害。

3 结语

冰冻三尺、非一日之寒。做好农业电视气象服务不是一朝一夕的工作，需要开展的工作非常多，只有适应形势，不断提升自身素质，加强农业气象服务的能力和水平，一步一个脚印，才能真正发挥气象服务在农业防灾减灾中的保障作用。

参考文献

[1] 坑喜兰，李艳．新形势下如何做好农业气象节目[J]．气象(特刊)，2008，(34)：113-117.
[2] 陈细如，赵军．要做节目 先做农民——谈农业气象节目制作[J]．中国传媒科技，2001，(12)：123-125.

中国气象频道节目改进之我见

于　群[1]　张　俊[2]

（1. 中国气象局公共气象服务中心，北京　100081；2. 盐城市环境监测中心站，盐城　224000）

摘　要：中国气象频道，是中国首家以提供气象服务、防灾减灾、科学普及为主要内容的电视频道，从成立至今已近5年了，通过不断地磨合与改版，如今已日趋成熟与完美。本文就目前频道的现状和问题，对目前频道建设提出了一些粗浅的看法，认为节目的表现形式仍需改进；可以适当增加节目种类、节目深度，优化节目质量、提高收视率才是根本。

关键词：中国气象频道；服务；建设

前言

中国气象频道，是中国首家以提供气象服务、防灾减灾、科学普及为主要内容的电视频道。全天候、高频次提供权威、实用、细分的各类气象信息和其他生活服务。电视发展的大趋势之一就是频道专业化，作为中国第一个专业气象频道，中国气象频道的出现从根本上改变了中国气象类节目的整体面貌，可以说是气象节目发展史上的里程碑。

历经9年的策划和准备，中国气象频道于2006年5月18日正式开播，以“防灾减灾、服务大众”为宗旨，至今已8年，通过不断地磨合与改版，如今的气象频道已初具规模，实现了全天24 h滚动播出，实现了在全国多个城市的落地，走进了中南海，日趋成熟与完美。不过在发展的过程中难免会有些不完善的地方，简述拙见，与同行们商榷。

1　节目的拓展与细化

俗话说，金无足赤，人无完人。一个频道亦如此，尤其是这么年轻的频道，在成长的过程中难免会遇到磕磕绊绊，只有不断吸取经验教训，取长补短，才能不断进步，更多吸引观众的注意，提高收视率，增加知名度，确立自己的品牌效应。在目前的节目中，我认为以下方面仍有上升的空间。

1.1　节目表现形式仍需改进

目前的天气预报基本都是采用主持人“指点江山”，介绍天气，而城市预报则是主持人配音与图片、字幕结合的方法。这种方式的优点是直观，将声音、画面、文字融为一体，多渠道传播气象信息。不过也有其不足之处，如形式呆板，内容单调，样式单一。特别是天气复杂时，同一张图上要素太多，会显得有些杂乱。例如夏天雨大的时候，一圈套一圈，还不等看清楚图就已经过去了。另外，大多数主持人对气象专业知识知之甚少，只是简单的背文稿，看图说话，这就需要加强对主持人的培训。另外节目的录制环境也比较单一，基本就是主持人在背景前播报，可以适当采用其他播报方式，多增加一些户外播报、现场播报等方式。

1.2 节目内容种类有待增加

随着气象与经济社会发展的关系越来越密切，我们可以发现，越来越多的行业其实都或多或少受到天气气候的影响。作为一个 24 h 滚动播出的频道，我们应该向不同年龄段、不同行业、不同地区、不同爱好的观众，提供各自所需的气象预报。除了普通的天气预报节目之外，我们还应该提供五花八门的专项气象服务，例如针对军事可以提供军事气象；针对农民就可以提供农业气象；针对旅游者就可以提供旅游气象；针对体弱者可以提供健康气象；针对病人可以提供医疗气象；针对普通大众还可以提供生活气象……目前频道已经逐步开展一些专业气象服务，但内容仍显得有些空洞，对气象信息的解读并不是很多。

1.3 节目深度仍需增加

在节目中不能仅仅对天气现象作总结、概括，还应该对其产生、发展机制、深远影响等进行深度发掘。我们国家是世界上遭受气象灾害最多的国家之一，台风、暴雨、寒潮、沙尘暴、大雾、高温等等，这些灾害基本上每年都会发生，而极端气象事件往往也会成为新闻的关注点，比如超强台风，如果对登陆地点提前做出准确的预报，就可以及早撤离当地的居民，渔民渔船回港避风，提早做好防范工作，减少损失。因此在节目中可以针对灾害天气的生成、发生、发展，进行深度分析，从专业角度解读。目前在气象频道的节目中已经有类似的节目，例如气象今日谈等，邀请资深气象专家解读重点天气，深度挖掘其机制，互动节目更有吸引力。

1.4 节目内容雷同，信息量少

目前的天气预报类节目，内容雷同，信息量少，当然，这与当天的天气情况是密不可分的，另一个重要因素就是节目时长短，这也是目前节目中急需解决的问题。这就给节目制作提出了高要求，要求编导们如何在有限的时间内提供更有价值、更有特色、更符合观众需求的气象预报。不同的节目定位可以有自己不同的特点，根据不同风格可以选择不同的表现形式，同样的内容也可以用不同的方式表达。另外，在节目中可以增加短小精干的气象科普知识，增加节目的实用性，而这也是美国天气频道的一个显著特点，在我们的气象节目中同样可以善加利用，比如用生动有趣的小动画解释天气现象，这会比用简单的图表、字板更能吸引观众的注意力。

1.5 不仅仅是天气，更关乎生活

像我们众所周知的美国天气频道，其管理和策划者将频道使命定位为，“为观众提供不可缺少的天气资源和信息，帮助他们认识天气对生活的影响，随时应对即将到来的天气变化”。他们认为，“天气频道不仅仅是天气，更关乎生活”。这也给我们一个启发和引导，作为中国气象频道，我们亦应如此，不能大帮哄，需要满足不同层次受众对天气的需求，为不同地区、不同需求的观众提供各自所需的天气预报内容。

节目中不能仅仅是做气象预报，而是要为观众提供气象与生活方方面面的指导和服务。因为单纯的天气预报在网站上很容易就会得到信息，就没有必要等着到时间再去看电视天气预报，在节目中除了要及时准确发布气象信息的外，还应该深度挖掘天气，解读天气，发掘天

气、气候与人们生活方方面面的关联，为观众提供气象与生活全方位的指导和服务。

2 小结

一个准确的定位可以让人不会迷失自我，中国气象频道作为一个年轻的媒体同样如此，在今后的发展中，要继续坚持专业化，坚持“以人为本，无所不在，无微不至”，优化节目质量、提高收视率、树立品牌效应才是生存之本。

参考文献

[1] 倪景春，石永怡，宋英杰. 一个强势电视媒体品牌的崛起[J]//气象影视技术论文集(五). 北京：气象出版社，2008.

[2] 裴克莉，李强，郭雪梅. 关于中国气象频道本地化的思考[J]//气象影视技术论文集(四). 北京：气象出版社，2008.

[3] 韩建钢，石永怡. 关于气象频道节目的思考[J]//气象影视技术论文集(五). 北京：气象出版社，2008.